高等职业职教改革创新型教材
根据《高等职业教育专科信息技术课程标准（2021年版）》编写

信息技术
计算机等级考试模块（一级 MS Office）

主　编　王鸿飞　杨新芳
副主编　樊佩佩　潘红改　赵子昂　林丽丹　李真真

电子工业出版社
Publishing House of Electronics Industry
北京·BEIJING

内 容 简 介

本书系统地讲述了计算机基础知识和基本应用，共分 6 个章节。第一章为计算机基础知识，第二章为 Windows 10 操作系统，第三章为 Word 2016 文字处理，第四章为 Excel 2016 电子表格，第五章为 PowerPoint 2016 演示文稿，第六章为 Internet 及应用。全书各章节均配有对应练习，便于读者巩固理论知识的学习。

本书难度适宜得当，资源丰富，既可以作为计算机应用基本操作技能的培训教程，也可以作为各职业院校学生及等级考试培训班学员参加全国计算机等级考试的参考用书。

未经许可，不得以任何方式复制或抄袭本书之部分或全部内容。
版权所有，侵权必究。

图书在版编目（CIP）数据

信息技术计算机等级考试模块．一级 MS Office / 王鸿飞，杨新芳主编．—北京．电子工业出版社，2023.7

ISBN 978-7-121-45989-4

Ⅰ．①信…Ⅱ．①王…②杨…Ⅲ．①电子计算机－水平考试－自学参考资料②办公自动化－应用软件－水平考试－自学参考资料Ⅳ．①TP3

中国国家版本馆 CIP 数据核字(2023)第 129943 号

责任编辑：祁玉芹
印　　刷：中国电影出版社印刷厂
装　　订：中国电影出版社印刷厂
出版发行：电子工业出版社
　　　　　北京市海淀区万寿路 173 信箱　邮编：100036
开　　本：787×1092　1/16　印张：15.75　字数：383 千字
版　　次：2023 年 7 月第 1 版
印　　次：2023 年 7 月第 1 次印刷
定　　价：48.00 元

凡所购买电子工业出版社图书有缺损问题，请向购买书店调换。若书店售缺，请与本社发行部联系，联系及邮购电话：（010）88254888，88258888。
质量投诉请发邮件至 zlts@phei.com.cn，盗版侵权举报请发邮件至 dbqq@phei.com.cn。
本书咨询联系方式：qiyuqin@phei.com.cn。

前　言

2021年6月人社部印发《"技能中国行动"实施方案》，决定在"十四五"期间组织实施"技能中国行动"，计划实现新增技能人才4000万人以上，技能人才占就业人员比例达到30%。2021年12月河南省委办公厅、河南省政府办公厅印发《高质量推进"人人持证、技能河南"建设工作方案》，提出到2025年，全省持证人员总量达3000万，基本建成全国技能人才高地，到2035年，从业人员基本实现"人人持证"，实现"技能河南"目标。在此背景下，我们结合教育部颁布的《高等职业教育专科信息技术课程标准（2021年版）》中基础模块的教学内容及技能要求而编写此书，希望能在培养技能型人才、探索职业教育改革、岗课赛证相互融通的工作中作出一点微薄的贡献。

本书内容共分6章，包括计算机基础知识、Windows 10操作系统、Word 2016字处理、Excel 2016电子表格、PowerPoint 2016演示文稿、Internet及应用等，同时书中配有大量贴近生活的实例，并配有项目练习，项目的操作步骤详细，图文并茂，通俗易懂，非常适合学生自学。

本书在编写中，力求突出以下特色。

（1）紧扣大纲与课程标准。本书紧扣全国计算机等级考试一级MS Office大纲和教育部《高等职业教育专科信息技术课程标准（2021年版）》中基础模块的要求，实现了职业院校课堂教学内容和等级考试内容的无缝对接。

（2）内容与时俱进。本书紧密结合计算机行业发展与应用现状，介绍最新的Windows 10、Office 2016、网络应用技能，实现课程内容和社会应用的有机衔接。

（3）项目教学。本书教学目的明确，紧密结合计算机实操性强的特点，采用项目教学法的编写方式，项目的设计紧扣考证知识点，使学生更易掌握。

（4）应用性强。本书体现了以应用为核心，以培养学生实际动手能力为重点，力求做到学与教并重，项目紧密联系生活，将讲授理论知识与培养操作技能有机结合。

（5）创新意识。本书在内容编排上采用项目引领的设计方式，趣味性强，在操作上还能举一反三、灵活变化，能够提高学生的学习兴趣，培养学生的独立思考能力、创新和再学习能力。

本书适用于职业院校各专业的公共课"信息技术"课程（基础模块）的教学，等级考试培训班的培训讲解，也可供一般计算机入门的读者使用。本书的所有作者均为漯河职业技术学院的教师，其中由王鸿飞、杨新芳担任主编，樊佩佩、潘红改、赵子昂、林丽丹、李真真担任副主编。编写具体分工如下：王鸿飞编写第一章和第二章，樊佩佩编写第三章的第一节至第三节，潘红改编写第三章的第四节和第五节，赵子昂编写第四章的第一节和第二节，李真真编写第四章的第三节和第四节，杨新芳编写第四章的第五节、第五章的第一节至第二节，林丽丹编写第五章的第三节和第六章。

　　本书配套的相关资料请读者登录华信教育资源网免费注册后再进行下载，有问题时请在网站留言板留言或与电子工业出版社联系。

　　由于作者水平所限，加上时间仓促，书中难免存在不足之处，我们衷心希望得到广大读者的批评指正，以使本书在教学实践中不断完善。

编者

2023 年 5 月

目 录

第一章 计算机基础知识 1
  第一节 计算机的发展、特点、分类及应用 1
  第二节 计算机的数制与信息表示 10
  第三节 多媒体技术概述 16
  第四节 计算机病毒及其防治 18
  第五节 计算机系统 21

第二章 Windows 10 操作系统 29
  第一节 Windows 10操作系统概述 29
  第二节 Windows 10基本操作 34

第三章 Word 2016 文字处理 47
  第一节 Word 2016概述 47
  第二节 格式设置 51
  第三节 页面设置 70
  第四节 图文混排 81
  第五节 表格 96

第四章 Excel 2016 电子表格 112
  第一节 认识Excel 2016 112
  第二节 建立数据表 115
  第三节 公式与函数 140
  第四节 图表 160
  第五节 数据处理 168

第五章 PowerPoint 2016 演示文稿 200
  第一节 认识PowerPoint 2016 200
  第二节 演示文稿的基本操作 203
  第三节 演示文稿的综合应用 217

第六章 Internet 及应用 232
  第一节 获取网络信息 232
  第二节 收/发电子邮件 239

参考文献 245

第一章 计算机基础知识

第一节 计算机的发展、特点、分类及应用

- 学习目标:

(1) 了解计算机的发展、特点。
(2) 了解计算机的分类和应用。

项目一 计算机的发展历程与发展趋势

了解计算机的发展历程,可以帮助人们认识计算机技术的演变;了解计算机的发展趋势,有助于人们更好地利用计算机技术造福人类社会。

1. 计算机的发展历程

1946年2月,世界上第一台电子数字计算机ENIAC(埃尼阿克)在美国宾夕法尼亚大学宣告研制成功,如图1.1所示。ENIAC全称为"电子数字积分计算机",其主要的电子器件是电子管,它使用了18 000多个电子管,占地170m^2,重达30t,耗电150kW,造价48万美元,每秒可进行约5 000次运算,它强大的计算能力在当时首屈一指。

尽管ENIAC在技术上称不上完美,比如它对各种不同的计算问题都需要技术人员重新连接外部线路(见图1.2),功耗也很大,但它的设计理念具有跨时代的意义,其基本原则一直沿用至今,它的诞生标志着电子计算机时代的到来。计算机从诞生到现在,经历了半个多世纪的发展,如今已经发展到一个很高的水平。以计算机所采用的电子器件为划分标志,可以将计算机的发展历程分为4个阶段,见表1.1。

图1.1 ENIAC 计算机

图 1.2　技术人员重新接线

表 1.1　计算机发展的 4 个阶段

	第一阶段	第二阶段	第三阶段	第四阶段
主要电子器件	电子管	晶体管	中小规模集成电路	大规模、超大规模集成电路
内存	汞延迟线	磁芯存储器	半导体存储器	半导体存储器
外存	穿孔卡片、纸带	磁带	磁带、磁盘	磁盘、磁带、光盘等
处理速度	几千条	几万条至几十万条	几十万条至几百万条	上千万条至万亿条

第一代：电子管计算机

这一阶段计算机的主要特征是采用电子管器件作为基本器件，用光屏管或汞延时电路作为存储器，输入与输出主要采用穿孔卡片或纸带，体积大、耗电量大、速度慢、存储容量小、可靠性差、维护困难且价格昂贵。在软件上，通常使用机器语言或者汇编语言来编写应用程序。因此这一时代的计算机主要用于科学计算。

这时计算机的基本线路采用电子管结构，程序从人工手编的机器指令程序，过渡到符号语言，第一代电子计算机是计算工具革命性发展的开始，它所采用的二进位制与程序存储等基本技术思想，奠定了现代电子计算机技术的基础。

第二代：晶体管计算机

20世纪50年代中期，晶体管的出现使计算机生产技术得到了根本性的发展，由晶体管代替电子管作为计算机的基础器件，用磁芯或磁鼓作存储器，在整体性能上，比第一代计算机有了很大的提高，如图1.3所示。同时程序语言也相应出现了如FORTRAN、COBOL、ALGO-160等计算机高级语言。晶体管计算机被用于科学计算的同时，也开始在数据处理、过程控制方面得到应用。

晶体管不仅能实现电子管的功能，又具有尺寸小、质量轻、寿命长、效率高、发热少、功耗低等优点。使用晶体管后，电子线路的结构大大改观，制造高速电子计算机就更容易实现了。

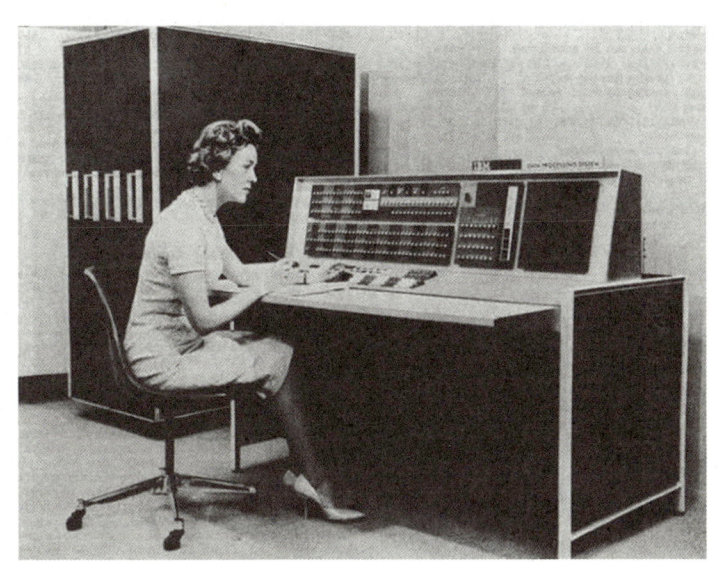

图1.3 晶体管计算机

第三代：中小规模集成电路计算机

20世纪60年代中期，随着半导体工艺的发展，成功制造了集成电路。中小规模集成电路成为计算机的主要部件，主存储器也渐渐过渡到半导体存储器，使计算机的体积更小，大大降低了计算机计算时的功耗，由于减少了焊点和接插件，进一步提高了计算机的可靠性，如图1.4所示。在软件方面，有了标准化的程序设计语言和人机会话式的Basic语言，其应用领域也进一步扩大。1971年，英特尔公司推出了世界上第一款微处理器4004，这标志着计算机的发展进入了微型机阶段。4004微处理器是第一个用于微型计算机的4位微处理器，它包含2300个晶体管，随后英特尔公司又推出了8008，由于运算性能很差，其市场反应十分不理想。1974年，8008发展成8080，成为第二代微处理器。

图1.4 集成电路数字计算机

第四代：大规模和超大规模集成电路计算机

随着大规模集成电路的成功制作并用于计算机硬件的生产过程中，计算机的体积进一步缩小，性能进一步提高。集成更高的大容量半导体存储器作为内存储器，发展了并行技术和多机系统，出现了精简指令集计算机（RISC），软件系统工程化、理论化，程序设计自动化。微型计算机在社会上的应用范围进一步扩大，几乎所有领域都能看到计算机的"身影"。

2. 中国计算机发展历史

1958年，中国科学院计算技术研究所成功研制出我国第一台小型电子管通用计算机103机（八一型），标志着我国第一台电子计算机的诞生。

1965年，中国科学院计算技术研究所成功研制出第一台大型晶体管计算机109乙机，之后推出109丙机，该机在"两弹"试验中发挥了重要作用。

1974年，清华大学等单位联合研制出采用集成电路的DJS-130小型计算机，运算速度达每秒100万次。

1983年，国防科技大学成功研制出运算速度每秒上亿次的银河-I巨型机，这是我国计算机高速发展的一个重要里程碑。

1985年，原电子工业部计算机管理局研制成功与IBM PC兼容的长城0520CH微机。

1992年，国防科技大学研究出银河-II通用并行巨型机，峰值速度达每秒4亿次浮点运算（相当于每秒10亿次基本运算操作），为共享主存储器的四处理机向量机，其向量中央处理机是采用中小规模集成电路自行设计的，总体上达到20世纪80年代中后期国际先进水平。

1993年，国家智能计算机研究开发中心（后成立北京市曙光计算机公司）研制成功曙光一号全对称共享存储多处理机，这是国内首次以基于超大规模集成电路的通用微处理器芯片和标准UNIX操作系统设计开发的并行计算机。

1995年，北京市曙光计算机公司又推出了国内第一台具有大规模并行处理机（MPP）结构的并行机曙光1000（含36个处理机），峰值速度每秒25亿次浮点运算，实际运算速度上了每秒10亿次浮点运算这一高性能台阶。曙光1000与美国Intel公司1990年推出的大规模并行机体系结构与实现技术相近，与国外的差距缩小到5年左右。

1997年，中国人民解放军国防科技大学研制成功银河-III百亿次并行巨型计算机系统，采用可扩展分布共享存储并行处理体系结构，由130多个处理节点组成，峰值性能为每秒130亿次浮点运算，系统综合技术达到20世纪90年代中期国际先进水平。

1997至1999年，北京市曙光计算机公司先后在市场上推出具有机群结构（Cluster）的曙光1000A，曙光2000-I，曙光2000-II超级服务器，峰值计算速度已突破每秒1000亿次浮点运算，机器规模已超过160个处理机。

1999年，国家并行计算机工程技术研究中心研制的神威I计算机通过了国家级验收，并在国家气象中心投入运行。系统有384个运算处理单元，峰值运算速度达每秒3840亿次。

2000年，北京市曙光计算机公司推出每秒3000亿次浮点运算的曙光3000超级服务器。

2001年，中国科学院计算技术研究所研制成功我国第一款通用CPU——"龙芯"芯片。

2002年，北京市曙光计算机公司推出完全自主知识产权的"龙腾"服务器，"龙腾"服务器采用了"龙芯-1"CPU，采用了北京市曙光计算机公司和中国科学院计算技术研究所联合研发的服务器专用主板，采用曙光Linux操作系统，该服务器是国内第一台完全实现自有知识产权的产品，在国防、安全等部门发挥了重大作用。

2003年，百万亿次数据处理超级服务器曙光4000L通过国家验收，再一次刷新国产超级服务器的历史纪录，使得国产高性能产业再上新台阶。

3. 计算机的发展趋势

计算机技术是发展最快的科学技术之一，为了适应社会对计算机应用的基本需求，未来计算机将向着以下几个方面发展。

（1）巨型化。社会高度信息化导致数据量剧增，必然需要有与之适应的高速度、高精度和大存储量的超级计算机。巨型计算机是国家实力的象征，也是军事、航天等尖端科技领域开展研究的重要基础。

（2）微型化。计算机只有向着体积更小、功能更强、价格更低的方向发展，才能适应更多的应用环境，满足更多领域对计算机的应用需求。

（3）网络化。利用现代通信技术和计算机技术，将分布在不同地点的计算机连接起来，按照网络协议互相通信，共享软件、硬件和数据资源。

（4）智能化。让计算机来模拟人的感觉、行为、思维过程，使计算机具有视觉、听觉、语言、推理、思维、学习等能力，成为智能型计算机。

练一练

1. 世界上第一台计算机于1946年诞生在美国宾夕法尼亚大学，该计算机的英文缩写名为_____。
   A. MARK-II   B. ENIAC   C. EDSAC   D. EDVAC
2. 按电子计算机传统的分代方法，第一代至第四代计算机依次是_____。
   A. 机械计算机，电子管计算机，晶体管计算机，集成电路计算机
   B. 晶体管计算机，集成电路计算机，大规模集成电路计算机，光器件计算机
   C. 电子管计算机，晶体管计算机，小、中规模集成电路计算机，大规模和超大规模集成电路计算机
   D. 手摇机械计算机，电动机械计算机，电子管计算机，晶体管计算机
3. 第二代电子计算机的主要电子器件是_____。
   A. 电子管   B. 晶体管
   C. 小规模集成电路   D. 大规模和超大规模集成电路
4. 目前，微型计算机中广泛采用的电子器件是_____。
   A. 电子管   B. 温体管

C. 小规模集成电路　　　　　　　　D. 大规模和超大规模集成电路

5. 中国第一台计算机_____通用数字电子计算机于1958年6月由中国科学院计算技术研究所研制成功。

　　A. 103型　　B. 长城　　C. 联想　　D. 银河

项目二　计算机的特点

1. 运算速度快

当今计算机系统的运算速度已达到每秒万亿次，微机也可达每秒几亿次以上，使大量复杂的科学计算问题得以解决。例如：卫星轨道的计算、大型水坝的计算、24小时天气预报的计算等，过去人工计算需要几年、几十年才可完成，而现在用计算机只需几天甚至几分钟就可完成。

2. 计算精确度高

科学技术的发展特别是尖端科学技术的发展，需要高度精确的计算。计算机控制的导弹之所以能准确地击中预定的目标，是与计算机的精确计算分不开的。一般计算机可以有十几位甚至几十位（二进制数）有效数字，计算精度可由千分之几到百万分之几，是任何计算工具所望尘莫及的。

3. 有逻辑判断能力

随着计算机存储容量的不断增大，可存储记忆的信息越来越多。计算机不仅能进行计算，而且能把参加运算的数据、程序，以及中间结果和最后结果保存起来，以供用户随时调用；还可以对各种信息（如视频、语言、文字、图形、图像、音乐等）通过编码技术进行算术运算和逻辑运算，甚至进行推理和证明。

4. 有自动控制能力

计算机内部操作是根据人们事先编好的程序自动控制进行的。用户根据解题需要，事先设计好运行步骤与程序，计算机能够十分严格地按程序规定的步骤操作，整个过程不需人工干预，自动执行，以达到用户的预期结果。

练一练

1. 计算机的主要特点是_____。
　　A. 运算速度快、存储容量大、性价比低
　　B. 运算速度快、性价比低、程序控制
　　C. 运算速度快、自动控制、可靠性高
　　D. 性价比低、功能全、体积小

2. 以下不属于电子数字计算机特点的是_____。
　　A. 通用性强　　B. 体积庞大　　C. 计算精度高　　D. 运算快速

3. "使用计算机进行数值运算，可根据需要达到几百万分之一的精确度。"，该描述说明计算机具有_____。

    A. 自动控制能力　　　　　　　　B. 高速运算的能力

    C. 很高的计算精度　　　　　　　　D. 记忆能力

4. "计算机能够进行逻辑判断并根据判断的结果来选择相应的处理。"，该描述说明计算机具有_____。

    A. 自动控制能力　　　　　　　　B. 逻辑判断能力

    C. 记忆能力　　　　　　　　　　D. 高速运算的能力

5. 现代计算机之所以能够自动、连续地进行数据处理，主要是因为_____。

    A. 采用了开关电路　　　　　　　B. 采用了半导体器件

    C. 采用了二进制　　　　　　　　D. 具有存储程序的功能

项目三　计算机的分类

了解计算机的分类情况，明确不同计算机间的差别，有助于学习者更好地理解计算机的性能与适用环境的关系。

计算机按照其用途分为通用计算机和专用计算机。按照1989年由IEEE科学巨型机委员会提出的运算速度分类法，可分为大型通用机、巨型机、小型机、微型机和工作站。

按照所处理的数据类型可分为模拟计算机、数字计算机和混合型计算机等。

1. 大型通用机

这类计算机具有极强的综合处理能力和极大的性能覆盖面。在一台大型通用机中可以使用几十台微机或微机芯片，用以完成特定的操作。可同时支持上万个用户，可支持几十个大型数据库。主要应用在政府部门、银行、大公司、大企业等。

2. 巨型机

巨型机有极高的速度、极大的容量，用于国防尖端技术、空间技术、大范围长期性天气预报、石油勘探等方面。目前，这类机器的运算速度可达百亿次每秒。这类计算机在技术上朝两个方向发展：一是开发高性能的器件，特别是缩短时钟周期，提高单机性能；二是采用多处理器结构，构成超并行计算机，通常由100台以上的处理器组成超并行巨型计算机系统，它们同时解算一个课题，来达到高速运算的目的。

3. 小型机

小型机的机器规模小、结构简单、设计试制周期短，便于及时采用先进的工艺技术，软件开发成本低，易于操作维护。它们已广泛应用于工业自动控制、大型分析仪器、测量设备、企业管理、大学和科研机构等；也可以作为大型与巨型计算机系统的辅助计算机。近年来，小型机的发展也引人注目。

4. 微型机

微型机简称微机，是当今使用最普遍、产量最大的一类计算机。自美国IBM公司于1981年推出第一代微型计算机IBM——PC以来，微型机以其执行结果精确、处理速度快捷、性价比高、轻便小巧等特点迅速进入社会各个领域，并且技术不断更新、产品快速换代，从单纯的计算工具发展成为能够处理数字、符号、文字、语言、图形、图像、音频、视频等多种信息的强大多媒体工具。如今的微型机产品无论是运算速度、多媒体功能、软硬件支持还是易用性等都比早期产品有了很大飞跃。便携机更是以使用便捷、无线联网等优势，越来越多地受到移动办公人士的喜爱，一直保持着高速发展的态势。

5. 工作站

工作站是一种性能介于微型机和小型机之间的高档微型计算机。它主要面向专业应用领域，具备强大的数据运算与图形、图像处理能力，是为满足工程设计、动画制作、科学研究、软件开发、金融管理、信息服务、模拟仿真等专业领域而设计开发的。

练一练

1. 计算机可分为数字计算机、模拟计算机和数模混合计算机，这种分类是依据_____来划分的。

    A. 功能和用途

    B. 处理数据的方式（或处理数据的类型）

    C. 性能和规律

    D. 使用范围

2. 电子计算机按规模和处理能力划分，可以分为_____。

    A. 数字电子计算机和模拟电子计算机

    B. 通用计算机和专用计算机

    C. 巨型计算机、中小型计算机和微型计算机

    D. 科学与过程计算机、工业控制计算机和数据计算机

3. 个人计算机简称PC，这种计算机属于_____。

    A. 微型计算机   B. 小型计算机

    C. 超级计算机   D. 巨型计算机

项目四　计算机的社会应用

计算机在不同的应用领域具有不同的作用。了解计算机的各种应用可以更好地发挥计算机的作用，提高工作效率、提升生活质量。

如今，计算机应用极其广泛，已经渗透到国民经济的各个部门及社会生活的各个角落，具体应用大致可以归纳为以下几个方面。

（1）科学计算。科学计算是计算机最为原始的应用，在科学研究和工程设计过程中，

常常会碰到大量高精度和高复杂度的运算，只有计算机才能帮助人们完成这些运算工作。所以军事、航天、气象、物理和医学等领域中的现代科学计算都离不开计算机。

（2）数据处理。数据处理又称信息处理，常指运用计算机强大的数据存储能力和运算能力对大量数据进行分类、排序、合并、统计等处理。随着网络和信息高速公路的迅速发展，计算机在数据处理领域的应用将进入一个新的发展阶段。

（3）实时控制。实时控制又称为过程控制，是指利用计算机实时采集数据、分析数据，按最优值迅速对控制对象进行自动调节或者自动控制。采用计算机进行过程控制，不仅可以大大提高控制的自动化水平，而且还可以提高控制的时效性和准确性，从而改善劳动条件、提高产量及合格率。因此，计算机过程控制已在机械、冶金、石油、化工、电力等部门得到广泛的应用。

（4）辅助功能。计算机辅助功能包括计算机辅助设计（Computer Aided Design，CAD），指利用计算机系统辅助设计人员进行工程或产品设计，以实现最佳设计效果的一种技术；计算机辅助制造（Computer Aided Manufacturing，CAM），指利用计算机系统进行产品的加工控制过程，输入的信息是零件的工艺路线和工程内容，输出的信息是刀具的运动轨迹，将CAD和CAM技术集成，可以实现设计、生产产品的自动化，这种技术被称为计算机集成制造系统；计算机辅助教学（Computer Aided Instruction，CAI），指利用计算机系统进行课堂教学，不仅能减轻教师的负担，还能使教学内容生动、形象逼真，能够动态演示实验原理或操作过程以激发学生的学习兴趣，提高教学质量，为培养现代化高质量人才提供有效方法。

（5）人工智能。人工智能简称AI指用计算机模仿人的智能，使计算机具有感知、推理、学习、理解、联想、探索和模式识别等功能。人工智能自诞生以来，理论和技术日益成熟，应用领域也不断扩大，将是未来计算机技术发展的一个重要方向。

（6）数字娱乐。数字娱乐涉及移动内容、互联网、游戏、动画、影音、数字出版和数字化教育培训等多个领域，数字娱乐产业对计算机技术的依存度高，不断发展的高性能计算机满足了人们对这方面的需求。

练一练

1. 当前计算机的应用领域极为广泛，但其应用最早的领域是_____。
   A. 数据处理　　　　　　　　B. 科学计算
   C. 人工智能　　　　　　　　D. 过程控制
2. 计算机的当前应用领域非常广泛，但根据统计，其应用最广泛的领域是_____。
   A. 数据处理　　　　　　　　B. 科学计算
   C. 人工智能　　　　　　　　D. 过程控制
3. 当前气象预报已广泛采用数值预报方法，这主要涉及计算机应用中的_____。
   A. 数据处理和辅助设计　　　B. 科学计算与辅助设计

C. 科学计算和过程控制　　　　　　　D. 科学计算和数据处理

4. 办公室自动化是计算机的一大应用领域，按计算机应用的分类，它属于_____。

　　A. 科学计算　　B. 辅助设计　　C. 实时控制　　D. 数据处理

5. 在工业生产过程中，计算机能够对"控制对象"进行自动控制和自动调节，如生产过程化、过程仿真、过程控制等。这属于计算机应用中的_____。

　　A. 数据处理　　B. 自动控制　　C. 科学计算　　D. 人工智能

6. 下列的英文缩写和中文名字的对照中，错误的是_____。

　　A. CAD——计算机辅助设计　　　　B. CAM——计算机辅助制造
　　C. CIMS——计算机集成管理系统　　D. CAI——计算机辅助教育

7. 利用计算机来模仿人的高级思维活动，如智能机器人、专家系统等，被称为_____。

　　A. 科学计算　　B. 数据处理　　C. 人工智能　　D. 自动控制

8. 计算机网络其目标是实现_____。

　　A. 数据处理　　　　　　　　　　B. 文献检索
　　C. 资源共享和信息传输　　　　　D. 信息传输

第二节　计算机的数制与信息表示

● 学习目标：

（1）了解计算机中数据的表示、存储与处理。

（2）了解计算机的数制及信息表示。

项目一　计算机中数据的存储

1. 计算机中的数制

计算机采用二进制处理数据，是因为计算机中所有的电子器件，都是具有两个稳定状态的二值电路，因此用"0"和"1"两个数来表示非常合适。在计算机中一般用"0"表示低电位，用"1"表示高电位，而使用二进制码表示数据进行信息处理控制的优点是：二进制码在物理上最容易实现，即容易找到具有两个稳定状态且能方便控制状态转换的物理器件，可用两个基本符号"0"和"1"分别表示两个基本状态；用二进制码表示的二进制数的编码、计数和算术运算规则简单，容易用开关电路实现，为提高计算机的运算速度和降低成本奠定了基础；二进制码能方便地与逻辑命题的"是"和"否"、"真"和"假"相对应，为计算机的逻辑运算和逻辑判断提供了条件。

有时为了方便书写，用户也会用八进制和十六进制表示数据，但计算机本身只能存储、处理和传送二进制编码。

2. 进位计数制的表示

进位计数制是利用固定的数字符号和统一的规则计数的方法。人们习惯用的十进制是用0~9共10个数字符号和逢十进一的规则计数，二进制是用"0""1"两个数字符号和逢二进一的规则计数。可能有人怀疑：两个符号能表示现实情况中的无限大的量吗？实际上，十进制能表示的任何数都能用二进制表示。

一个完整的数制由基数、数位和位权三个要素构成。基数指数制中使用的基本数字符号；数位指数字符号在一个数中所处的位置；而位权指的是对应数位的基值。一个数据对应的量是该数的每一数位按进制权位展开的数量的和。例如：

$(41.625)_{10} = 4×10^1 + 1×10^0 + 6×10^{-1} + 2×10^{-2} + 5×10^{-3}$

$(101001.101)_2 = 1×2^5 + 0×2^4 + 1×2^3 + 0×2^2 + 0×2^1 + 1×2^0 + 1×2^{-1} + 0×2^{-2} + 1×2^{-3}$

计算可得$(41.625)_{10} = (101001.101)_2$

一般而言，任意一个十进制数都可以表示为等价的二进制数或者其他进制的数，如八进制数、十六进制数等。

3. 计算机数据存储的单位

一般来说，计算机常用的数据存储单位有以下几种。

（1）位（bit）。位是计算机表示数据信息的最小单位，它表示一个二进制的数位，每个0或1就是一个位。

（2）字节（Byte）。字节是表示信息存储容量最基本的单位，1字节由8位二进制数组成，简记为B，1Byte=8bit。除位和字节以外，常用的数据单位还有千字节（KB）、兆字节（MB）、吉字节（GB）和太字节（TB）等，它们之间的换算关系如下：

1KB=1024B　　1MB=1024KB　　1GB=1024MB　　1TB=1024GB

（3）字（Word）。字即字长，在计算机中作为一个独立的信息单位处理。不同的机器类型，其字长不同，常用的字长有8位、16位、32位、164位等。字长是计算机的一个重要指标，直接反映一台计算机的计算能力和计算精度。字长越长，计算机的数据处理速度就越快。

练一练

1. 在计算机中，存储容量的基本单位是_____。
   A．字　　　　　B．字节　　　　　C．位　　　　　D．KB
2. 计算机中数据的最小单位是_____。
   A．字　　　　　B 字节　　　　　C．位　　　　　D．KB
3. 计算机配置中内存的容量为512MB，其中的512MB是指_____。
   A．512×1000×1000 字　　　　　B．512×1000×1000 字节
   C．512×1024×1024 字节　　　　D．512×1024×1024×8 字节
4. 1GB等于_____。
   A．1000×1000 字节　　　　　　B．1000×1000×1000 字节
   C．3×1024 字节　　　　　　　　D．1024×1024×1024 字节

5. 计算机内部用来传送、存储、加工处理的数据或指令所采用的形式是_____。
   A. 十进制　　　　B. 二进制　　　　C. 八进制　　　　D. 十六进制

项目二　计算机中常用数制间的转换

在日常生活中，人们一般都习惯用十进制来处理数据，但在计算机内部一律采用二进制来存储和处理数据。

1. 十进制数转换为二进制数

（1）十进制整数转换为二进制整数。转换方法为"除2取余"，余即余数。例如$(41)_{10}=(?)_2$，转换过程如下：

```
2 | 41 ……… 1    低位
2 | 20 ……… 0     ↑
2 | 10 ……… 0
2 |  5 ……… 1
2 |  2 ……… 0
2 |  1 ……… 1    高位
```

所以$(41)_{10}=(101001)_2$。

（2）十进制小数转换为二进制小数。转换方法为"乘2取整"，整即整数。例如$(0.625)_{10}=(?)_2$，转换过程如下：

```
      × 2
        1.250    得小数点后第1位  1   高位
      × 2                            ↓
        0.500    得小数点后第2位  0
      × 2
        1.000    得小数点后第3位  1   低位
```

所以$(0.625)_{10}=(0.101)_2$。

既有整数又有小数，则整数和小数分别进行转换，如$(41.625)_{10}=(101001.101)_2$。

提示：在十进制小数转换过程中若出现循环，视精度要求转换到小数点后若干位即可。

2. 十进制数转换为八进制数或十六进制数

十进制数转换为八进制数或十六进制数的方法，与十进制数转换为二进制数的方法类似。值得注意的是，八进制数可用十进制数中的0～7共8个符号表示，而十六进制数则需用16个符号表示，0～9不够用，因此用英文字母中"A""B""C""D""E""F"这6个符号表示10～15。

转换方法依然是：整数部分转换分别为除8取余和除16取余；小数部分转换分别为乘8取整和乘16取整。例如：

$$(179)_{10}=(263)_8，(59)_{10}=(3B)_{16}$$

3. 二进制、八进制、十六进制数转换为十进制数

若要将二进制数、八进制数或十六进制数转换为十进制数，只要将它们按进制权位展开、相加即可。例如：

$$(1001100)_2 = 1\times 2^6 + 1\times 2^3 + 1\times 2^2 = (76)_{10}$$
$$(114)_8 = 1\times 8^2 + 1\times 8 + 4\times 8^0 = (76)_{10}$$
$$(4C)_{16} = 4\times 16^1 + 12\times 16^0 = (76)_{10}$$

计算机中数据的最小单位是位（bit）；存储容量的基本单位是字节（Byte）。8个二进制位称为1字节；字长是计算机的一个重要指标，直接反映一台计算机的计算能力和计算精度。字长越长，计算机的数据处理速度就越快。

练一练

1. 假设给定一个十进制整数D，转换成对应的二进制整数B，那么就这两个数字的位数而言，B与D相比，_____。

    A. B的位数大于D
    B. D的位数大于B
    C. B的位数大于或等于D
    D. D的位数大于或等于

2. 下列在不同进制的4个数中，最小的一个数是_____。

    A. 11011001（二进制数）
    B. 75（十进制数）
    C. 37（八进制数）
    D. 2A（十六进制数）

3. 对下列2个二进制数进行算术加运算，10100+111=_____。

    A. 10211　　B. 110011　　C. 11011　　D. 10011

4. 十进制数73转换成二进制数是_____。

    A. 1101001　　B. 1000110　　C. 1011001　　D. 1001001

5. 二进制数101110转换成等值的八进制数是_____。

    A. 45　　B. 56　　C. 67　　D. 78

6. 二进制数01011010转换为十进制整数是_____。

    A. 80　　B. 82　　C. 90　　D. 9

7. 在一个非零无符号二进制整数之后添加一个0，则此数的值为原数的_____。

    A. 4倍　　B. 2倍　　C. 1/2倍　　D. 1/4倍

8. 已知3个用不同数制表示的整数A=00111101B，B=3CH，C=64D，则能成立的比较关系_____。

    A. A<B<C　　B. B<C<A　　C. B<A<C　　D. C<B<A

项目三　计算机中常见的信息编码

在计算机中，对非数值的文字和其他符号进行处理时，要对文字和符号进行数字化处理，即用二进制编码来表示。信息编码就是规定如何用二进制编码来表示文字和符号。本项目将帮助读者了解计算机如何用二进制编码表示西文、中文和其他符号。

1. 西文字符的编码

字符编码就是规定所有字符的二进制代码的表示形式。目前在计算机中使用最多的西文编码是ASCII码，采用7位二进制数表示一个字符的编码，共有128种编码组合，可表示128个字符，其中数字10个、大小写英文字母52个、其他字符32个和控制字符34个，具体编码内容见图1.5。ASCII码表的全称是"美国信息交换标准代码"。

ASCII 码表完整版

ASCII 值	控制字符	ASCII 值	控制字符	ASCII 值	控制字符	ASCII 值	控制字符
0	NUT	32	（space）	64	@	96	、
1	SOH	33	!	65	A	97	a
2	STX	34	"	66	B	98	b
3	ETX	35	#	67	C	99	c
4	EOT	36	$	68	D	100	d
5	ENQ	37	%	69	E	101	e
6	ACX	38	&	70	F	102	f
7	BEL	39	,	71	G	103	g
8	BS	40	(	72	H	104	h
9	HT	41	)	73	I	105	i
10	LF	42	*	74	J	106	j
11	VT	43	+	75	K	107	k
12	FF	44	,	76	L	108	l
13	CR	45	-	77	M	109	m
14	SO	46	.	78	N	110	n
15	SI	47	/	79	O	111	o
16	DLE	48	0	80	P	112	P
17	DCI	49	1	81	Q	113	q
18	DC2	50	2	82	R	114	r
19	DC3	51	3	83	X	115	s
20	DC4	52	4	84	T	116	t
21	NAK	53	5	85	U	117	u
22	SYN	54	6	86	V	118	v
23	TB	55	7	87	W	119	w
24	CAN	56	8	88	X	120	x
25	EM	57	9	89	Y	121	y
26	SUB	58	:	90	z	122	z
27	ESC	59	;	91	[	123	{
28	PS	60	<	92	/	124		
29	GS	61	=	93	]	125	}
30	RS	62	>	94	^	126	~
31	US	63	?	95	—	127	DEL

图 1.5 ASCII 码表

2. 汉字编码

根据汉字处理过程中的不同要求，有多种编码，主要分为4类，分别是汉字输入编码、汉字国标码、汉字机内码和汉字字形码。汉字编码间的关系如图1.6所示。

（1）汉字国标码。根据GB 2312-1980标准，汉字和图形符号共7445个，其中汉字6763个，按使用频度分为一级汉字3755个，二级汉字3008个，图形符号682个。GB 2312-1980标准将全部国标汉字及符号组成一个94×94的矩阵，每行称为一个"区"，每列称为一个

"位",将区号和位号组合就形成了"区位码"。

国标码采用2个7位二进制数编码。

国标码前2位=区码+20H；国标码后2位=位码+20H。

（2）汉字输入码。指输入汉字的编码方法，分为拼音输入法、字形输入法、音形结合的输入法等。

（3）汉字机内码。汉字机内码是表示汉字的存储位置的编码，机内码是把国标码的两个字节的最高位置加1而得到的。

①机内码=国标码+8080H。

②机内码的第一字节=区码+A0H。

③机内码的第二字节=位码+A0H。

（4）汉字字形码。汉字字形码表示汉字的字形编码，也称字模。点阵字模标准一般有16×16、24×24、32×32、48×48等，点阵越大，字符的笔画越光滑，但是字模的存储容量也就越大。存放字模的数据文件称为汉字字库，简称字库。

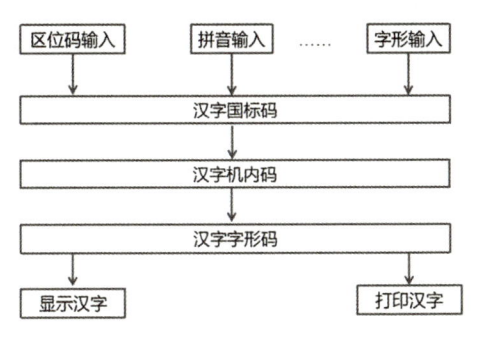

图 1.6　汉字编码间的关系

练一练

1. 已知字符A的ASCII码是01000001B，字符D的ASCII码是_____。
   A. 01000011B　　B. 01000100B　　C. 01000010B　　D. 01000111B
2. 字符比较大小实际上是比较它们的ASCII码值，下列正确的是_____。
   A. "A"比"B"大　　　　　　　B. "H"比"h"小
   C. "F"比"D"大　　　　　　　D. "9"比"D"大
3. 一个字符的标准ASCII码用_____位二进制数表示。
   A. 8　　　　B. 7　　　　C. 6　　　　D. 4
4. 已知"装"字的拼音输入码是"zhuang"，而"大"字的拼音输入码是"da"，则存储它们编码分别需要的字节数是_____。
   A. 6,2　　　B. 3,1　　　C. 2,2　　　D. 3,2
5. 在下列字符中，其ASCII码值最小的一个是_____。

A. 空格字符　　　　B. 0　　　　　　　C. a　　　　　　　D. A
6. 在计算机中，对汉字进行传输、处理和存储使用了汉字的＿＿＿＿＿。
　　A. 字形码　　　　　B. 国标码　　　　　C. 输入码　　　　　D. 机内码
7. 下列4个4位十进制中，属于正确的汉字区位码的是＿＿＿＿＿。
　　A. 5601　　　　　　B. 9596　　　　　　C. 9678　　　　　　D. 8799
8. 下列关于ASCII码的叙述中，正确的是＿＿＿＿＿。
　　A. 一个字符的标准 ASCII 码值占 1 字节，其最高进制位总为 1。
　　B. 所有大写英文字母的 ASCII 码值都小于小写英文字母"a"的 ASCII 码值
　　C. 所有大写英文字母的 ASCII 码值都大于小写英文字母"a"的 ASCII 码值
　　D. 标准 ASCII 码表有 256 个不同的字符编码
9. 区位码输入法的最大优点是＿＿＿＿＿。
　　A. 使用数码输入，方法简单、容易记忆
　　B. 易记易用
　　C. 一字一码，无重码
　　D. 编码有规律，不易忘记

第三节　多媒体技术概述

● 学习目标：
（1）了解多媒体的概念、信息种类。
（2）掌握多媒体的特性和关键技术。

项目一　多媒体的概念、信息种类

1. 多媒体的概念

　　关于多媒体的定义，现在有各种说法。从字面理解，多媒体应是"多种媒体的综合"，事实上它还应包含处理这些信息的程序和过程，即包含"多媒体技术"。"多种媒体的综合"从狭义角度来看，多媒体是指用计算机和相关设备交互处理多种媒体信息的方法和手段；从广义角度来看，则指一个领域，即涉及信息处理的所有技术和方法，包括广播、电视、电话、电子出版物等。

2. 多媒体的信息种类

（1）文本（Text）：包括数字、字母、符号和汉字。
（2）声音（Audio）：包括语音、歌曲、音乐和各种发声。
（3）图形（Graphics）：由点、线、面、体组合而成的几何图形。
（4）图像（Image）：主要指静态图像，如照片、画片等。
（5）视频（Video）：指录像、电视、视频光盘（VCD）播放的连续动态图像。

（6）动画（Animation）：由多幅静态画片组合而成，它们在形体动作方面有连续性，从而产生动态效果。包括二维动画（2D平面效果）、三维动画（3D立体效果）。

项目二 多媒体的特性、关键技术

1. 多媒体特性

多媒体除具有信息媒体多样化的特征之外，还具有以下3个特性。

（1）数字化：多媒体技术是一种"全数字"技术。其中的每种媒体信息，无论是文字、声音、图形、图像还是视频，都以数字技术为基础进行生成、存储、处理和传送。

（2）交互性：指人机交互，使人能够参与对信息的控制、使用活动。例如播放多媒体节目时，可以人工干预，随时进行调整和改变，以提高获取信息的效率。

（3）集成性：是将多种媒体信息有机地组合到一起，共同表现一个事物或过程，实现"图、文、声"一体化。

2. 多媒体的关键技术

多媒体技术实际上是面向三维图形、立体声和彩色全屏幕画面的"实时处理"技术。其核心则是"视频、音频的数字化"和"数据的压缩与解压缩"。此外，在应用多媒体信息时，其表达方法也不同于单一的文本信息，而是采用超文本和超媒体技术。

（1）视频、音频的数字化：是将原始的视频、音频"模拟信号"转换为便于计算机进行处理的"数字信号"，然后再与文字等其他媒体信息进行叠加，构成多种媒体信息的组合。

（2）数据的压缩与解压缩：数字化后的视频、音频信号的数据量非常大，不进行合理压缩根本无法传输和存储。因此，视频、音频信息数字化后，必须再进行压缩才有可能存储和传送。播放时则需解压缩以实现还原。

（3）超文本和超媒体：超文本是一种使用于文本、图形或计算机的信息组织形式，它由节点和超链接组成，由于超链接的作用，文本的阅读可以跳转，使得单一的信息元素之间相互交叉引用。利用超文本形式组织起来的文件不仅可以是文本，也可以是图、文、声、像、视频等多媒体形式的文件，这种多媒体信息就构成了超媒体。

练一练

1. 多媒体系统由主机硬件系统、多媒体数字化外部设备和_____三个部分组成。
   A. 多媒体控制系统　　　　　　B. 多媒体管理系统
   C. 多媒体软件　　　　　　　　D. 多媒体硬件
2. 下列设备中，多媒体计算机所特有的设备是_____。
   A. 打印机　　B. 鼠标　　C. 键盘　　D. 视频卡
3. 多媒体计算机中除了包括普通计算机配备硬件，还必须包括_____四个部件。
   A. CD-ROM、音频卡、MODEM、音箱
   B. CD-ROM、音频卡、视频卡、音箱

C. MODEM、音频卡、视频卡、音箱

D. CD-ROM、MODEM、视频卡、音箱

4．在多媒体课件中，课件能够根据用户的答题情况给予正确和错误的回复，突出显示了多媒体技术的_____。

    A．多样性　　　　　　　　　B．非线性

    C．集成性　　　　　　　　　D．交互性

5．下图为矢量图形文件格式的是_____。

    A．WMF　　　　　　　　　　B．JPG

    C．GIF　　　　　　　　　　 D．BMP

第四节　计算机病毒及其防治

● 学习目标：

（1）了解计算机病毒的基础知识。

（2）掌握计算机病毒的防治方法。

项目一　计算机病毒的概念、分类及传播途径

1. 计算机病毒的概念

《中华人民共和国计算机信息系统安全保护条例》对计算机病毒的概念定义为：是指编制或者在计算机程序中插入的破坏计算机功能或者毁坏数据，影响计算机使用，并能自我复制的一组计算机指令或者程序代码。此定义具有法律性、权威性。其特征有传染性、隐蔽性、潜伏性、破坏性、针对性、衍生性（变种）、寄生性、不可预见性。

2. 计算机病毒的分类

1）按破坏性分

（1）良性病毒。

（2）恶性病毒。

（3）极恶性病毒。

（4）灾难性病毒。

2）按传染方式分

（1）引导型病毒。引导型病毒主要通过软盘在操作系统中传播，感染引导区，蔓延到硬盘，并能感染硬盘中的"主引导记录"。

（2）文件型病毒。文件型病毒是文件感染者，也称为寄生病毒。它运行在计算机存储器中，通常感染扩展名为COM、EXE、SYS等类型的文件。

（3）混合型病毒。混合型病毒具有引导型病毒和文件型病毒两者的特点。

（4）宏病毒。宏病毒是指用BASIC语言编写的病毒程序寄存在Office文档中的宏代码。

宏病毒影响对文档的各种操作。

3）按连接方式分

（1）源码型病毒。它攻击用高级语言编写的源程序，在源程序编译之前插入其中，并随源程序一起编译、连接成可执行文件。源码型病毒较为少见，也难以编写。

（2）入侵型病毒。入侵型病毒可用自身代替正常程序中的部分模块或堆栈区。因此，这类病毒只攻击某些特定程序，针对性强。一般情况下难以被发现，清除起来也比较困难。

（3）操作系统型病毒。操作系统型病毒可用其自身部分加入或替代操作系统的部分功能。因其直接感染操作系统，这类病毒的危害性也较大。

（4）外壳型病毒。外壳型病毒通常将自身附在正常程序的开头或结尾，相当于给正常程序加了个外壳。大部分的文件型病毒都属于这一类。

3. 计算机病毒的传播途径

计算机病毒之所以称为病毒是因为它具有传染性的本质。传统渠道通常有以下几种。

（1）通过软盘：通过使用外界被感染的软盘，例如，不同渠道的系统盘、来历不明的软件、游戏盘等是最普遍的传染途径。

（2）通过硬盘：通过硬盘传染也是重要的渠道，由于带有病毒机器移到其他地方使用、维修等，将干净的软盘传染并再扩散。

（3）通过光盘：因为光盘容量大，存储了海量的可执行文件，大量的病毒就有可能藏身于光盘，对只读式光盘，不能进行操作，因此光盘上的病毒不能清除。以牟利为目的的非法盗版软件，不可能为病毒防护担负专门责任，也绝不会有真正可靠可行的技术保障避免病毒的传入、传染、流行和扩散。

（4）通过网络：这种传染扩散极快，能在很短时间内传遍网络上的机器。

随着Internet的风靡，给病毒的传播又增加了新的途径，它的发展使病毒可能成为灾难，病毒的传播更迅速，反病毒的任务更加艰巨。Internet带来两种不同的安全威胁。第一种威胁来自文件下载，这些被浏览的或被下载的文件可能存在病毒。第二种威胁来自电子邮件。大多数Internet邮件系统提供了在网络间传送附带格式化文档邮件的功能，因此，遭受病毒的文档或文件就可能通过网关和邮件服务器涌入企业网络。网络使用的简易性和开放性使得这种威胁越来越严重。

练一练

1．计算机病毒最重要的特点是_____。
　　A．可执行　　　B．可传染　　　C．可保存　　　D．可复制
2．计算机感染病毒后，会出现_____。
　　A．计算机电源损坏　　　　　　B．系统瘫痪或文件丢失
　　C．显示器屏幕破裂　　　　　　D．使用者受感染
3．通常所说的"宏病毒"，主要是一种感染_____类型文件的病毒。

A．.COM B．.DOC C．.EXE D．.TXT
4. 对于已感染了病毒的U盘，最彻底的清除病毒的方法是_____。
   A．用酒精将U盘消毒 B．放在高压锅里煮
   C．将感染病毒的程序删除 D．对U盘进行格式化
5. 计算机病毒除通过有病毒的软盘传染外，另一条可能的途径是通过_____进行传染的。
   A．网络 B．电源电缆
   C．键盘 D．输入不正确的程序
6. 计算机病毒属于一种_____。
   A．特殊的计算机程序 B．游戏软件
   C．已被破坏的计算机程序 D．带有传染性的生物病毒

项目二　计算机病毒的防治

计算机病毒的防治要从防毒、查毒、解毒三个方面来进行；系统对于计算机病毒的实际防治能力和效果也要从防毒能力、查毒能力和解毒能力三个方面来评判。

（1）防毒。是指根据系统特性，采取相应的系统安全措施预防病毒侵入计算机。防毒能力是指通过采取防毒措施，可以准确、实时监测预警经由光盘、软盘、硬盘不同目录之间、局域网、互联网（包括FTP方式、E-mail、HTTP方式）或其他形式的文件下载等多种方式的病毒感染；能够在病毒侵入系统时发出警报，记录携带病毒的文件，及时清除其中的病毒；对网络而言，能够向网络管理员发送关于病毒入侵的信息，记录病毒入侵的工作站，必要时还要能够注销工作站，隔离病毒源。

（2）查毒。是指对于确定的环境，能够准确地报出病毒名称，该环境包括内存、文件、引导区（含主导区）、网络等。查毒能力是指发现和追踪病毒来源的能力，通过查毒能准确地发现信息网络是否感染了病毒，准确查找出病毒的来源，给出统计报告；查毒能力应由查毒率和误报率来评判。

（3）解毒。是指根据不同类型病毒对感染对象的修改，并按照病毒的感染特性所进行的恢复。该恢复过程不能破坏未被病毒修改的内容。感染对象包括内存、引导区（含主引导区）、可执行文件、文档文件、网络等。解毒能力是指从感染对象中清除病毒，恢复被病毒感染前的原始信息的能力。

练一练

1. 网络上的"黑客"是指_____。
   A．匿名上网的人 B．总在晚上上网的人
   C．不花钱上网的人 D．在网上私闯他人计算机系统的人

2. 目前使用的防杀病毒软件的作用是_____。
    A. 检查计算机是否感染病毒，消除已感染的任何病毒
    B. 杜绝病毒对计算机的侵害
    C. 检查计算机是否感染病毒，消除部分已感染的任何病毒
    D. 查出已感染的任何病毒，消除已感染的任何病毒
3. 为了防止计算机病毒的传染，应该做到_____。
    A. 干净的 U 盘不要与来历不明的 U 盘放在一起
    B. 不要复制来历不明的 U 盘上的文件
    C. 长时间不用的 U 盘要经常格式化
    D. 对 U 盘上的文件要经常复制
4. 下列关于计算机病毒的叙述中，正确的一条是_____。
    A. 反病毒软件可以查、杀任何种类的病毒
    B. 计算机病毒是一种被破坏的程序
    C. 反病毒软件必须随着新病毒的出现而升级，提高查、杀病毒的功能
    D. 感染过计算机病毒的计算机具有对该病毒的免疫性
5. 确保学校局域网的信息安全防止来自Internet的黑客入侵，采用_____以实现一定的防范作用。
    A. 网管软件   B. 邮件列表
    C. 防火墙软件   D. 杀毒软件

第五节　计算机系统

- 学习目标：
（1）了解计算机的系统组成、主要技术指标。
（2）了解计算机的硬件系统、软件系统。

项目一　计算机系统组成及主要技术指标

计算机的应用领域不同，其配置也各不相同，但其基本组成和工作原理都一样。了解计算机系统的组成和功能，弄清主要的技术指标是全面理解计算机的基础。

1. 计算机的工作原理

1946年，美籍匈牙利数学家冯·诺依曼提出了电子计算机设计的基本思想，奠定了现代计算机的基本结构，开创了计算机的程序设计时代。

冯·诺依曼思想的基本内容是：数字计算机的数制采用二进制；计算机系统由5大部件组成，分别是运算器、存储器、控制器、输入设备和输出设备；程序和数据同时存放在存储器中，并按地址寻访。

按照冯·诺依曼的设计思想，计算机硬件系统由运算器、存储器、控制器、输入设备和输出设备组成，如图1.7所示。各部件在控制器的控制下协调一致地工作，工作过程为：数据和指令序列在控制器输入命令的控制下，通过输入设备送到计算机的存储器存储。当计算开始时，在取指令作用下把程序指令逐条送入控制器。控制器对指令进行译码，并根据指令的操作要求向存储器和运算器发出读/写和运算命令，经过运算器计算并把结果存放在存储器内。最后，在控制器的输出命令下，通过输出设备输出运算结果。

以"存储程序控制"原理为基础的计算机被称为冯·诺依曼型计算机，这样的计算机至今仍占市场主流。

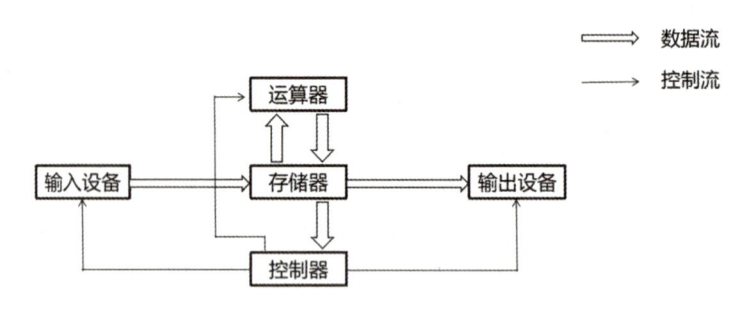

图 1.7　计算机硬件系统

2. 计算机硬件和软件

计算机硬件是指构成计算机的物理设备，是由各种机械部件和电子元器件构成的实现各种具体功能的实体部件的总称。计算机软件由程序、数据和有关文档等组成，用于管理控制计算机的软、硬件，协调各部分有序工作。没有安装任何软件的计算机被称为"裸机"，"裸机"不能完成任何工作。一个完整的计算机系统由硬件系统和软件系统两大部分组成，如图1.8所示。

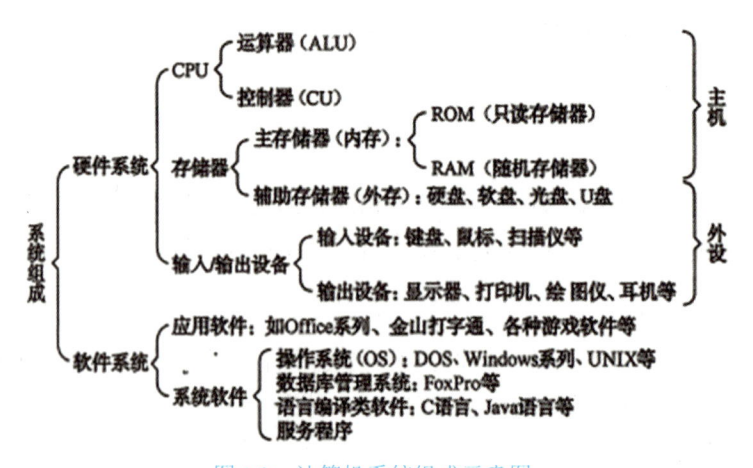

图 1.8　计算机系统组成示意图

3. 计算机的主要技术指标

不同用途的计算机具有不同的衡量指标。通常，衡量计算机性能的好坏主要使用以下几项技术指标。

（1）字长。字长指计算机一次能并行处理的二进制位数，字长总是8的整数倍，通常PC的字长为16位（早期）、32位、64位。一般来说，字长越长，运算精度就越高。

（2）内存容量。内存容量指计算机内存储器所能容纳信息的字节数。内存容量越大，它所能存储的数据和运行的程序就越多，程序运行的速度就越快。

（3）存取周期。存取周期指存储器进行一次完整读/写操作所需要的时间，也就是存储器进行连续读/写操作所允许的最短时间间隔。存取周期越短，则意味着读/写的速度越快。

（4）主频。主频指计算机CPU的时钟频率，单位是MHz（兆赫兹）。主频越高，计算机的运算能力就越高。

（5）运算速度。运算速度指计算机在单位时间内能执行指令的条数，单位为MIPS（百万条指令/秒）。

练一练

1. 时至今日，计算机仍采用程序内存或称存储程序原理，该原理的提出者是_____。
   A. 科得（E.F.Codd） B. 比尔·盖茨
   C. 冯·诺依曼 D. 莫尔
2. 目前计算机的设计依据的原理是冯·诺依曼的_____。
   A. 开关电路 B. 逻辑运算 C. 二进制 D. 存储程序
3. 微机的字长是4字节，这意味着_____。
   A. 能处理的最大数值为，4位十进制数9999
   B. 能处理的字符串最多由4个字符组成
   C. 在CPU中作为一个整体加以传送处理的32位二进制代码
   D. 在CPU中运算的最大结果为2的32次方
4. 一个完备的计算机系统应该包含计算机的_____。
   A. 主机和外设
   B. 硬件和软件（或者说：硬件系统和软件系统）
   C. CPU和存储器
   D. 控制器和运算器
5. 主频很大程度上决定了计算机的运行速度，它是指_____。
   A. 计算机运行速度的快慢 B. 基本指令操作次数
   C. 微处理器时钟工作频率 D. 单位时间的存取数量
6. 字长是CPU的主要性能指标之一，它表示_____。
   A. CPU一次性能处理二进制数据的最大位数

B. 最长的十进制整数的位数

C. 最大的有效数字位数

D. 计算结果的有效数字长度

7. 计算机有多种技术指标，其中决定计算机的计算精度的是_____。

A. 运算速度　　B. 进位数制　　C. 存储容量　　D. 字长

8. "32位微型计算机"中的32指的是_____。

A. 微机型号　　　　　　　　B. 内存容量

C. 运算速度　　　　　　　　D. 计算机的字长

9. 计算机的技术指标有多种，决定计算机性能的主要指标是_____。

A. 语言、外设和速度　　　　B. 主频、字长和内存容量

C. 外设、内存容量和体积　　D. 软件、速度和质量

10. 用MIPS为单位来衡量计算机的性能，它指的是计算机的_____。

A. 传输速率　　B. 存储器容量　　C. 运算速度　　D. 字长

项目二　计算机硬件系统

按照冯·诺依曼的设计思想，计算机硬件系统由运算器、控制器、存储器、输入设备和输出设备5大部件组成。

1. 运算器

运算器主要完成各种算术运算和逻辑运算，是对信息进行加工和处理的部件，通常由算术逻辑单元（ALU）、累加器、状态寄存器、通用寄存器组等组成。运算器的性能高低直接影响计算机的性能。

2. 控制器

控制器用于协调和指挥整个计算机系统，相当于人类的大脑，它读取各种指令并对其进行翻译和分析，然后对各部件作出相应的控制，使各部件协调一致地工作。

控制器和运算器一起组成中央处理器，即CPU，如图1.8所示。CPU是计算机的核心和关键部件，一台计算机性能的优劣主要取决于CPU。目前，美国的Intel公司是最具竞争力的CPU生产厂商，其次是AMD公司。

3. 存储器

存储器的主要功能是存放程序和数据。就理论而言，存储器的容量越大、存取速度越快越好。在计算机的操作过程中，外设、CPU都需要与存储器进行信息交换，存储器的读/写速度相对于CPU的运算速度要低很多，这是制约计算机运行速度的一个瓶颈。目前的计算机通常有两级存储器：一是包含在计算机中的内存储器，它直接和运算器、控制器进行数据交换，其容量小，但存取速度快，价格比较高，用于存放那些急需处理的数据或正在运行的程序；二是外存储器，它间接和运算器、控制器进行数据交换，其容量大，但存取

速度慢，价格低廉，用来存放暂时不需要的数据。

内存储器简称内存，也称为主存储器。内存储器包括寄存器、高速缓冲存储器（Cache）和主存储器。寄存器在CPU芯片的内部，高速缓冲存储器目前也制作在CPU芯片内，而主存储器由插在主板内存插槽中的若干内存条组成。内存的质量好坏与容量大小会影响计算机的运行速度。

（1）随机存储器（Random Access Memory）。随机存储器是一种可以随机读/写数据的存储器，可以读出也可以写入数据。读出数据时并不损坏原来存储的内容，只有写入数据时才修改原来所存储的内容。RAM只能用于暂时存放信息，一旦断电，存储内容立即消失，即具有易失性。

（2）只读存储器（Read Only Memory）。ROM是只读存储器，它的特点是只能读出原有的内容，不能由用户再写入新内容。它一般用来存放专用的固定程序和数据，由厂家一次性写入，是一种非易失性存储器，不会因断电而丢失数据。

（3）CMOS存储器（Complementary Metal Oxide Semiconductor Memory，互补金属氧化物半导体存储器）。CMOS存储器是一种只需要极少电量就能存放数据的芯片。由于耗能极低，CMOS存储器可以由集成到主板上的一个小电池供电，这种电池在计算机通电时还能自动充电。因为CMOS存储器可以持续获得电量，所以即使在关机后，它也能保存有关计算机系统配置的重要数据。

外储存器是指除计算机内存及CPU缓存以外的储存器，此类储存器一般在断电后仍然能保存数据，常见的外储存器有硬盘、软盘、光盘、U盘等。

4. 输入设备

输入设备用于将数据和程序输入计算机，并转变为计算机可以识别的形式（二进制编码）存放到存储器中。常用的输入设备有键盘、鼠标、扫描仪、光笔和话筒等。

5. 输出设备

输出设备用于将计算机处理的结果（二进制编码）转变为人们所能理解的形式，并采用特殊方式输出，如显示、打印等。常用的输出设备有显示器、打印机、绘图仪和音箱等。

6. 总线

所谓总线（Bus），一般指通过分时复用的方式，将信息以一个或多个源部件传送到一个或多个目的部件的一组传输线。是电脑中传输数据的公共通道。

总线分类

最常见的是从功能上来对数据总线进行划分的，可以分为地址总线（Address Bus）、数据总线（Data Bus）和控制总线（Control Bus）。在有的系统中，数据总线和地址总线可以在地址锁存器控制下被共享，也即复用。

地址总线是专门用来传送地址的。在设计过程中，见得最多的应该是从CPU地址总线来选用外部存储器的存储地址。地址总线的位数往往决定了存储器存储空间的大小。

数据总线用于传送数据信息,它又有单向传输和双向传输数据总线之分,双向传输数据总线采用双向三态形式的总线。数据总线的位数通常与微处理器的字长相一致。例如Intel8086微处理器字长是16位,其数据总线宽度也是16位。在实际工作中,数据总线上传送的并不一定是完全意义上的数据。

控制总线用于传送控制信号和时序信号。如有时微处理器对外部存储器进行操作时要先通过控制总线发出读/写信号、片选信号和读入中断响应信号等。控制总线一般是双向的,其传送方向由具体控制信号而定,其位数也要根据系统的实际控制需要而定。

练一练

1. 计算机技术中,英文缩写CPU的中文译名是_____。
   A. 控制器　　　B. 运算器　　　C. 中央处理器　　　D. 寄存器
2. 运算器（ALU）的功能_____。
   A. 只能进行逻辑运算　　　　　　B. 对数据进行算术运算或逻辑运算
   C. 只能进行算术运算　　　　　　D. 做初等函数的计算
3. 一个完整的计算机系统应该包含_____。
   A. 主机、键盘和显示器　　　　　B. 系统软件和应用软件
   C. 主机、外设和办公软件　　　　D. 硬件系统和软件系统
4. 下列各组设备中,全都属于输入设备的一组是_____。
   A. 键盘、磁盘和打印机　　　　　B. 键盘、鼠标和显示器
   C. 键盘、扫描仪和鼠标　　　　　D. 硬盘、打印机和键盘
5. 下面关于随机存取存储器（RAM）的叙述中,正确的是_____。
   A. 静态RAM（SRAM）集成度低,但存取速度快且无须刷新
   B. DRAM的集成度高且成本高,常做Cache用
   C. DRAM的存取速度比SRAM快
   D. DRAM中存储的数据断电后不会丢失
6. 通常打印质量最好的打印机是_____。
   A. 针式打印机　　B. 点阵打印机　　C. 喷墨打印机　　D. 激光打印机
7. 决定微处理器性能优劣的重要指标是_____。
   A. 内存的大小　　　　　　　　　B. 微处理器的型号
   C. 主频的高低　　　　　　　　　D. 内存储器的字长
8. 在微机的各种设备中,既可输入又可输出的设备是_____。
   A. 磁盘驱动器　　B. 键盘　　　　C. 鼠标　　　　　D. 绘图仪

项目三　计算机软件系统

没有安装任何软件的计算机被称为"裸机",不能完成任何工作。若要实现利用计算

机帮助工作的目的，则必须安装软件。按用途分类，软件可分为系统软件和应用软件。

1. 系统软件

系统软件是指控制和协调计算机及外部设备，支持应用软件开发和运行的系统，是不需要用户干预的各种程序的集合，其主要功能是调度、监控和维护计算机系统；负责管理计算机系统中各种独立的硬件，使得它们可以协调工作。系统软件使得计算机使用者和其他软件将计算机当成一个整体而不需要顾及每个硬件是如何工作的。

在计算机软件中最重要且最基本的就是操作系统（OS）。它是底层的软件，它控制所有计算机运行的程序并管理整个计算机的资源，是计算机裸机与应用程序及用户之间的桥梁。没有它，用户也就无法使用某种软件或程序。系统软件主要分为操作系统、语言处理系统和数据库管理系统3类。

（1）操作系统。系统软件的核心是操作系统。操作系统是由指挥与管理计算机系统运行的程序模板和数据结构组成的一种大型软件系统，其功能是管理计算机的软、硬件资源和数据资源，为用户提供高效、全面的服务。正是由于操作系统的飞速发展，才使计算机的使用变得简单、普及。

操作系统是管理计算机软、硬件资源和数据资源的一个平台，没有它，任何计算机都无法正常运行。它一般分为单用户单任务、单用户多任务和多用户多任务操作系统。在个人计算机发展史上曾出现过许多不同的操作系统，如DOS、Windows、Linux、UNIX和OS/2。现在的个人计算机一般都使用Windows操作系统，网络服务器常用Linux和UNIX操作系统。

（2）语言处理系统。语言处理系统包括机器语言、汇编语言和高级语言。这些语言处理程序除个别常驻在ROM中可以独立运行外，大多必须在操作系统的支持下运行。

①机器语言。机器语言是指机器能直接识别的语言，它是由"1"和"0"组成的一组代码指令。例如，01001001，作为机器语言指令，可能表示将某两个数相加。由于机器语言比较难记，因此基本上不能用来编写程序。

②汇编语言。汇编语言由一组与机器语言指令一一对应的符号指令和简单语法组成。例如，"ADD A，B"可能表示将A与B相加后存入B中，它可能与上例机器语言指令01001001直接对应。汇编语言程序要由一种"翻译"程序将它翻译为机器语言程序，这种翻译程序称为汇编程序。任何一种计算机都配有只适用于自己的汇编程序。汇编语言适用于编写直接控制机器操作的底层程序，它与机器密切相关，一般人也很难使用。

③高级语言。高级语言比较接近日常用语，对机器的依赖性低，是适用于各种机器的计算机语言。目前，高级语言已有数十种，如VB、C、C++、C#和Java等。

（3）数据库管理系统。数据库是以一定的组织方式存储的、具有相关性的数据集合。数据库管理系统就是在具体计算机上实现数据库技术的系统软件，由它实现用户对数据库的建立、管理、维护和使用等功能。目前，流行的数据库管理系统软件有Oracle和SQL Server等。

2. 应用软件

为解决计算机的各类问题而编写的程序称为应用软件。它又可分为用户程序与应用软件包。应用软件随着计算机应用领域的不断扩展而与日俱增。

用户程序。用户程序是用户为了解决特定的具体问题而开发的软件，如火车站或汽车站的票务管理系统，各类酒店中应用的酒店管理系统和财务部门的财务管理系统等。

应用软件包。应用软件包是为实现某种特殊功能而经过精心设计的、结构严密的独立系统，是一套满足同类应用的许多用户所需要的软件，如Microsoft公司发布的MS Office 2010应用软件包和迅雷网络科技有限公司开发的下载工具迅雷7等。

练一练

1. 某学校的教学管理软件属于_____。
   A. 系统程序　　B. 应用软件　　C. 系统软件　　D. 以上都不是
2. 微机上广泛使用的Windows是_____。
   A. 多任务操作系统　　　　　　B. 单任务操作系统
   C. 实时操作系统　　　　　　　D. 批处理操作系统
3. 操作系统的主要功能是_____。
   A. 对用户的数据文件进行管理，为用户管理文件提供方便
   B. 对计算机的所有资源进行控制和管理，为用户使用计算机提供方便
   C. 对源程序进行编译和运行
   D. 对汇编语言程序进行翻译
4. 在所列出的：（1）文字处理软件；（2）Linux；（3）UNIX；（4）学籍管理系统；（5）Windows10；（6）Office 2016六个软件中，属于系统软件的有_____。
   A. （1）（2）（3）　　　　　　B. （2）（3）（5）
   C. （1）（2）（3）（5）　　　　D. 全部都不是
5. 下列软件中，属于系统软件的是_____。
   A. C++编译程序　　　　　　　B. Excel 2003
   C. 学籍管理系统　　　　　　　D. 财务管理系统
6. 把用高级程序设计语言编写的源程序翻译成目标程序（.OBJ）的程序称为_____。
   A. 汇编程序　　B. 编辑程序　　C. 编译程序　　D. 解释程序
7. 计算机硬件能直接识别、执行的语言是_____。
   A. 汇编语言　　B. 机器语言　　C. 高级程序语言　　D. C++语言
8. 为了提高软件开发效率，开发软件时就尽量采用_____。
   A. 汇编语言　　B. 机器语言　　C. 指令系统　　D. 高级语言

第二章　Windows 10 操作系统

Windows 10是由微软（Microsoft）公司开发的，可供家庭及商业工作环境台式机、笔记本电脑、平板电脑、多媒体中心等使用的操作系统。

Windows 10操作系统的常见版本如下。

（1）Windows 10 Home（家庭版）：主要是面向消费者和个人PC用户的电脑系统版本，适合个人或者家庭电脑用户使用。

（2）Windows 10 Professional（专业版）：以家庭版为基础，增添了管理设备和应用，保护敏感的企业数据，支持远程和移动办公，使用云计算技术。

（3）Windows 10 Enterprise（企业版）：以专业版为基础，增添了大中型企业用来防范针对设备、身份、应用和敏感企业信息的现代安全威胁的先进功能。

（4）Windows 10 Education（教育版）：以企业版为基础，面向学校职员、管理人员、教师和学生。它将通过面向教育机构的批量许可计划提供给客户，学校就能够升级Windows 10家庭版和Windows 10专业版设备。

（5）Windows 10 Pro for Workstations（专业工作站版）：包括了许多普通版 Windows 10 Pro 没有的内容，着重优化了多核处理及大文件处理，面向大企业用户及真正的"专业"用户。

（6）Windows 10 IoT Core（物联网核心版）：面向小型低价设备，主要针对物联网设备。

第一节　Windows 10 操作系统概述

- 学习目标：

（1）了解Windows 10操作系统，会根据需要设置桌面、任务栏、开始菜单等属性。

（2）认识资源管理器，掌握资源管理器的相关操作。

项目一　Windows10 操作界面

- 桌面：

桌面是打开计算机并登录到Windows 10之后看到的主屏幕区域。桌面由背景、图标、"开始"菜单按钮和任务栏组成。

（1）认识桌面。Windows 10桌面如图2.1所示。

（2）自定义桌面。可在桌面空白处单击鼠标右键，在弹出的快捷菜单中选择"个性化"命令，打开系统"个性化"设置窗口，完成自定义桌面背景、颜色、锁屏界面、字体、任务栏等各类设置。

图 2.1　Windows 10 桌面

- "开始"菜单：

（1）"开始"菜单（如图2.2所示）是计算机程序、文件夹和设置的操作主要入口，能显示常用和最近添加的程序列表和Windows内置功能区域。

（2）右击"开始"菜单中的"Windows"按钮，打开的菜单如图2.3所示，可以单击其中的项目，如"应用和功能""任务管理器""设备管理器"等，进行相应的设置。

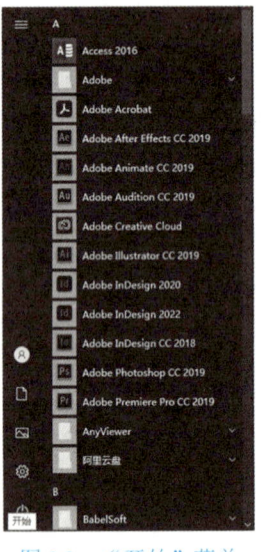

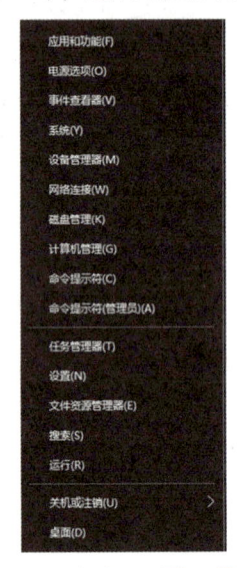

图 2.2　"开始"菜单　　　　　　　　图 2.3　右击"开始"菜单

- 任务栏：

在Windows系列操作系统中，任务栏是指位于桌面最下方的小长条。在任务栏处单击右键，选择"任务栏设置"选项，在打开的对话框中进行设置操作，也可以将任务栏锁定、隐藏任务栏、合并任务栏等。

1. 图标锁定和解锁

（1）对于未运行的程序，将程序快捷方式图标直接拖放到任务栏即可。例如，将"开始"菜单中的"计算器"应用程序的快捷方式图标拖动到(也称附到)任务栏上,如图2.4所示。

(2)对于正在运行的程序,则在任务栏上右击该应用程序图标,在打开的菜单中,选择"固定到任务栏"选项,如图2.5所示。

(3)要将一个程序图标从任务栏中移除,可在任务栏上右击该应用程序图标,在打开的菜单中选择"从任务栏取消固定"选项即可,如图2.6所示。

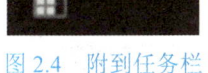

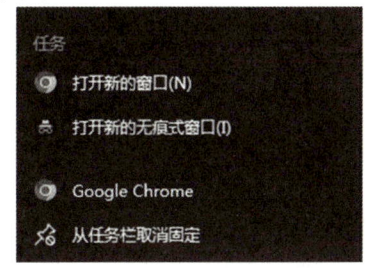

图 2.4　附到任务栏　　　图 2.5　将此程序固定到任务栏　　　图 2.6　从任务栏取消固定

2. 设置任务栏属性

(1)在任务栏空白区域单击鼠标右键,在弹出的快捷菜单中选择"任务栏设置"选项,打开"任务栏"设置窗口,如图2.7所示。

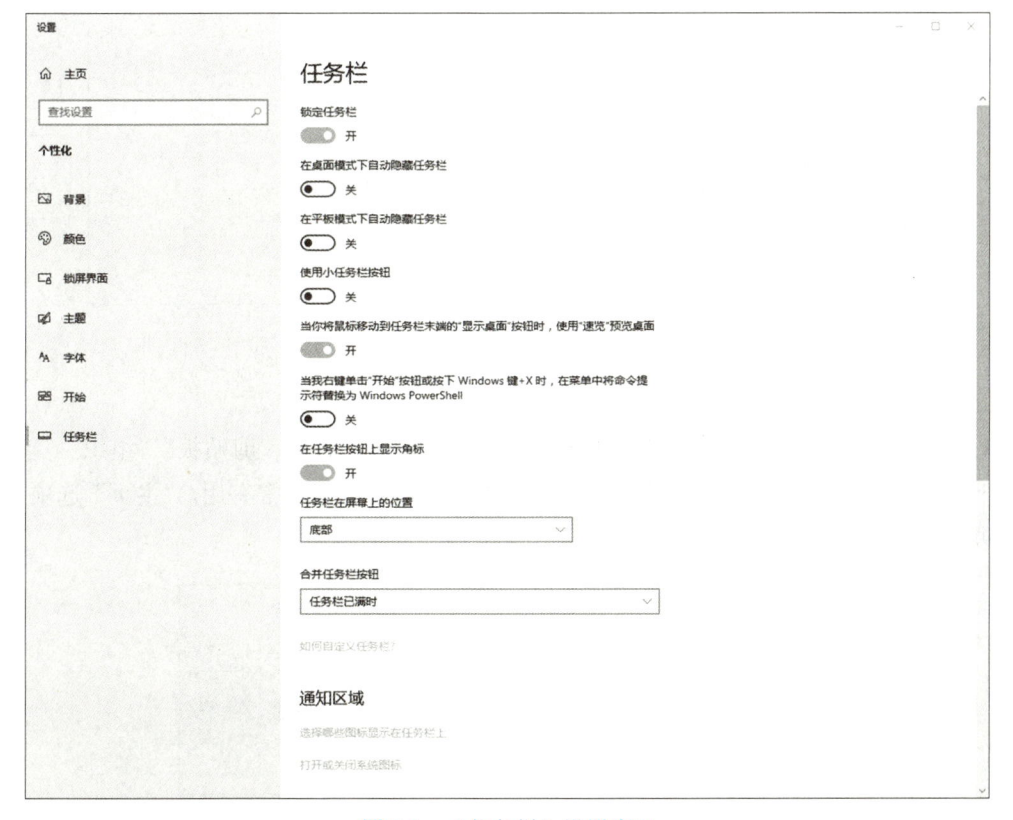

图 2.7　"任务栏"设置窗口

（2）在"任务栏"设置窗口中，可以设置任务栏的位置，也可以设置当任务栏被占满时，图标是否合并等内容，最后单击"确定"按钮。

项目二　资源管理器

资源管理器是Windows操作系统提供的资源管理工具，是Windows的精华功能之一。用户可以通过资源管理器查看计算机中的所有资源，能够清晰、直观地对计算机中形形色色的文件和文件夹进行管理。Windows 10系统中，任务栏采用了"选项卡+功能组+功能按钮"组成的功能区，默认的文件资源管理器图标功能已经变为"快速访问"。

1. 认识资源管理器

右击Windows 10中的"开始"按钮，在打开的菜单中选择"文件资源管理器"选项，打开"文件资源管理器"窗口，如图2.8所示。

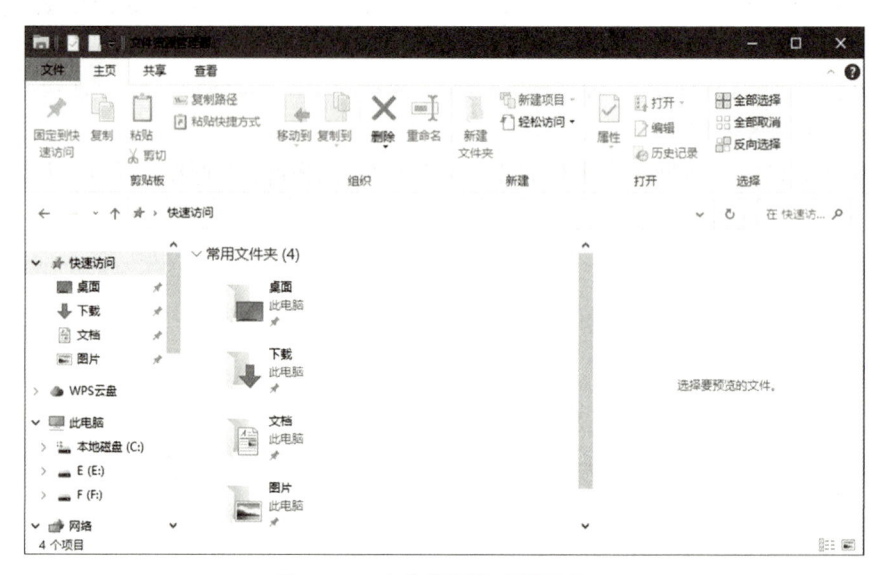

图2.8　"文件资源管理器"窗口

2. 资源管理器操作

（1）在"文件资源管理器"的"主页"选项卡中，可以看到"剪贴板""组织""新建""打开""选择"等各种功能组，各功能组中的各个功能按钮都非常有用。"主页"选项卡如图2.9所示。

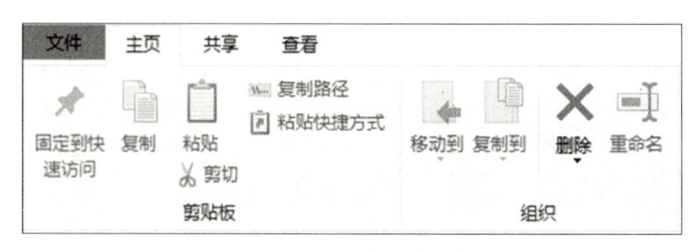

图2.9　"主页"选项卡

（2）隐藏或显示功能组。单击"文件资源管理器"右上角的"∧"，可以显示或隐藏功能组。隐藏或显示功能组的效果如图2.10所示。

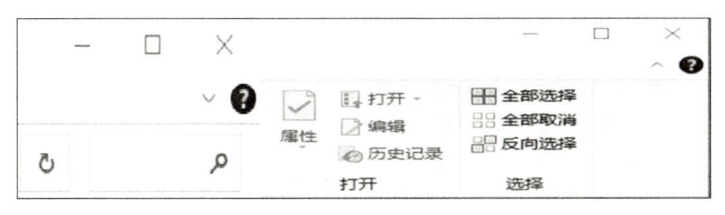

图 2.10　隐藏或显示功能组的效果

（3）如果需要显示文件或文件夹的路径，则单击地址栏空白区域即可，如图2.11和图2.12所示。

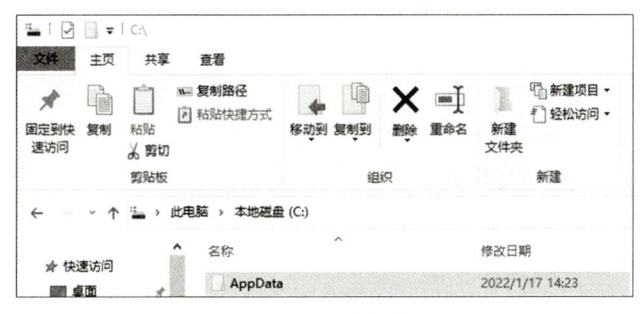

图 2.11　单击前

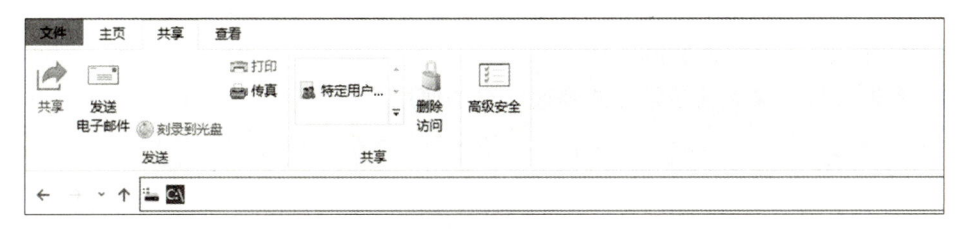

图 2.12　单击后

（4）"共享"选项卡。在"文件资源管理器"的"共享"选项卡中，可以看到有"发送""共享""高级安全"功能组，如图2.13所示。

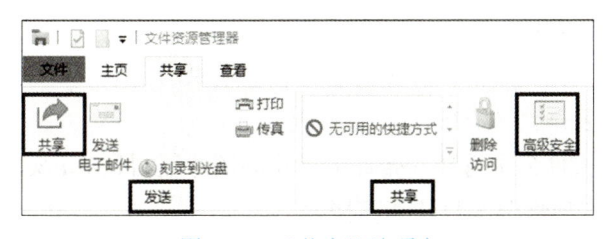

图 2.13　"共享"选项卡

（5）"查看"选项卡。"文件资源管理器"的"查看"选项卡中包含"窗格""布局""当前视图""显示/隐藏"功能组。"窗格"功能组有"导航窗格""预览窗格""详细信息窗格"；"布局"功能组主要是对文件的排列方式及图标大小进行的设置；"当前视图"主要是对文件依据某种原则进行分组,在列上显示文件的各种属性;在"显示/隐藏"功能组中可以选择"项目复选框",进行多个项目的勾选,可以勾选"文件扩展名"复选框,以显示文件的后缀,也可以显示隐藏的项目,如图2.14所示。

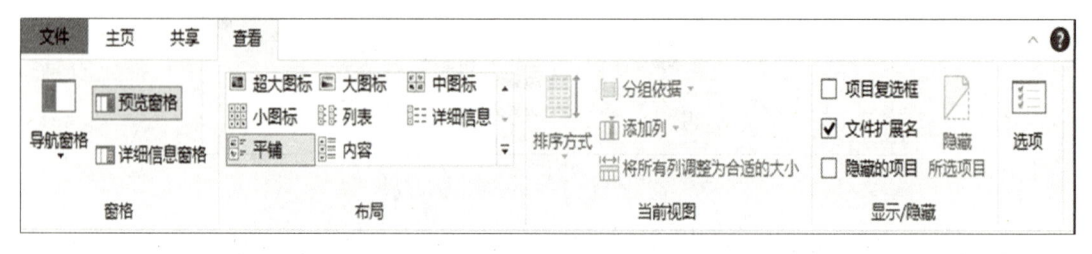

图2.14 "查看"选项卡

第二节　Windows 10 基本操作

- 学习目标:

（1）掌握文件（夹）的创建方法。
（2）掌握文件（夹）的移动方法。
（3）掌握文件（夹）的复制方法。
（4）掌握文件（夹）的重命名方法。
（5）掌握文件（夹）的属性设置方法。
（6）掌握文件（夹）的删除方法。
（7）掌握文件（夹）的搜索方法及通配符的使用。

项目一　Windows 10 文件管理（一）

- 操作要求（所有的操作在exam1文件夹中进行）:

（1）在exam1文件夹中新建3个文件夹,文件名分别是水果、蔬菜、人物。
（2）在桌面新建一个文本文档,名为jieshao.txt。
（3）将各个图片进行分类移动到相应的文件夹中。
（4）将桌面上的jieshao.txt移动到exam1文件夹中。
（5）将"水果"文件夹中的图片重命名为相应水果的名字。
（6）将fenlei.doc复制到"THE"文件夹中。
（7）从"人物"文件夹中选择一张你最喜欢的图片复制到SEE文件夹中。
（8）将SEE文件夹属性改为只读和存档。

- 原图（见图2.15）:

第二章　Windows 10 操作系统

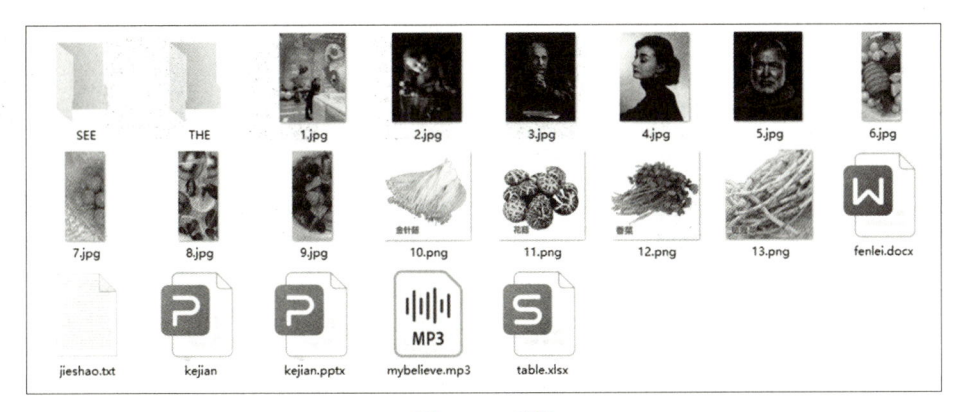

图 2.15　原图

- 效果图（见图 2.16）：

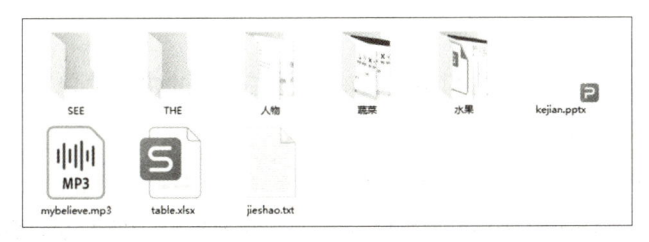

图 2.16　效果图

- 操作步骤：

1. 设置文件夹选项

（1）打开 examl 文件夹，单击"查看"选项卡，展开"查看"功能组，如图 2.17 所示。

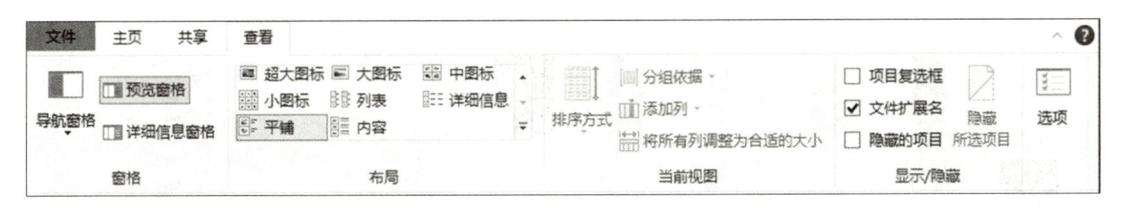

图 2.17　展开"查看"功能组

（2）勾选"文件扩展名"和"隐藏的项目"复选框，如图 2.18 所示。

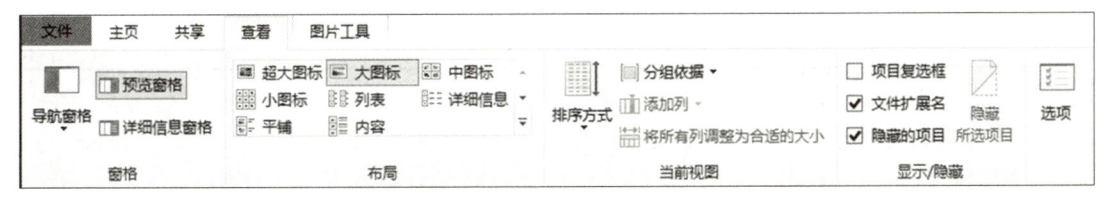

图 2.18　勾选"文件扩展名"和"隐藏的项目"复选框

（3）显示文件的扩展名，如图 2.19 所示。

— 35 —

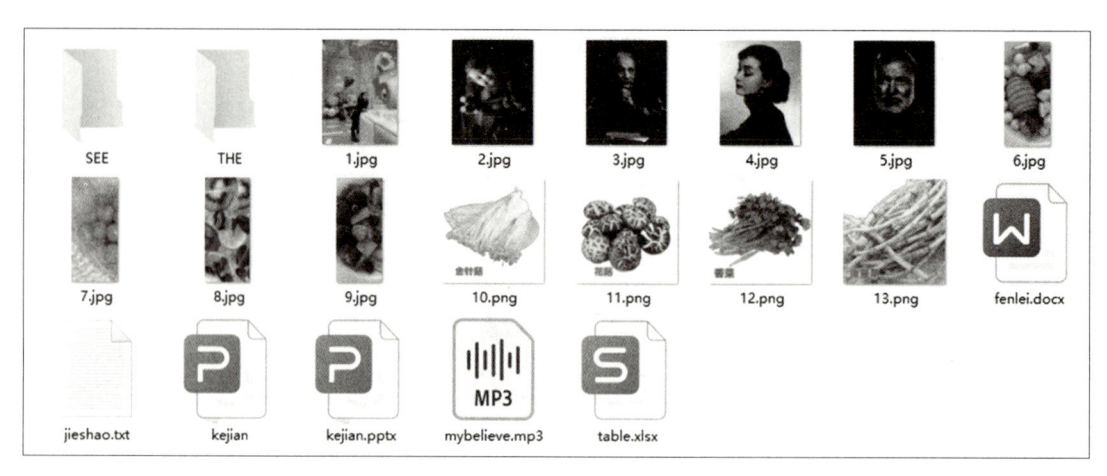

图 2.19　显示文件的扩展名

2. 新建文件（夹）

（1）打开exam1文件夹，在窗口空白处右击，在弹出的快捷菜单中选择"新建"→"文件夹"命令，即可建立新文件夹，如图2.20所示。

（2）根据上面的步骤依次建立3个新文件夹。

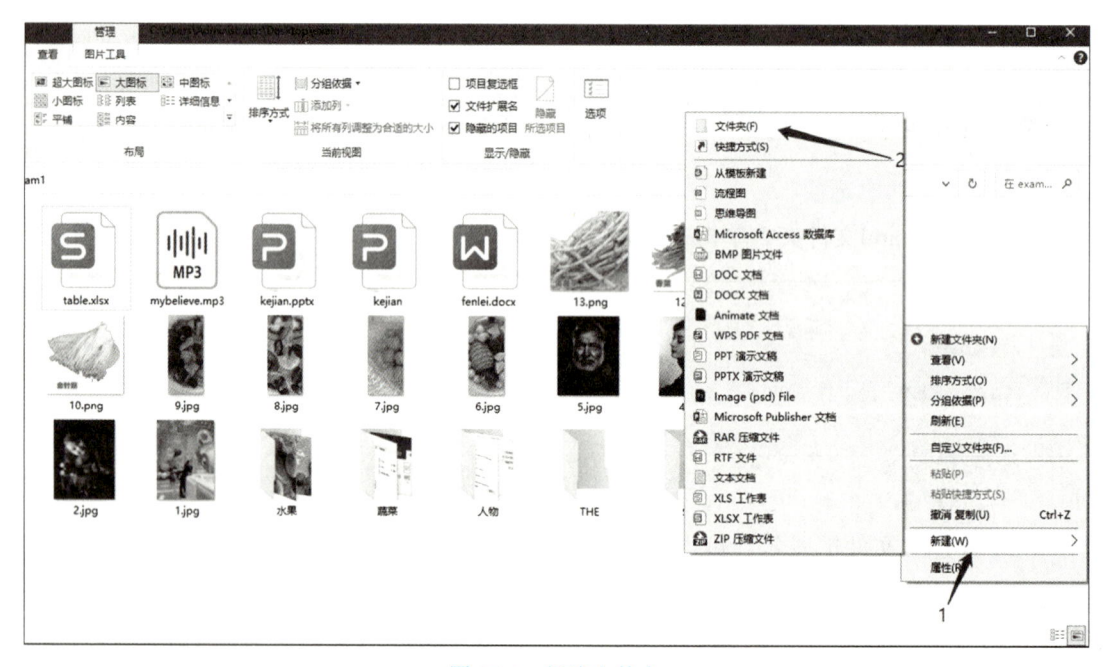

图 2.20　新建文件夹

小知识

（1）文件。

文件是存储在辅助存储器中的一组相关信息的集合，可以是一篇文字、一幅图、一段声音。每个文件必须有一个文件名。计算机系统通过文件名对文件进行管理。

（2）文件名的规定。

①最多有255个字符，扩展名一般有3个。

②文件扩展名可使用多个间隔符，如AAA.DOC.TXT。

③文件名中不可用的字符有\ / : ? " < > | *。

④不可用的设备名：CON AUX或COM1 NUL LPT1 LPT2。

（3）文件夹（也称目录）。

文件夹是用于组织管理文件的文件控制块。文件夹中可包含各种文件、快捷方式，以及下级文件夹等。

（4）文件名的构成。

文件名由主文件名.扩展名构成，具体如图2.21所示。

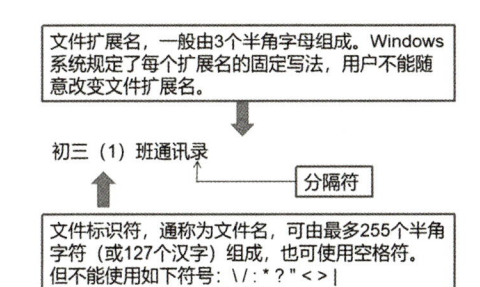

图 2.21　文件名的构成

（5）文件与文件夹的区别。

文件与文件夹的区别如表2.1所示。

表 2.1　文件与文件夹的区别

名　称	类　型	图　标	名　字	作　用
文件	文本文件 图像文件 声音文件 视频文件	jieshao.txt　kejian.pptx　mybelieve.mp3　table.xlsx	主名：扩展名 例如：City.txt	装载图、文、声音、视频等内容
文件夹	主文件夹 子文件夹	SEE　THE　人物	主名 例如：人物	存放文件 存放子文件夹

3．文件（夹）重命名

（1）选择"新建文件夹"，单击鼠标右键，从弹出的快捷菜单中选择"重命名"命令，输入该文件夹的名字即可，如图2.22所示。

— 37 —

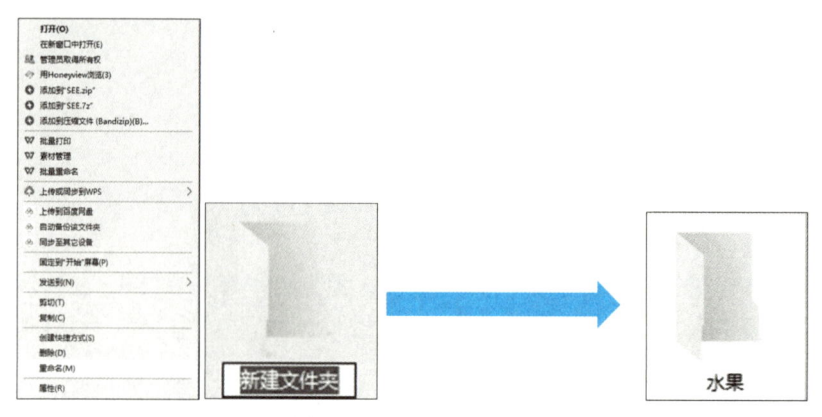

图 2.22　文件夹重命名

（2）依次将3个新建文件夹改名为"人物""蔬菜""水果"，如图2.23所示。

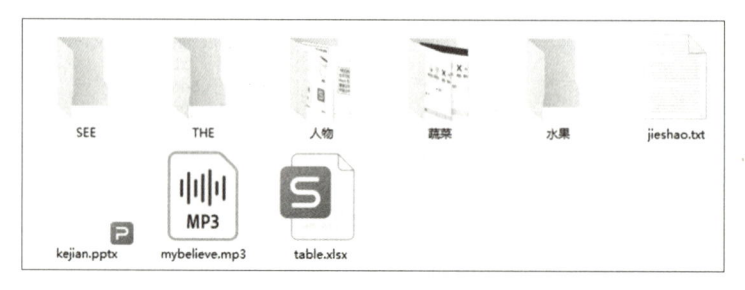

图 2.23　重命名文件夹

（3）用相似的方法在桌面新建jieshao.txt文件，如图2.24所示。

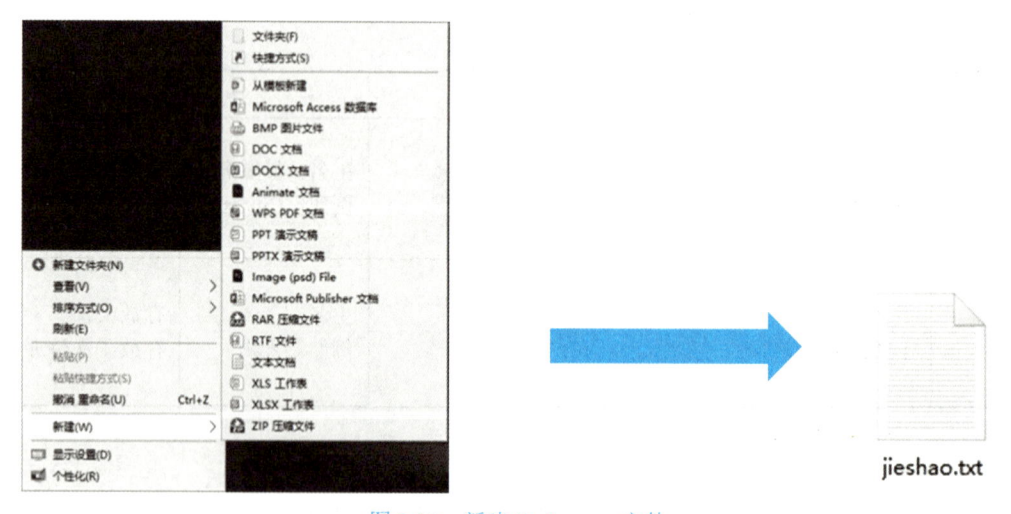

图 2.24　新建 jieshao.txt 文件

4．文件（夹）的移动

（1）按住"Ctrl"键，依次选取水果的图片，如图2.25所示。

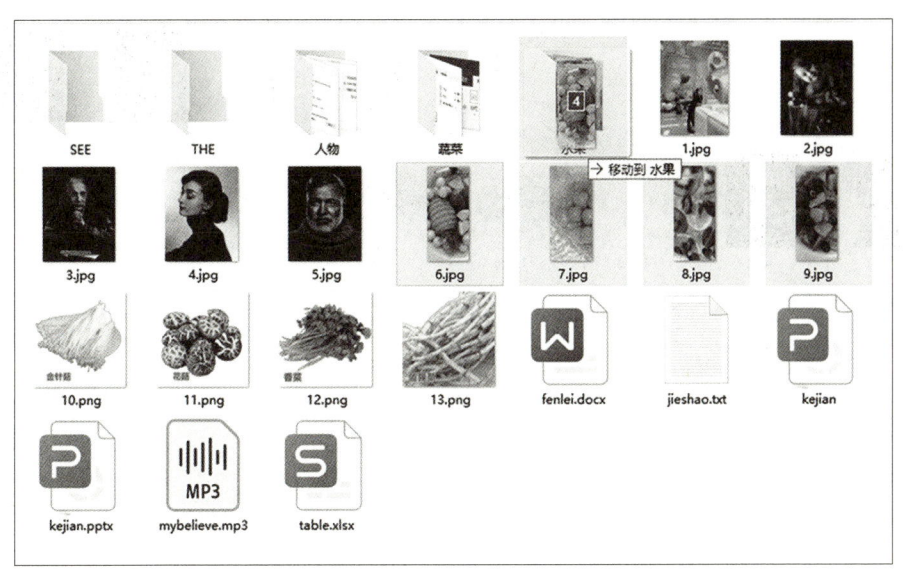

图 2.25　选择不连续的多个文件

小知识

①同时选取连续（相邻）的一组文件（夹）。可以先单击第一个要选取的文件（夹），然后按住"Shift"键不放，再单击要选择的最后一个文件（夹）。

②同时选择不相邻的文件（夹）。可以先单击一个要选取的文件（夹），然后按住"Ctrl"键不放，再分别单击其余要选择的文件（夹）。

③按住"Ctrl+A"组合键可同时选择全部文件。

（2）按住鼠标左键不放，拖动文件到"水果"文件夹中，如图2.26所示。

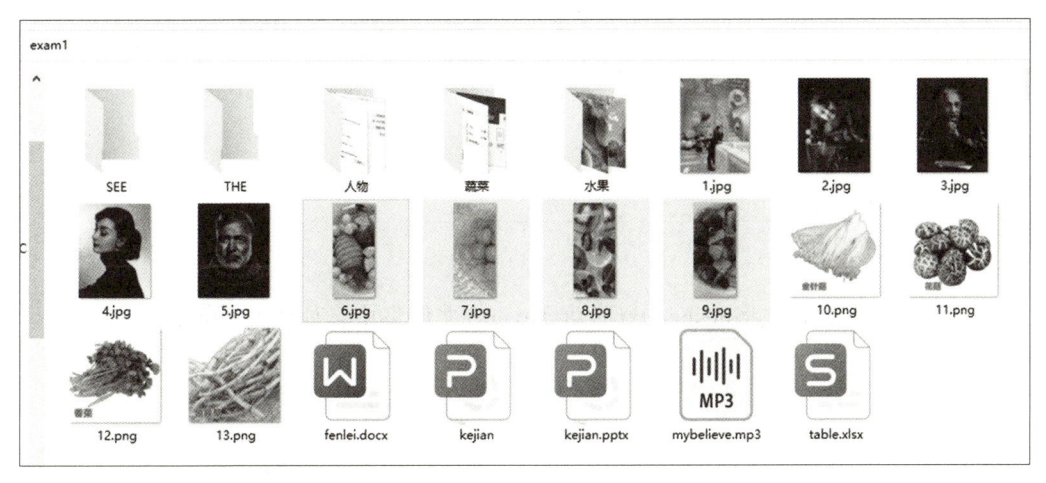

图 2.26　移动到水果文件夹

（3）文件移动成功，如图2.27所示。

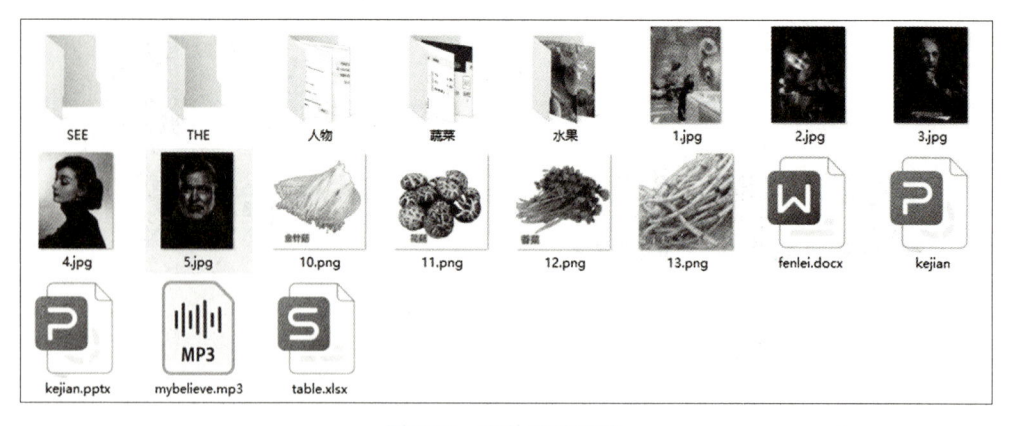

图 2.27　文件移动成功

小知识

文件（夹）的移动有以下3种方法。

①直接拖动。选取要移动的文件，按住鼠标左键不放，将其拖动到相应的文件夹中（同一磁盘内为移动，不同磁盘内为复制）。

②菜单法。选择好要移动的文件，单击鼠标右键，从弹出的快捷菜单中选择"剪切"命令，选择目标文件夹，然后单击鼠标右键，从弹出的快捷菜单中选择"粘贴"命令即可。

③快捷键法。选择好要移动的文件，按"Ctrl+X"组合键进行剪切，选择目标文件夹后，再按"Ctrl+V"组合键进行粘贴。

（4）按照同样的方法，将人物图片移动到"人物"文件夹中，将蔬菜图片移动到"蔬菜"文件夹中，如图2.28所示。

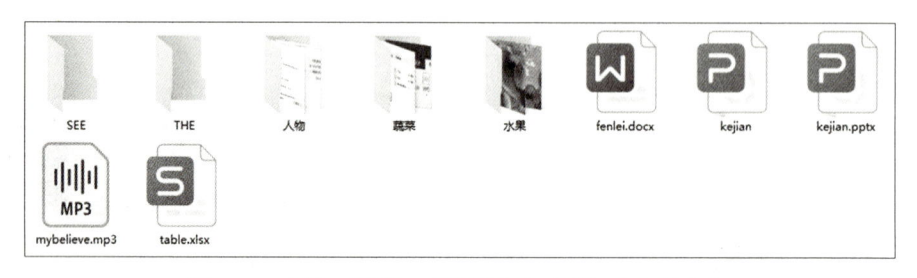

图 2.28　水果、蔬菜、人物图片移动到相应文件夹中

（5）按照同样的方法将jieshao.txt移动到exam1文件夹中，如图2.29所示。

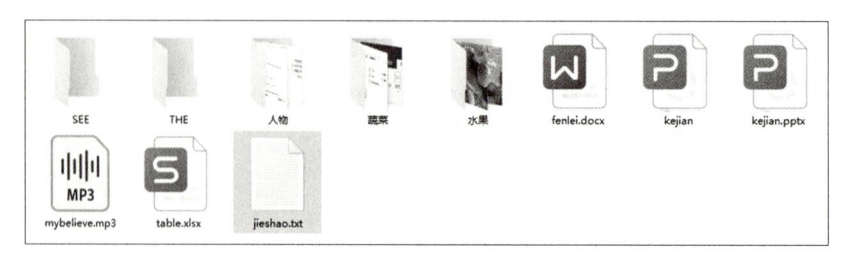

图 2.29　将 jieshao.txt 移动到 exam1 文件夹中

5. 文件（夹）复制

（1）选中"fenlei.docx"文件，单击鼠标右键，从弹出的快捷菜单中选择"复制"命令，然后选择目标文件夹，单击鼠标右键，从弹出的快捷菜单中选择"粘贴"命令即可，如图2.30所示。

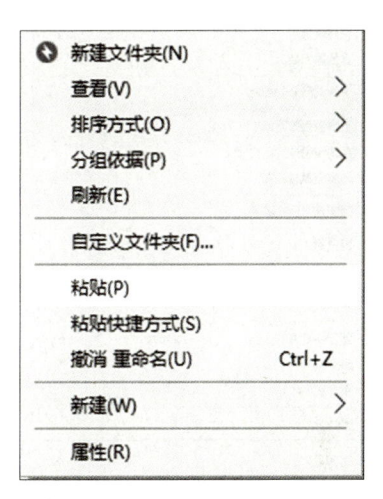

图 2.30　复制/粘贴文件

（2）按照同样的方法，从"人物"文件夹中选择一幅你最喜欢的图片复制到"SEE"文件夹中。

小知识

文件（夹）的复制与移动的区别如表2.2所示。

表2.2　文件（夹）的复制与移动的区别

操作 \ 步骤	第1步	第2步	第3步	第4步
复制	选择要操作的对象，右击鼠标，弹出快捷菜单	选择"复制"命令	打开目标文件夹	右击鼠标，从弹出的快捷菜单中选择"粘贴"命令
移动		选择"剪切"命令		

6. 设置文件（夹）属性

（1）选择"SEE"文件夹，单击鼠标右键，从弹出的快捷菜单中选择"属性"命令，如图2.31所示。

打开"SEE属性"对话框，设置其属性，如图2.32所示。

图 2.31　选择"属性"命令　　　　　图 2.32　设置属性

小知识

文件（夹）的属性一般有以下4种。
（1）只读：只可以读出，但不能改写。
（2）隐藏：具有只读属性，但常规显示中看不到。
（3）系统：具有只读、隐藏属性，表示为系统用文件，不允许用户设置。
（4）存档：表示修改或备份过。

模拟练习一　Windows 10 文件管理（一）

1. 按下列要求完成操作（所有操作必须在考生文件夹1530001中完成）

（1）将考生文件夹下LI\QIAN文件夹中的文件夹YANG复制到考生文件夹下WANG文件夹中。

（2）将考生文件夹下TIAN文件夹中的文件ARJ.EXP设置成只读属性。

（3）在考生文件夹下ZHAO文件夹中建立一个名为GIRL的新文件夹。

（4）将考生文件夹下SHEN\KANG文件夹中的文件BIAN.ARJ移动到考生文件夹下HAN文件夹中，并改名为QULIU.ARJ。

（5）将考生文件夹下FANG文件夹删除。

2. 按下列要求完成操作（所有操作必须在考生文件夹1530001中完成）

（1）在考生文件夹下CCTVA文件夹中新建一个文件夹LEDER。

（2）将考生文件夹下HIGER\YION文件夹中的文件ARIP.BAT重命名为FAN.BAT。

（3）将考生文件夹下GOREST\TREE文件夹中的文件LEAF.MAP设置为只读属性。

（4）将考生文件夹下BOP\YIN文件夹中的文件FILE.WRI复制到考生文件夹下SHEET文件夹中。

（5）将考生文件夹下XEN\FISHER文件夹中的文件夹EAT删除。

项目二　Windows 10 文件管理（二）

● 操作要求（所有的操作在文件夹exam1中进行）：

（1）搜索"exam1"文件夹中的"seek.dat"文件，并将其删除。

（2）搜索"exam1"文件夹中以a开头的文本文档，并将其删除。

（3）在同一文件夹中创建kejian.pptx快捷方式，名为kejian。

（4）将回收站中的seek.dat文件恢复。

● 操作步骤：

1. 已知全部文件（夹）名的搜索

打开"exam1"文件夹，在窗口的搜索框中输入kejian.pptx，如图2.33所示。

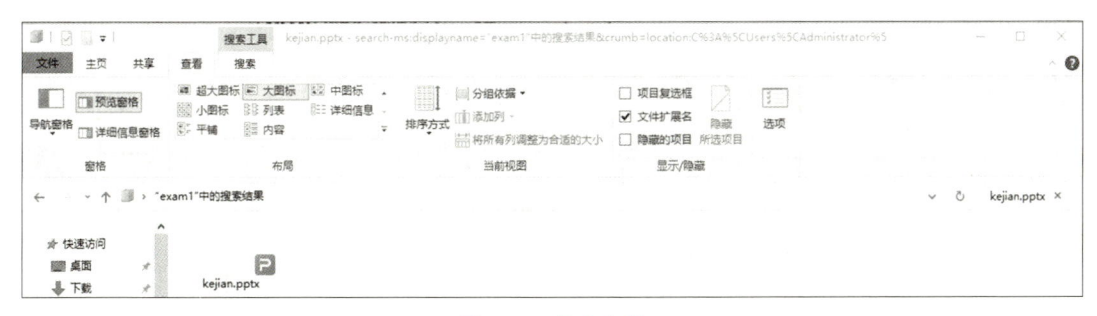

图2.33　搜索文件

2. 删除文件（夹）文件

（1）选中kejian.pptx文件。

（2）单击鼠标右键，从弹出的快捷菜单中选择"删除"命令，将文件删除，如图2.34所示。

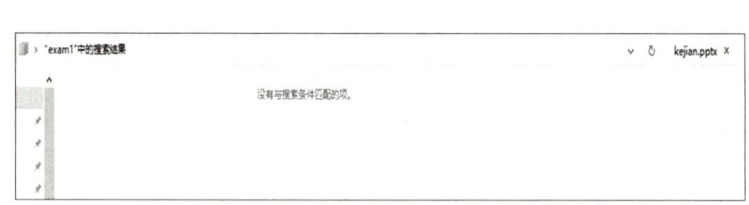

图2.34　删除文件

小知识

删除文件还可以使用"Delete"键。

一般的删除只是将文件（夹）放在回收站中。彻底删除文件（夹）时可按"Shift+Delete"组合键。

3. 已知部分文件（夹）名的搜索

（1）打开exam1文件夹，在窗口的搜索框中输入要搜索的文件名"a*.txt"，如图2.35所示。

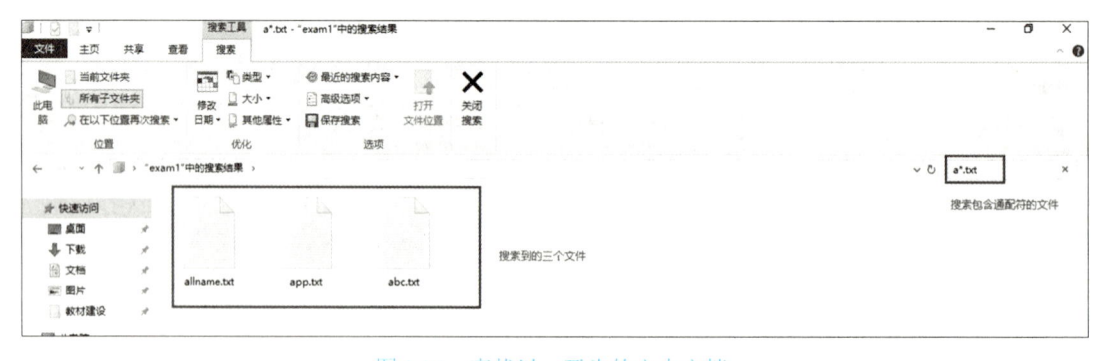

图2.35　查找以a开头的文本文档

（2）选中搜索到的三个文件，按"Delete"键将之删除。

小知识

通配符的应用如表2.3所示。

表 2.3　通配符的应用

通配符	功　　能	举　　　例	
?	代表一个字符	??C.ppt	表示第三个字符为 c 且文件名只有三个字符的 PPT 文件
		??C*.ppt	表示第三个字符为 c 的 PPT 文件
*	代表一个或多个字符	B*.doc	表示以 B 开头的所有 word 文件
		*a.txt	表示以 a 结尾的文档文件

4. 创建文件（夹）快捷方式

选中kejian.pptx文件，单击鼠标右键，从弹出的快捷菜单中选择"创建快捷方式"命令，然后对其重命名，如图2.36所示。

5. 文件（夹）的恢复

双击打开"回收站"，打开其窗口，选择kejian.pptx，将其恢复，如图2.37所示。

图 2.36　创建快捷方式并重命名　　　　图 2.37　恢复文件

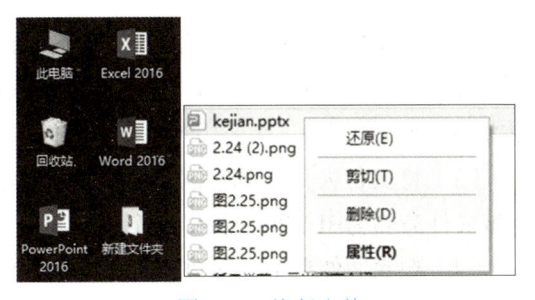

模拟练习二　Windows 10 文件管理（二）

1. 按下列要求完成操作（所有的操作均在book1文件夹下进行）

（1）在桌面上新建一个文件夹，文件名为自己的姓名。
（2）搜索"bookl"文件夹中的"Hig.docx"文件，并将其移动到自己姓名的文件夹中。
（3）搜索"bookl"文件夹中的第一个字母为"y"的PPT文件，将其移到自己姓名的文件夹中，并将第一个字母y改为b。

（4）搜索"bookl"文件夹中的第二个字母为s的所有文件，将其移到自己姓名的文件夹中。

（5）搜索"bookl"文件夹中的所有Word文档，将其移到自己姓名的文件夹中。

（6）上交自己姓名的文件夹到教师机。

2. 按下列要求完成操作（所有的操作均在book2文件夹下进行）

（1）搜索"book2"文件夹中第三个字母为c的PPT文件，并将其删除。

（2）搜索"book2"文件夹中第二个字母为c的Word文件，并将其删除。

（3）搜索"book2"文件夹中以a结尾的文档文件，并将其删除。

（4）为yuchang.ppt文件创建快捷方式，命名为abc。

（5）将回收站的sacy.pptx文件恢复。

3. 按下列要求完成操作（所有的操作均在book3文件夹中）

（1）将文件夹下"HANRYX\GIRL"文件夹中的文件DAILY.DOCX设置为只读和存档属性。

（2）将文件夹下"SMITH文"文件夹中的文件SON.BOK移动到文件夹下的"JOHN"文件夹中，并将该文件改名为MATH.DOCX。

（3）将文件夹下"CASH文"文件夹中的文件M0NEY.WRI删除。

（4）将文件夹下"LANDY"文件夹中的文件GRAND.BAK更名为FATH.WPS。

（5）在文件夹下的"BABY"文件夹中建立一个新文件夹PRICE。

4. 按下列要求完成操作（所有的操作均在book4文件夹中）

（1）在文件夹下的"CARD"文件夹中建立一个新文件WOLDMAN.DOCX。

（2）搜索文件夹下第一个字母是S的所有PPT文件，将其文件名的第一个字母更名为B，原文件的类型不变。

（3）将文件夹下"VISION"文件夹中的文件LEATH.SEL复制到同一个文件夹中，并将该文件命名为BEUT.SEL。

（4）删除文件夹下"JKQ"文件夹中的HOU.DBF文件。

（5）将文件夹下的"ZHA"文件夹设置成隐藏属性。

课后习题

按要求完成以下操作：

（1）设置桌面个性化，主题背景为"幻灯片放映"，图片切换频率为1分钟，打开"无序播放"，选择契合度为"适应"。

（2）设置个性化的通知提醒，取消"在锁屏界面上显示提醒和VoIP"来电提醒。

（3）将"画图"程序固定到任务栏。

（4）将"步骤记录器"程序固定到"开始"屏幕。

第三章　　Word 2016 文字处理

Office是目前最常用的一类办公软件，利用它可以解决日常工作环境中遇到的许多问题，Word是Office的重要组件之一，是目前世界上最流行的文字编辑软件。使用它可以编排出多种精美的文档，不仅能够制作常用的文本、信函、备忘录，还能利用定制的应用模板，如公文模板、书稿模板和档案模板等，快速制作专业、标准的文档。正因为如此，Word也成为必须掌握的重要办公软件之一。

第一节　　Word 2016 概述

● 学习目标：
（1）了解Word 2016的基础知识。
（2）学习Word 2016的基本操作方法。

使用文字处理软件Word 2016能制作包含图、文、表的精美文档，而正确进入Word 2016操作环境是工作的开始，熟练使用Word 2016窗口界面中的组件是编制文档的前提。

1. 启动 Word 2016

制作满足需要的办公文档，首先需要创建新的工作文档，创建新的工作文档的操作只能在启动Word后开始。启动Word 2016的方法很多，常用的启动Word 2016的方法有以下几种。

（1）单击"开始"按钮，选择"Word 2016"命令。
（2）双击桌面上的快捷图标，也可以启动Word 2016。

提示：启动Word 2016时，将出现一个空白文档窗口，默认名称为"文档1"，如图3.1所示。用户可以直接在该文档中进行编辑操作，也可以另外新建其他空白文档或根据Word提供的模板新建带有格式和内容的文档。在编制文档时，为防止电源故障等突发因素造成的文档内容丢失，要及时保存创建好的文档。

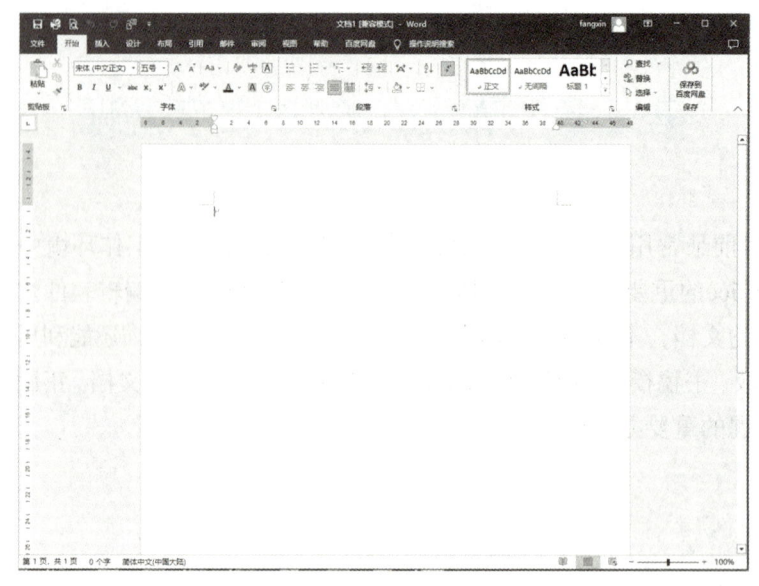

图 3.1 "文档 1"窗口

2. 认识 Word 2016 操作窗口

Word 2016 操作窗口是制作办公文档的工作环境，熟练掌握其功能和应用技巧，才能制作出满足需要的精美文档。Word 2016 操作窗口如图 3.2 所示。

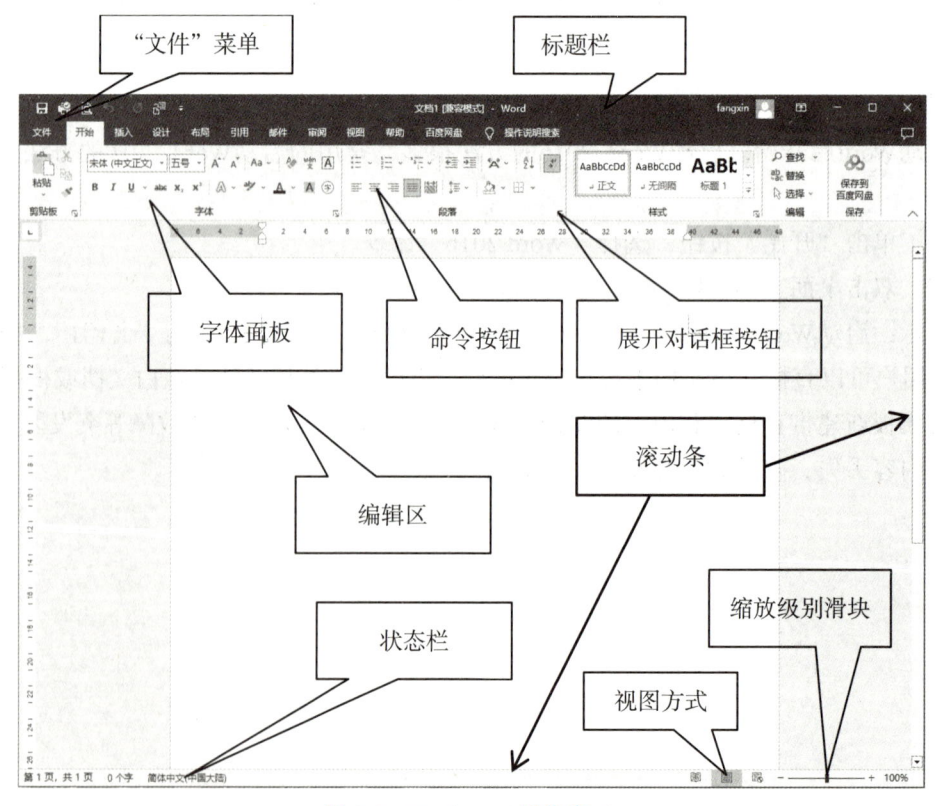

图 3.2 Word 2016 操作窗口

（1）标题栏用于显示正在编辑文档的文件名，以及所使用的软件名，也提供了"控制菜单""最小化""还原/最大化""关闭"按钮。

（2）选项卡集成了与之工作关联的常用命令按钮，单击选项卡标签可显示该选项卡集成的命令按钮。

（3）快速访问工具栏集成了最常用的命令，以实现快速操作的目的。在任意功能区用右键单击想添加到快速访问工具栏的命令按钮，在弹出的快捷菜单中选择"添加到快速访问工具栏"命令，可以添加个人需要的常用命令。

（4）选项卡中包含若干个功能区，归类集成命令按钮，单击命令按钮，可完成相应的操作。

（5）编辑区显示正在编辑的文档，单击"视图"选项卡中的命令按钮，可以改变显示比例、显示模式等。

（6）显示按钮用于更改正在编辑文档的显示模式，单击命令按钮，可切换显示模式。

（7）滚动条用于更改编辑文档的显示位置，拖动滚动条可以找到需要显示的内容。

（8）缩放滑块用于更改编辑文档的显示比例，拖动可调整显示比例。

（9）状态栏显示正在编辑文档的相关信息，单击其中的按钮，可以进行与之关联的操作。

3. 保存文档

在"文档1"的快速访问工具栏中，单击"保存"按钮，打开"另存为"对话框，如图3.3所示。如将创建的空白文档以"WDA01.docx"为文件名保存在"C:\Wexam\H011010001"文件夹中。

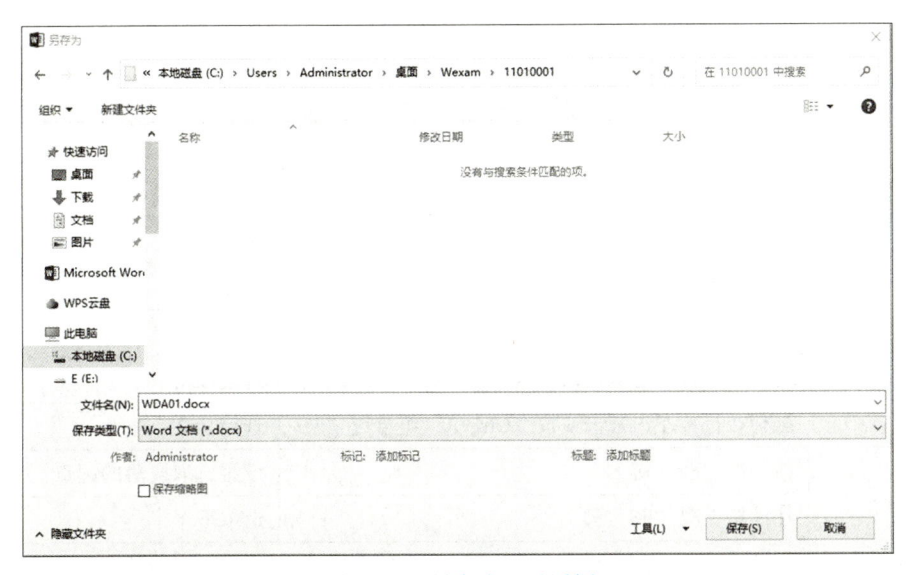

图3.3 "另存为"对话框

保存文档后，Word窗口并未关闭，可以继续对文档进行编辑。

4. Word文档的扩展名

保存Word文档时，可以选择保存为不同的文档类型，文档类型以文档的扩展名识别，常用的Word 2016文档扩展名及其类型如表3.1所示。

表3.1 常用的 Word 2016 文档扩展名及其类型

扩 展 名	文档类型
.docx	Word 文档（Word 2016 默认的保存文档类型）
.doc	Word 文档（Word 97~2003 文档）
.dotx	Word 2016 模板文档
.txt	纯文本
.htm 或 .html	网页文档
.rtf	跨平台文档格式

5. 退出Word 2016

完成文档的编辑操作后，需要正确退出Word 2016，常用的退出方法有以下几种。

（1）单击Word操作窗口右上角的"关闭"按钮，退出Word 2016。

（2）选择"文件"→"退出"命令，可关闭所有的文档，退出Word 2016。

（3）按"Alt+F4"组合键，退出Word 2016。

6. Word文档中选取文本的方法

在编辑文本时，必须先选中要编辑的文本对象。在Word 2016中选择文本的方式有很多种，用户既可以利用鼠标选择文本，也可以利用键盘选择，还可以两者结合进行选择。常用的对象选取方法如表3.2所示。

表3.2 对象选取方法

对 象	操作方法	作 用
一个区域	用鼠标拖动或按"Shift+光标"组合键	选定一个区域
字词	在字词中间双击	选定字词
句子	按"Ctrl"键+鼠标左键单击	选定句子
整行	鼠标在行首左边单击	选定整行
段落	鼠标在行首左边双击或在句子中三击	选定段落
全文	鼠标在行首左边三击或按"Ctrl+A"组合键	选定全文
扩展区域	按一次"F8"键	设置选取段落的起点
	连续按 2 次"F8"键	选取一个字
	连续按 3 次"F8"键	选取一串句子
	连续按 4 次"F8"键	选取一段
	连续按 5 次"F8"键	全选

7. Word 2016编辑文档的常用操作

编辑文档的基本操作包括移动、复制、剪切、粘贴和删除对象，常用操作如表3.3所示。

表3.3 Word 2016 编辑文档的常用操作

操作方式	操作方法
移动对象	选定对象，按下鼠标左键拖动对象到目标位置后，松开鼠标左键即可
复制对象	方法1，先选定对象，单击"开始"→"剪贴板"→"复制"按钮（或按"Ctrl+C"组合键），再在目标位置的光标处单击"粘贴"按钮（或按"Ctrl+V"组合键），可完成复制。 方法2，选定对象，在按下"Ctrl"键的同时，用鼠标左键拖动对象到目标位置后，松开鼠标左键即可
删除对象	按"Delete"键删除光标右边的一个字符；按"Backspace"键删除光标左边的一个字符；选定对象，按"Delete"键删除所选对象
撤销和恢复	若文本删除有误，可单击自定义快速访问工具栏上的按钮（或按"Ctrl+Z"组合键）撤销操作；单击自定义快速访问工具栏上的按钮（或按"Ctrl+Y"组合键）恢复已撤销的操作
查找对象	选择"开始"→"编辑"→"查找"命令，在打开的"导航"任务窗格中输入查找内容即可显示所有查找结果，单击上、下箭头可上下文查看结果
替换对象	选择"开始"→"编辑"→"查找"命令，在打开的"查找和替换"对话框中输入查找内容和替换内容进行替换操作

第二节 格 式 设 置

- 学习目标：

（1）掌握文本的移动、复制操作方法。

（2）掌握为段落添加项目符号与编号。

（3）掌握错字的查找与替换。

（4）掌握字符格式设置：字体、字号、加粗、倾斜、下画线、字距加宽等。

（5）掌握段落格式设置：对齐方式、左右缩进、段前后距、行距、首行缩进、悬挂缩进等。

（6）掌握为段落或文字设置边框和底纹。

项目一 《网络出版》

- 操作要求：

打开"网络出版.docx"文档，完成如下操作后保存文件，文件名不变。

（1）**查找与替换**：将文中所有"网络化出版"替换为"网络出版"；同时将"网络出版"设为红色字体，并添加着重号。

（2）**字体格式**：将标题段文字（"网络出版"）设置为红色（标准色）、三号、仿宋、居中、字符间距加宽1磅，并添加双波浪下画线，文本效果为映像（预设：半映像，接触；

— 51 —

透明度：50%；模糊：5磅）。

（3）**段落格式**：将正文各段落设置为首行缩进2字符，行距18磅，段前间距1行。将文中最后一句分段，使之单独成为第三段。

（4）**边框与底纹**：将标题段添加黄色（标准色）底纹，将正文添加“蓝色，个性色5，淡色80%”的段落底纹，将全文所有段落设置为1磅的橙色阴影边框。

- 原文：

网络出版

有人认为，网络出版是指具有合法出版资格的出版机构，以互联网为载体和流通渠道，出版并销售数字出版物的行为。

持这种观点的人认为，网络出版物包括：（1）已正式出版的图书、报纸、期刊、音像制品、杂志、电子出版物等出版物内容或者在其他媒体上公开发表的作品；（2）经过编辑加工的文学、艺术和自然科学、社会科学、工程技术等方面的作品。互联网出版机构，是指经新闻出版行政部门和通信管理机构批准，从事互联网出版业务的互联网信息服务提供者。

但是，这种定义是不全面的。事实上，只要是以互联网为载体、以计算机或智能终端阅读使用的出版行为和形式都是网络出版，而不论其出版主体是谁。现实的情况是，网络出版的主体恰恰不是所谓的具有合法出版资质的出版机构，即传统的出版社。绝大多数的网络出版主体是个人。如博客出版，其出版和传播信息的目的是分享而非营利。

- 样文（见图3.4）：

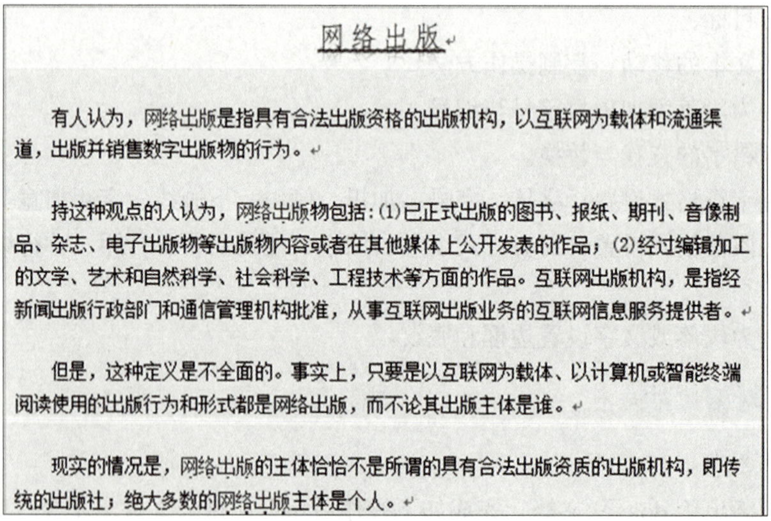

网络出版

有人认为，网络出版是指具有合法出版资格的出版机构，以互联网为载体和流通渠道，出版并销售数字出版物的行为。

持这种观点的人认为，网络出版物包括：⑴已正式出版的图书、报纸、期刊、音像制品、杂志、电子出版物等出版物内容或者在其他媒体上公开发表的作品；⑵经过编辑加工的文学、艺术和自然科学、社会科学、工程技术等方面的作品。互联网出版机构，是指经新闻出版行政部门和通信管理机构批准，从事互联网出版业务的互联网信息服务提供者。

但是，这种定义是不全面的。事实上，只要是以互联网为载体、以计算机或智能终端阅读使用的出版行为和形式都是网络出版，而不论其出版主体是谁。

现实的情况是，网络出版的主体恰恰不是所谓的具有合法出版资质的出版机构，即传统的出版社；绝大多数的网络出版主体是个人。

图 3.4　样文

- 操作步骤：

1. 查找与替换

将文中所有"网络化出版"替换为"网络出版";同时将"网络出版"设为红色字体,并添加着重号。

(1)在文档中任意位置单击一下,然后单击"开始"→"编辑"面板→"替换"按钮,弹出"查找和替换"对话框,在"查找内容"框中输入文字"网络化出版",在"替换为"框中输入文字"网络出版",单击"更多(M)>>"按钮,如图3.5所示。

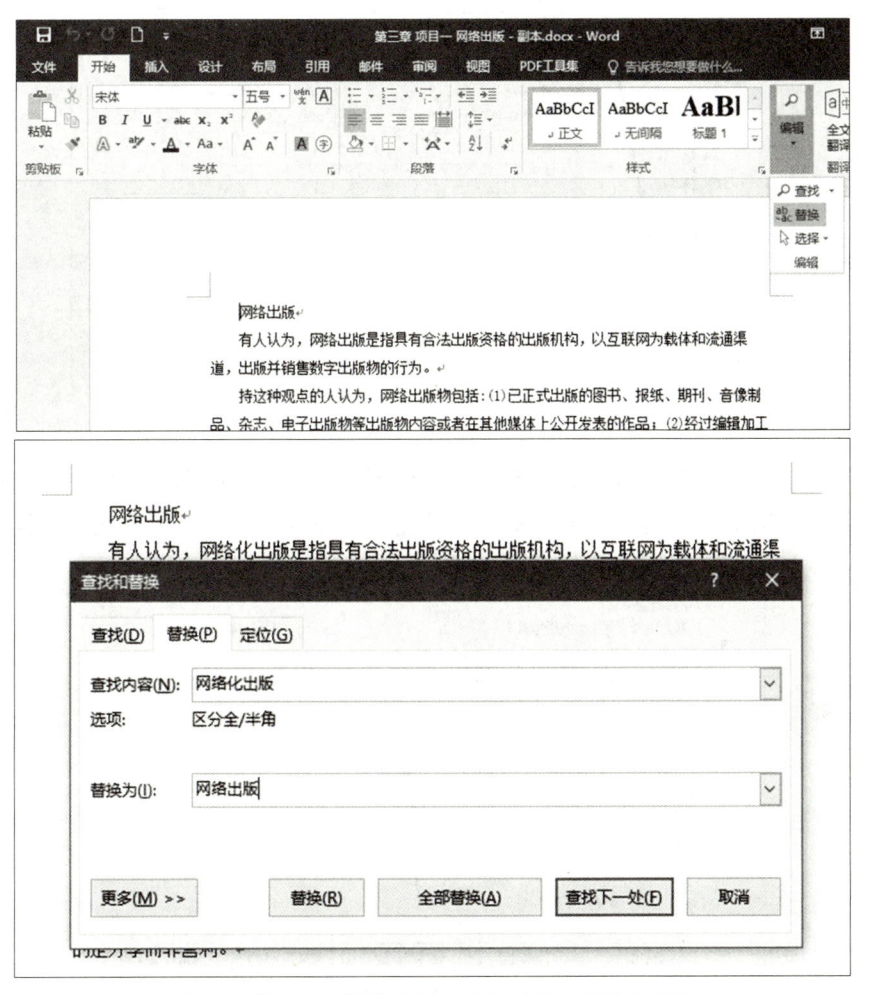

图3.5 将词"网络化出版"全部改为"网络出版"

(2)在"替换为"框中的"网络出版"处单击一下,然后再单击"更多"→"格式"按钮→"字体"按钮,弹出"替换字体"对话框,选择字体颜色为红色,选择着重号"·",如图3.6所示,单击"确定"按钮。

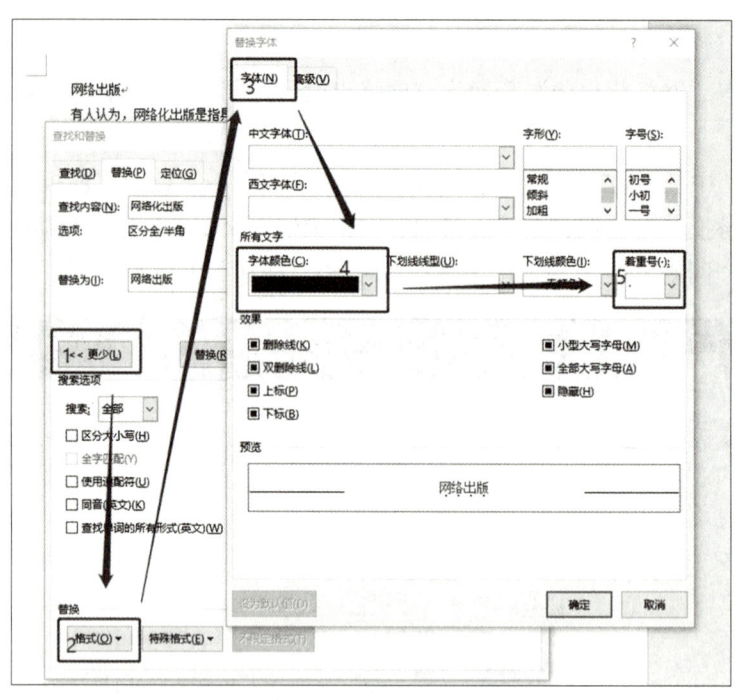

图 3.6 将"网络出版"格式设为红色、加着重号

（3）"查找内容"和"替换为"框的设置如图3.7所示。确定无误后单击"全部替换"按钮，再单击"确定"按钮，系统提示"全部完成，完成4处替换"，单击"关闭"按钮。

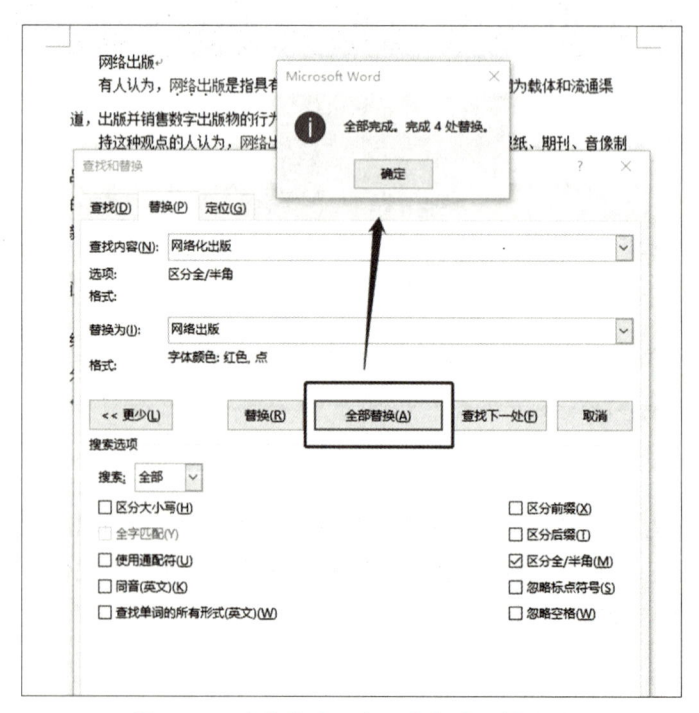

图 3.7 "查找内容"和"替换为"的设置

小知识

如果格式不正确,可以取消格式,重新设置格式。

取消格式的方法是:单击"查找和替换"对话框中的"更多(M)>>"按钮,再单击"不限定格式"按钮,就会取消格式,如图3.8所示。

图3.8 取消当前设置的格式

2. 字体格式

将标题段文字("网络出版")设置为红色(标准色)、三号、仿宋、居中、字符间距加宽1磅,并添加双波浪下画线,文本效果为映像(预设:半映像,接触;透明度:50%;模糊:5磅)。

(1)选中标题段文字,在"开始"选项卡的"字体"组中依次设置字体为"仿宋"、字号为"三号"、字体颜色为红色(标准色)、文本效果为"半映像,接触",再次选择"映像选项",设置透明度为50%;模糊为5磅;如图3.9所示。

(2)单击"段落"面板中的按钮,设置标题"居中"对齐;再单击"字体"面板右下角的箭头,打开"字体"对话框,选择文字下画线为"双波浪线",如图3.10所示。选择"字体"对话框中的"高级"选项卡,设置间距加宽1磅,如图3.11所示,单击"确定"按钮,完成标题字格式的设置。

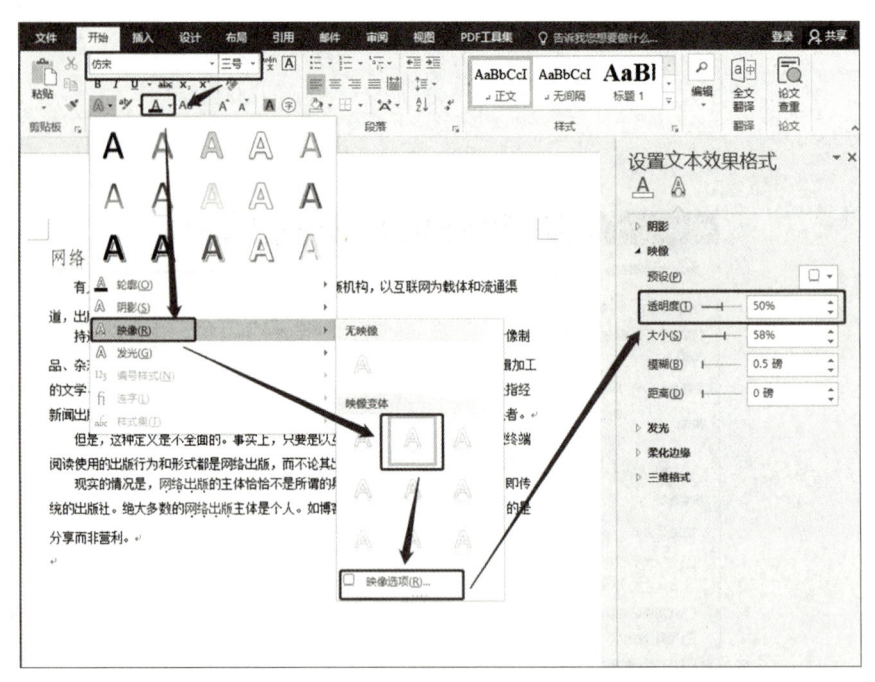

图 3.9 文本效果为"半映像,接触"

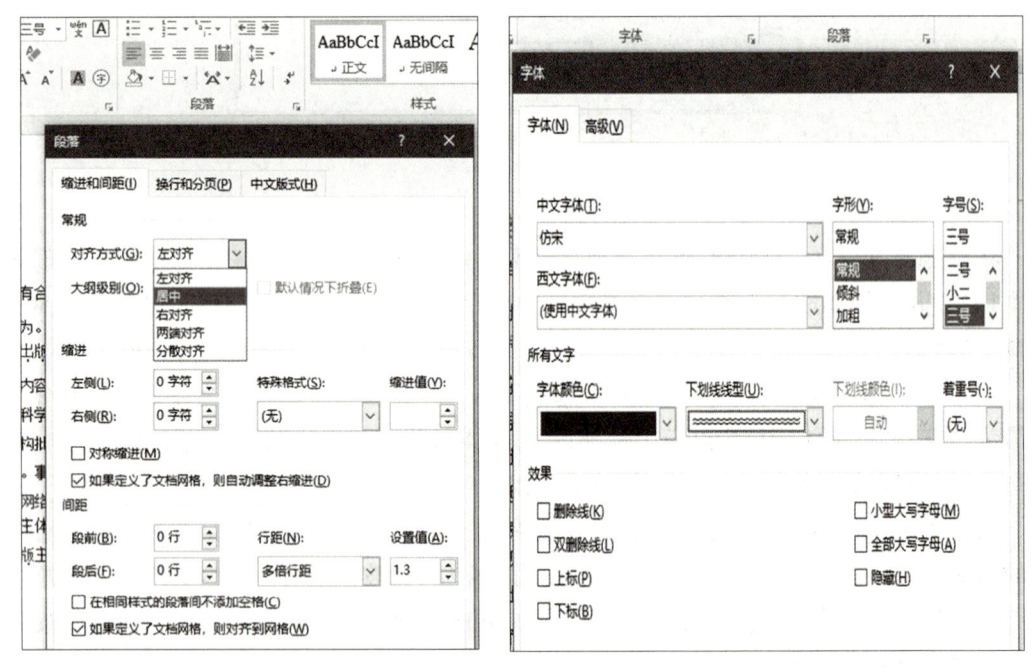

图 3.10 居中,加双波浪线

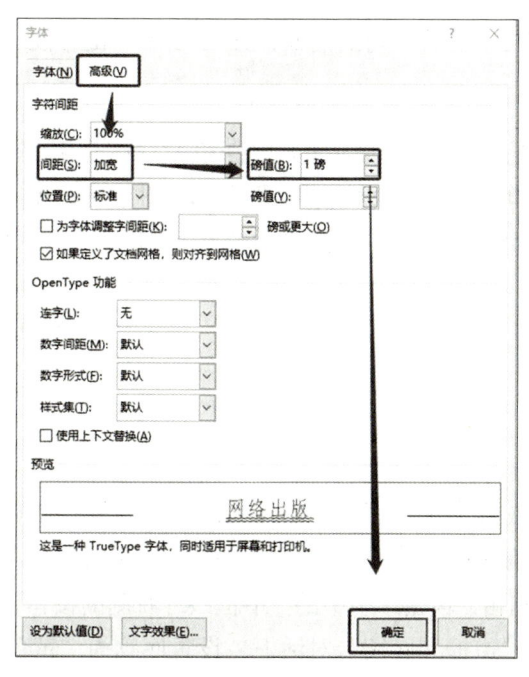

图 3.11　设置标题字格式

3. 段落格式

将正文各段落设置为首行缩进2字符，行距18磅，段前间距1行。将文中最后一句分段，使之单独成为第三段。

（1）选择正文的所有文字，单击"段落"组右下角的箭头，打开"段落"对话框，设置首行缩进为2字符，行距为18磅，段前间距为1行，如图3.12所示。

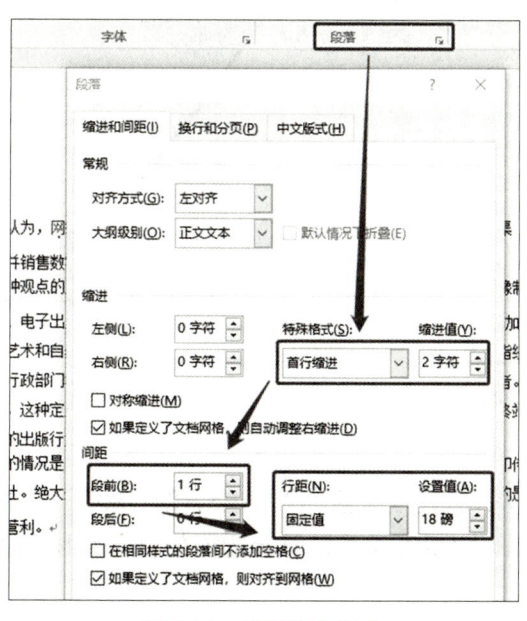

图 3.12　设置段落格式

— 57 —

（2）将鼠标定位到文中最后一句的前面，按"Enter"键分段，如图3.13所示。

图 3.13　分段

4. 边框与底纹

将标题段添加黄色（标准色）底纹，将正文添加"蓝色，强调文字颜色5，淡色80%"的段落底纹，将全文所有段落格式设置为1磅的橙色阴影边框。

（1）选中标题段，单击"段落"组中的"下框线"右侧的按钮，选择下拉列表中的"边框和底纹"命令，打开"边框和底纹"对话框。设置底纹为"黄色"，应用于为"段落"，如图3.14所示。

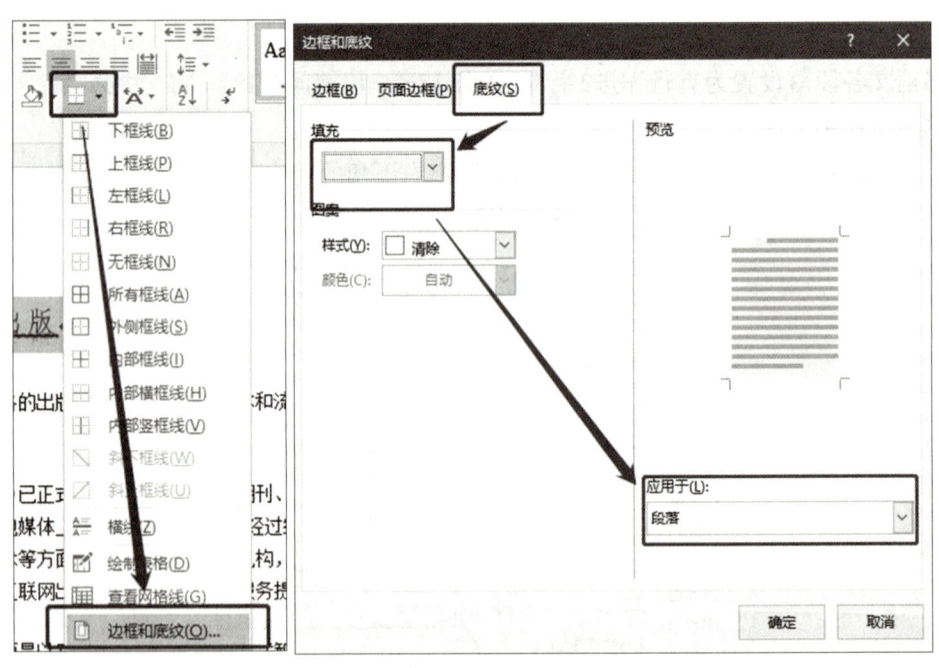

图 3.14　标题段添加黄色底纹

（2）选中正文各段落，设置"蓝色，个性色5，淡色80%"的底纹，如图3.15所示。选择全文标题和所有段落，设置边框底纹，选择为橙色阴影边框，如图3.16所示。

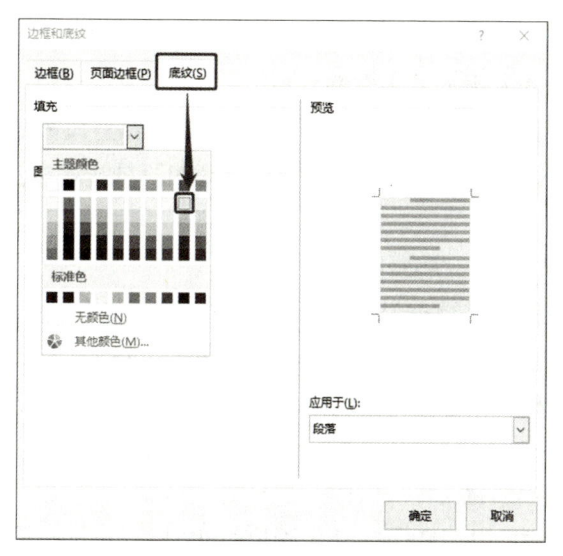

图 3.15　给正文段落添加深蓝色底纹

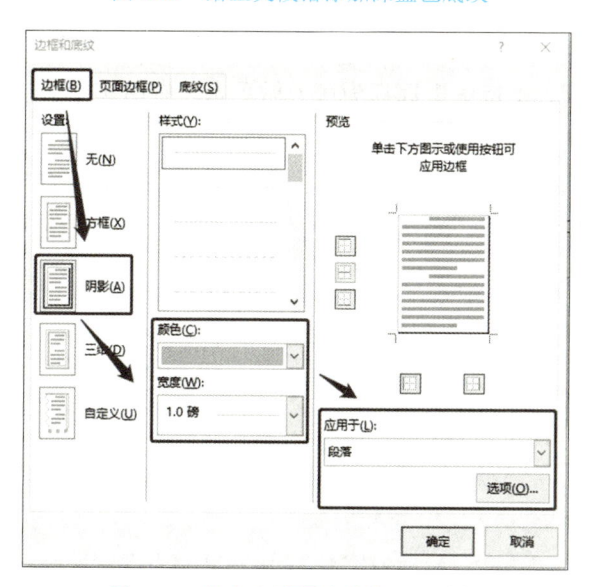

图 3.16　将全文设置为黄色阴影边框

模拟练习一　《5G 走进生活：带来什么，改变什么》

● 操作要求：

（1）将文中所有中、英文字体分别设置为"华文仿宋"和"Arial"，标题段（"5G走进生活：带来什么，改变什么"）的映像变体为"紧密映像，4pt偏移量"，标题段文字设置为三号、加粗、居中、字符间距加宽1磅。

（2）将正文各段文字（"中国信息通信研究院……传播内容更加精准。"）设置为小四号，段前间距为0.5行，行距为1.25倍，所有"5G"（不区分大小写）加绿色（标准色）任意下画线。

（3）将正文第三段（“应用于车联网，……，提高通行速度。”）与第四段（“远程诊断更加可靠……更优质的养老服务。”）合并。

（4）设置正文第一段首字下沉2行；将正文第二段、第三段添加项目符号“→”，该符号位于wingdings字符集，字符代码224；设置正文第四段悬挂缩进2字符。

- 原文：

5G走进生活：带来什么，改变什么

中国信息通信研究院统计数据显示，在我国5G应用示范中，垂直行业5G应用占比超过50%，其中智能制造占20%，能源电力占15%，远程医疗占13%。未来，或可体验这样的“5G生活”——通过VR、AR技术进入虚拟教室，通过头戴式设备参与课程。“云上办公”等新的工作方式将成为可能；带有实时语言翻译功能的5G耳机、基于5G的智能家居服务、多视角的体育赛事或文艺演出直播。

应用于车联网，车辆可以与红绿灯、道路限速和危险提示标志等通信，为紧急刹车、交叉路口碰撞预警等提供智能化辅助；摄像头拍的视频、图像能够及时传输，大大增加了图像识别的准确率和识别速度。警察可快速识别犯罪嫌疑人，快速识别车牌，提高通行速度。

远程诊断更加可靠，支持医生远程为病人做手术。应用5G、人工智能技术的智能机器人可提供更优质的养老服务。

5G技术将应用到新闻采集、生产、分发、接收、反馈等各个环节，使得媒体内容生产技术属性不断增强，媒体形态不断创新，传播内容更加精准。

- 样文（见图3.17）：

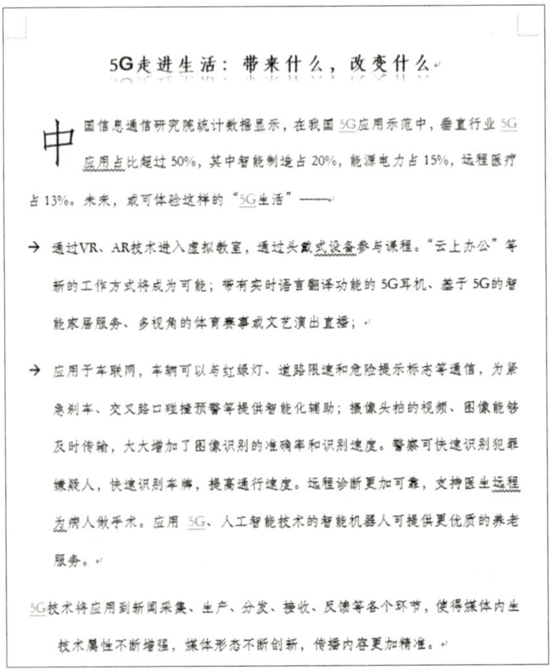

5G走进生活：带来什么，改变什么

中国信息通信研究院统计数据显示，在我国5G应用示范中，垂直行业5G应用占比超过50%，其中智能制造占20%，能源电力占15%，远程医疗占13%。未来，或可体验这样的“5G生活”——

→ 通过VR、AR技术进入虚拟教室，通过头戴式设备参与课程。“云上办公”等新的工作方式将成为可能；带有实时语言翻译功能的5G耳机、基于5G的智能家居服务、多视角的体育赛事或文艺演出直播；

→ 应用于车联网，车辆可以与红绿灯、道路限速和危险提示标志等通信，为紧急刹车、交叉路口碰撞预警等提供智能化辅助；摄像头拍的视频、图像能够及时传输，大大增加了图像识别的准确率和识别速度。警察可快速识别犯罪嫌疑人，快速识别车牌，提高通行速度。远程诊断更加可靠，支持医生远程为病人做手术。应用5G、人工智能技术的智能机器人可提供更优质的养老服务。

5G技术将应用到新闻采集、生产、分发、接收、反馈等各个环节，使得媒体内容生产技术属性不断增强，媒体形态不断创新，传播内容更加精准。

图3.17 样文

模拟练习二 《北京市高考报名人数连续11年下峰后首次回升》

- 操作要求：

（1）将标题段文字（"北京市高考报名人数连续11年下降后首次回升"）的阴影效果设置为"内部：右上"，居中，将标题段的文本格式设置为三号黑体、居中、字符间距紧缩1磅，并添加红色（标准色）单波浪式下画线。

（2）将正文各段文字（"2018年4月4日……计入高考总分。"）设置行距16磅、段前间距0.3行。

（3）为正文中三个节标题（"五类考生不再加分""增加的高考照顾政策""外语听力一年两考"）添加"一、二、三、……"样式的编号。

（4）设置除三个节标题段落之外的其余正文段落首行缩进2字符；为正文"五类考生不再加分"一节的后5段"省级优秀学生……获奖者"）添加样式为"口"的项目符号。

- 原文：

北京市高考报名人数连续11年下降后首次回升

2018年4月4日，北京市招生考试委员会2018年第一次会议召开。会议强调，要以全面深化改革为根本动力；以安全稳定为第一位政治责任，以提高人才选拔质量和促进考试招生公平为核心任务，全面推进依法治考，深入实施"阳光工程"，确保高考高招工作安全有序、公平公正。

北京2018年高考报名总数为63 073人。从考生类别看，应届生58 162人，往届生4 911人；男生30 567人，女生32 506人；城镇考生46 919人，农村考生16 154人。

北京继续实施进城务工人员随迁子女在京参加高职招生考试政策，共有486名考生提出申请。经过市教委、市公安局、市人力社保局和各区街道、乡镇政府等相关职能部门的共同审核，符合条件并参加高考报名309人。

五类考生不再加分

根据教育部文件精神，从今年起，5类考生不再高考加分。取消的高考加分项目包括：

省级优秀学生；

获国家二级运动员以上称号的考生；

重大国际体育比赛集体或个人项目取得前6名，全国性体育比赛个人项目取得前6名的考生；

思想政治品德方面有突出事迹者；

全国中学生学科奥林匹克竞赛全国决赛一、二、三等奖者；全国青少年科技创新大赛（含全国青少年生物和环境科学实践活动）或"明天小小科学家"奖励活动或全国中小学电脑制作活动一、二等奖者；在国际科学与工程大奖赛或国际环境科研项目奥林匹克竞赛中获奖者。

增加的高考照顾政策

从今年开始，公安英模子女报考高校，在与其他考生同等条件下优先录取。

外语听力一年两考

北京高考外语听力从今年开始实行一年两考。

英语科目第一次听力考试于2017年12月16日进行，第二次听力考试于3月17日进行，采用计算机考试模式；其他外语科目第一次听力考试于1月8日进行，第二次考试于6月8日进行。

外语听力考试满分30分，取两次听力考试的最高成绩与其他部分试题成绩一同组成外语科目成绩计入高考总分。

● 样文：

排版样文如图3.18所示。

图 3.18　排版样文

项目二 《阳羡书生》

- 操作要求：

（1）字体格式：将标题段文字（"阳羡书生"）设置为小一号、华文新魏、加粗、居中；设置其阴影效果为"左上对角透视"、阴影颜色为紫色（标准色），然后将标题段文字间距紧缩1.3磅。

（2）分段：将作者分到下一行，并靠右对齐，将小说分段。

（3）段落格式：将各段字体设置为小四号仿宋，段落格式设置左缩进2字符，1.3倍行距、并设置项目符号"◇"。

（4）文件属性：在"文件"菜单下编辑修改该文档的高级属性，标题为"阳羡书生"，作者"吴均"，文档主题"小说"。

（5）查找替换：将小说中所有"彦"字设置为蓝色字体。

- 原文：

阳羡书生（南朝·吴均）

阳羡许彦，于绥安山行，遇一书生，年十七八，卧路侧，云脚痛，求寄鹅笼中。彦以为戏言。书生便入笼，笼亦不更广，书生亦不更小，宛然与双鹅并坐，鹅亦不惊。彦负笼而去，都不觉重。前行息树下，书生乃出笼，谓彦曰："欲为君薄设。"彦曰："善。"乃口中吐出一铜奁子，奁子中具诸饴馔。珍馐方丈。其器皿皆铜物，气味香旨，世所罕见。酒数行，谓彦曰："向将一妇人自随。今欲暂邀之。"彦曰："善。"又于口中吐一女子，年可十五六，衣服绮丽，容貌殊绝，共坐宴。俄而书生醉卧，此女谓彦曰："虽与书生结妻，而实怀怨。向亦窃得一男子同行，书生既眠，暂唤之，君幸勿言。"彦曰："善。"女子于口中吐出一男子，年可二十三四，亦颖悟可爱，乃与彦叙寒温。书生卧欲觉，女子口吐一锦行障遮书生，书生乃留女子共卧。男子谓彦曰："此女子虽有心，情亦不甚间，向复窃得一女人同行，今欲暂见之，愿君勿泄。"彦曰："善。"男子又于口中吐一妇人，年可二十许，共酌戏谈甚久，闻书生动声，男子曰："二人眠已觉。"因取所吐女人，还纳口中。须臾，书生处女乃出，谓彦曰："书生欲起。"乃吞向男子，独对彦坐。然后书生起，谓彦曰："暂眠遂久，君独坐，当悒悒耶?日又晚，当与君别。"遂吞其女子，诸器皿悉纳口中，留大铜盘，可二尺广，与彦别曰："无以藉君，与君相忆也。"彦大元中为兰台令史心，以盘饷侍中张散；散看其铭，题云是永平三年作。

- 样文：

样文如图3.19所示。

图 3.19 样文

- 操作步骤：

打开"阳羡书生.docx"文档，完成如下操作后保存文件，文件名不变。

1. 字体格式

将标题段文字（"阳羡书生"）设置为小一号、华文新魏、加粗、居中；设置其阴影效果为"左上对角透视"、阴影颜色为紫色（标准色），然后将标题段文字间距紧缩1.3磅。

选中主标题文字"阳羡书生"，在"开始"选项卡的"字体"组中依次设置字体为"华文新魏"、字号为"小一"，居中对齐；选择文字效果为阴影，设置左上对角透视的紫色阴影，如图3.20所示。

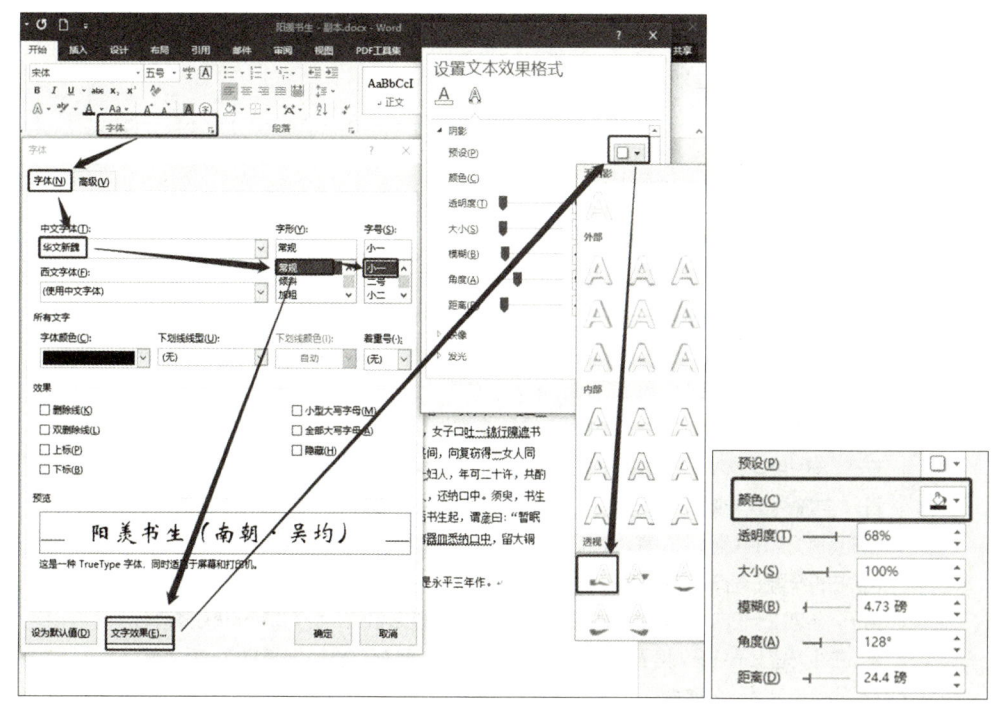

图 3.20　字体设置

2. 分段

将作者分到下一行，并靠右对齐，将小说按样文图分段。

（1）将作者分到下一行，将鼠标光标放在"生"之后，按"Enter"键，分到下一行，设置为右对齐，如图3.21所示。

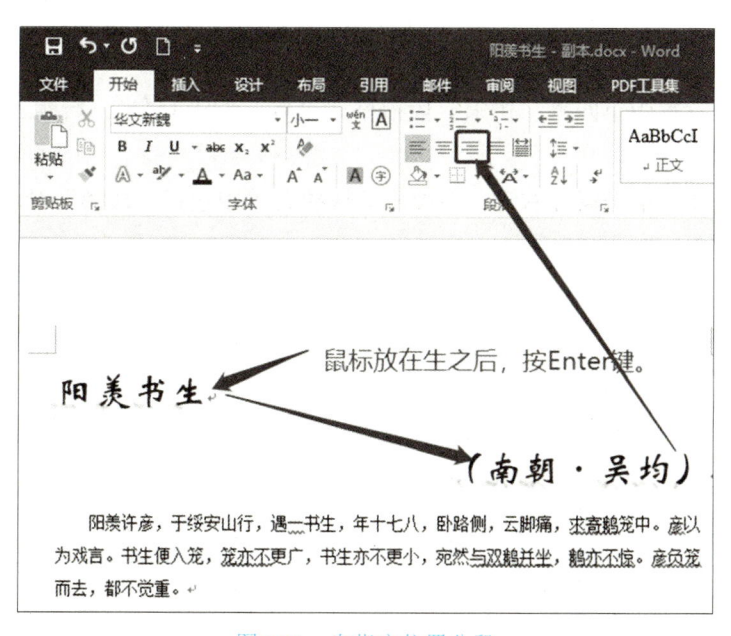

图 3.21　在指定位置分段

（2）用同样的方法，将原文按样文图分段，将光标定位到分段位置，按"Enter"键完成所有段落的分段，如图3.22所示。

图 3.22　对小说进行分段

3. 段落格式

将各段字体设置为小四号、仿宋，段落格式设置左缩进3厘米，行距1.3倍，并设置项目符号为"◇"。

（1）选中全文，单击鼠标右键，在弹出的快捷菜单中选择"段落"命令，设置左缩进2字符，行距1.3倍；如图3.23所示。

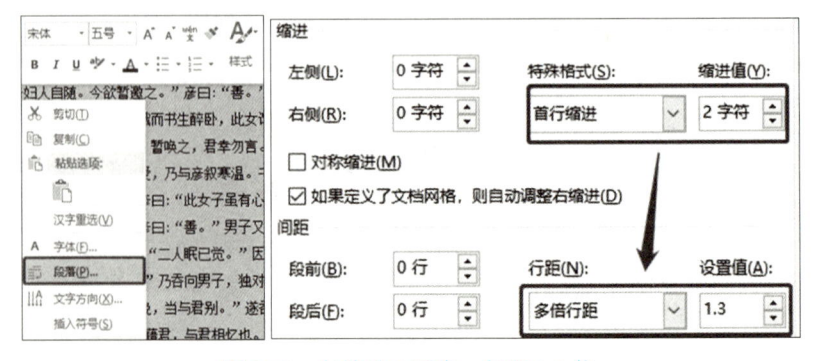

图 3.23　左缩进 3 厘米，行距 1.3 倍

（2）选中全文，单击鼠标右键，在弹出的快捷菜单中选择"项目符号"命令，选择"✧"样式，如图3.24所示。

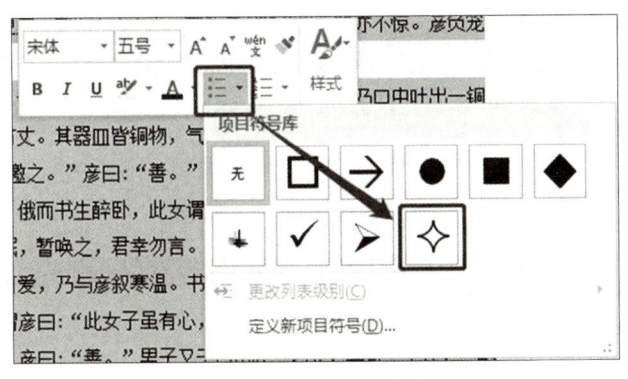

图 3.24　设置项目符号

4. 文件属性

在"文件"菜单下编辑修改该文档的高级属性，标题为"阳羡书生"，作者为"吴均"，文档主题为"小说"。

选择"文件"→"信息"→"属性"命令，设置文件的高级属性，如图3.25所示。

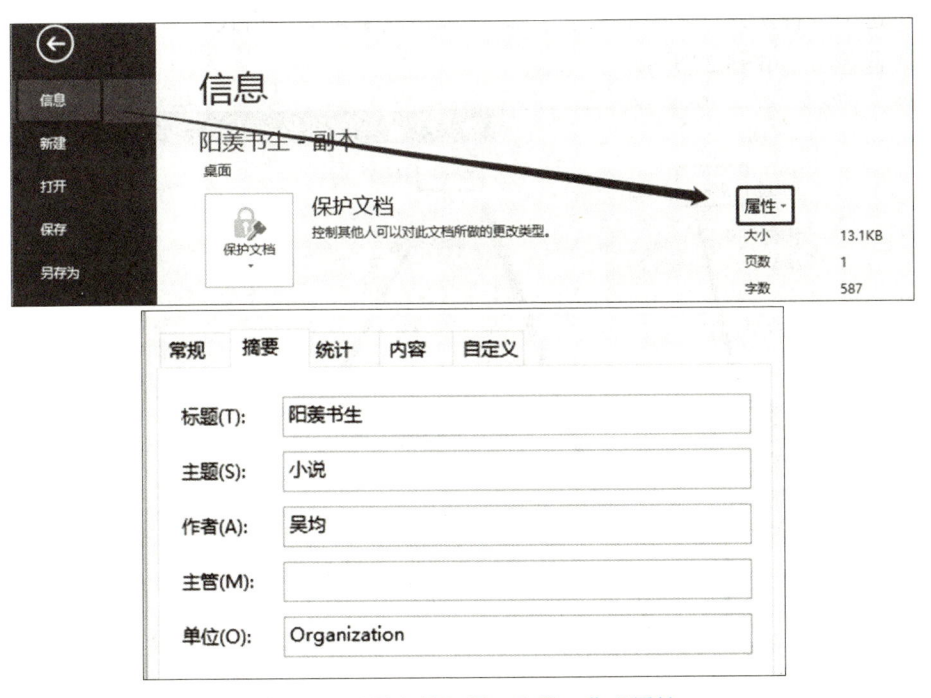

图 3.25　设置文件标题、主题、作者属性

5. 查找替换

将诗词中所有"彦"设置为蓝色字体。

（1）在文档中任意位置单击一下，然后单击"开始"→"编辑"→"替换"按钮，弹

— 67 —

出"查找和替换"对话框,在"查找内容"和"替换为"框中均输入文字"少年",单击"更多(M)>>"按钮,如图3.26所示。

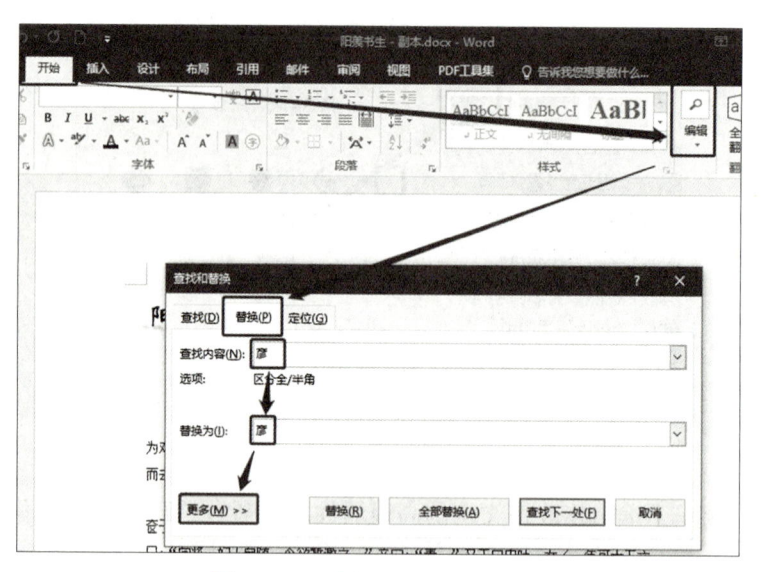

图3.26 "查找和替换"对话框

(2)选中"替换为"框中的文字"彦",单击左下角的"格式"→"字体",设置字体颜色为"蓝色",如图3.27所示。

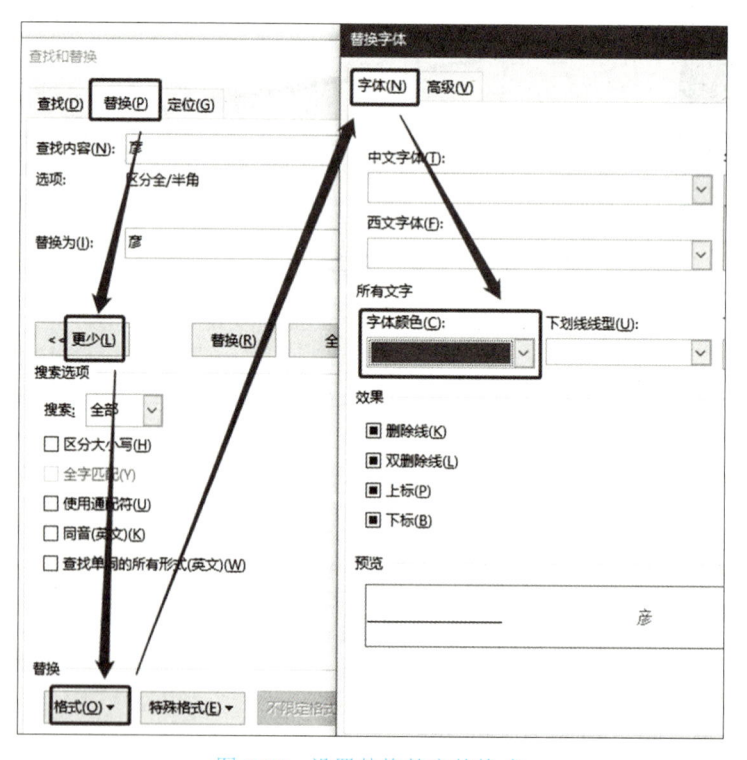

图3.27 设置替换的字体格式

（3）在"替换为"文本框下显示字体为"蓝色"，单击"全部替换"按钮，全文共完成17处替换，如图3.28所示。

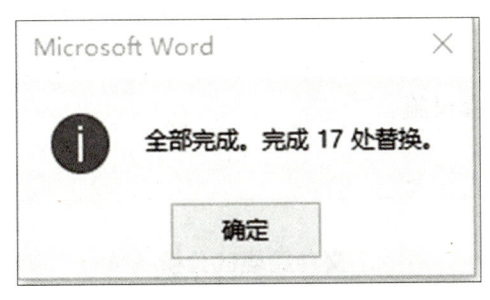

图3.28　替换完成

模拟练习三　《义乌跨境EC分析》

● 操作要求：

（1）将标题段文字（"义乌跨境EC分析"）设置为阴影（预设：外部，右下斜偏移，颜色：红色标准色）、三号、黑体、加粗、居中。

（2）将文中所有英文"B"替换为"电子商务"，设置正文各段落（"1.1义乌实体市场发展势头……提供配套设施。"）首行缩进2字符，段前间距1.5行。

（3）将正文各段落文字（"L1义乌实体市场发展势头……提供配套设施。"）的中文字体设置为仿宋，英文字体设置为Symbol，字号小四，多倍行距1.15。将小标题（1.1义乌实体市场发展势头趋缓、1.2投资建设义乌跨境电子商务产业园）的编号"1.1""1.2"修改为符号"（1）"和"（2）"。

（4）将正文第四段文字（"园区配有日均处理量……凸显规模效益的产业园。"）移至第五段文字（"为了让跨境……提供配套设施。"）之后合为一段。

（5）在"文件"菜单下进行文档属性编辑，在"摘要"选项卡的标题栏中输入"数据分析"，主题为"跨境贸易发展"，添加两个关键词"义乌；外贸"。

● 原文：

义乌跨境EC分析

1.1义乌实体市场发展势头趋缓

金融危机以来，全球经济严重受挫，增速显著放缓。2014年义乌市传统贸易在"市场采购"新模式推动下，前4个月传统贸易出口同比仍下降5.68个百分点，外贸形势不容乐观。依据"浙江省外经贸监测系统"的50家义乌监测企业看，对出口形势持乐观态度的企业仅26%，近七成企业订单量不如往年。而国内原材料、劳动力等要素成本不断提高，人民币持续升值，企业利润剧降，义乌外贸企业已经是危机四伏。伴着传统外贸的发展困局，转型升级对于我国外贸导向型企业而言已经迫在眉睫。

1.2投资建设义乌跨境EC产业园

园区配有日均处理量达10万件邮递快件处理作业区，海关监管查验区以及B型保税区等。目前已发展为年跨境销售4亿美元，包含200多公司，凸显规模效益的产业园。

为了让跨境EC行业更好地发展，义乌投资5亿元建设了占地143亩的义乌跨境EC园区，创建一个开放性平台。海关监管将作为园区平台的重点，同时园区将为跨境EC企业及其产业链相关服务企业提供配套设施。

- 样文（见图3.29）：

图3.29 样文

第三节　页面设置

- 学习目标：

（1）掌握页面纸张大小、页边距等页面设置。

（2）掌握插入页眉、页脚、页码的设置。

（3）掌握插入脚注、尾注、超链接、分页的操作。

项目一 《培养宜人风度》

- 操作要求：

打开"培养宜人风度.docx"文档，完成如下操作后保存文件，文件名不变。

（1）页面设置：将页面设置为16开，页边距上、下均为2.5厘米，左、右边距均为2.2厘米，装订线位置为上面0.2厘米，页面纸张方向为横向。

（2）页眉页脚：插入空白（三栏）页眉，左侧输入"培养宜人风度"内容，中间插入文档作者，右侧插入当前日期，格式为"年-月-日"；在页面底端插入普通数字2样式页码，页码格式为"-1-、-2-、……"，起始页码为"-2-"。

（3）脚注尾注：为第一段的"文采出众"添加脚注"文采从众人中脱颖而出文章写得好，表达丰富，写得精彩入神。"；为第三段中的"完璧归赵"添加尾注"完璧归赵是一个历史典故演化而成的成语，出自《史记·廉颇蔺相如列传》。该成语一般比喻把原物完好地归还本人。"，尾注编号格式为"①②③……"。

（4）超链接：将文档末尾的"百度百科"一词添加超链接，链接地址：http://www.baidu.com。

（5）分页：使用分页符将原文中最后两段内容置于下一页"。

- 原文：

培养宜人风度

风度最早用于形容文采出众，后来延伸至礼数。风度的本意是指人的举止姿态，是一个人内在实力的自然流露，也是一种魅力。它主要取决于人的仪态、言谈、气量，是人最直观的素质之一。要培养宜人风度，我们需要做好以下3点。

（1）端庄挺拔的仪态。

（2）文雅谦和的言谈。

（3）宽容大度的气量。

气量是指能容纳不同意见的肚量和胸怀。这是非常难得的，也是让人交口称扬的风度，故俗语称"人有雅量无难事"。我们常闻"君子之风""绅士风度"，其中就包含诚实坦然、深明大义、乐于助人等高尚的品格。

我们都知道廉颇"负荆请罪"的故事。蔺相如因"完璧归赵"之功而被封为上卿，位在廉颇之上。廉颇很不服气，扬言要当面羞辱蔺相如。蔺相如得知后，尽量回避、容让，不与廉颇发生冲突。蔺相如的门客以为他畏惧廉颇，蔺相如却说："秦国不敢侵略我们赵国，是因为有我和廉将军。我对廉将军容忍、退让，是把国家的危难放在前面，把个人的私仇放在后面啊！"这话被廉颇听到后，他感动于蔺相如的气量与大义，就有了后面"负荆请罪"一事。

需要指出的是，人的气质特征千差万别。不同气质类型的人具有不同的特点，且各具优缺点，我们通过理性的剖析来认识自己和他人的气质特点，不仅可以取长补短，而且可以发挥各自的优势，规避短板，实现友好合作。

百度百科

- 样文（见图3.30）：

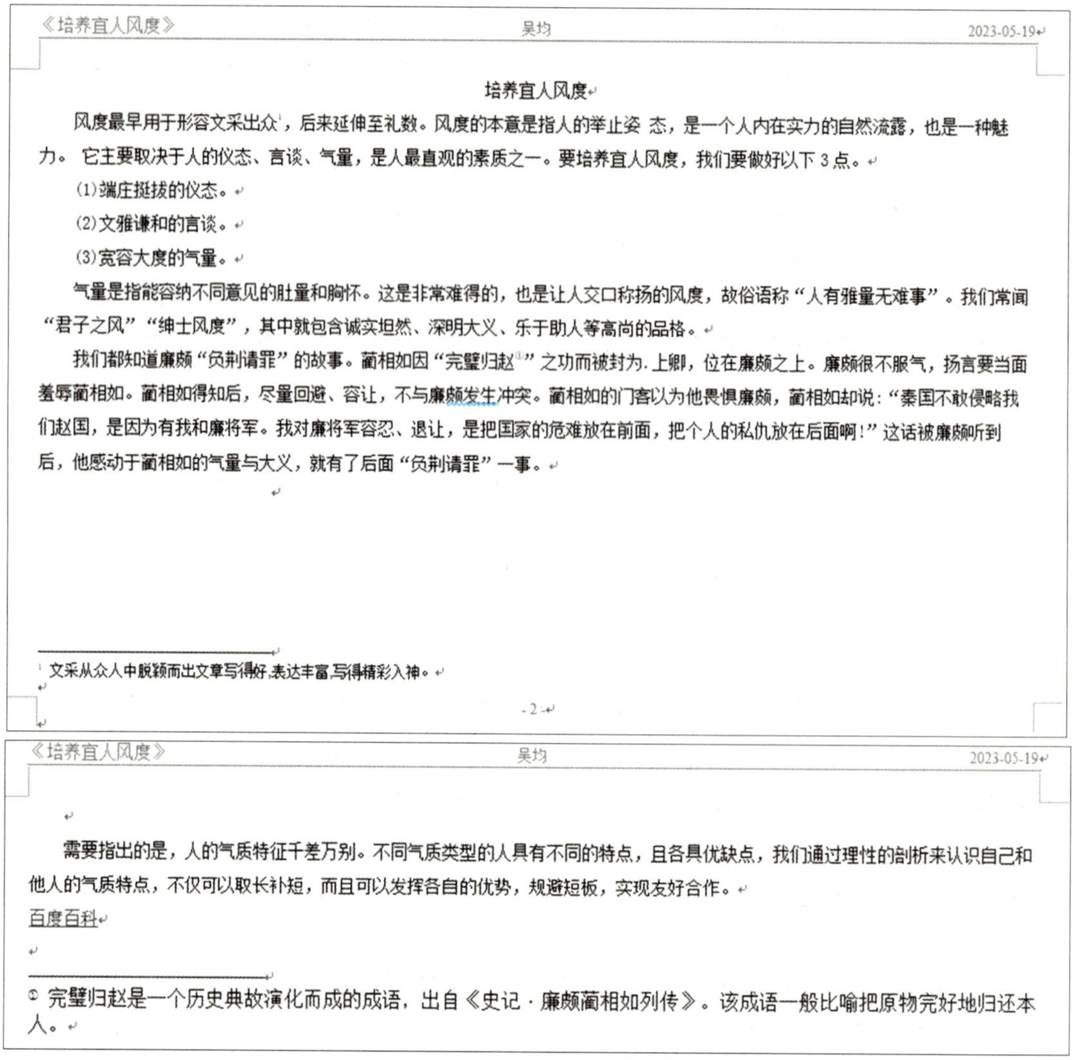

图3.30　样文

- 操作步骤：

1. 页面设置

将页面设置为16开，页边距上、下均为2.5厘米，左、右边距均为2.2厘米，装订线位置为上面0.2厘米，页面纸张方向为横向。

（1）打开"《培养宜人风度》（节选）.docx"文件，选择"布局"→"页面设置"控制面板右下箭头按钮，如图3.31所示。

（2）弹出"页面设置"对话框，选择"纸张"选项卡，在"纸张大小"选项组中选择"16开"选项，如图3.32所示。

图 3.31　页面设置

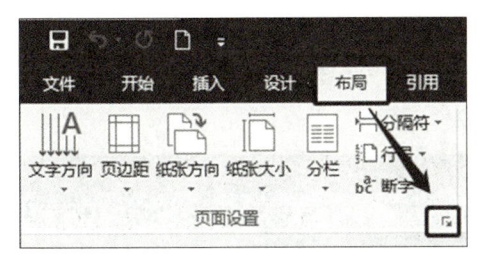

图 3.32　纸张大小

（3）选择"页边距"选项卡，在相应边距框中输入数字，在"装订线位置"列表中选择"上"选项，在"纸张方向"选项组中选择"横向"，如图3.33所示。

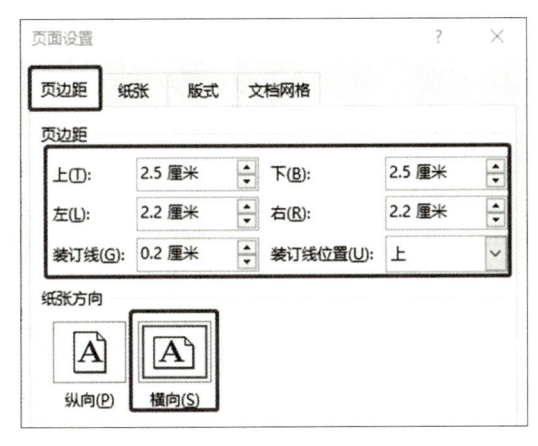

图 3.33　页边距

小知识

Word文档中每个页面由版心及其周围的空白区域组成，如页边距、页眉与页脚的位置。也可以单击"页面布局"菜单→"页面设置"面板中相应的按钮（如页边距、纸张方向、纸张大小等，如图3.34所示）进行设置。

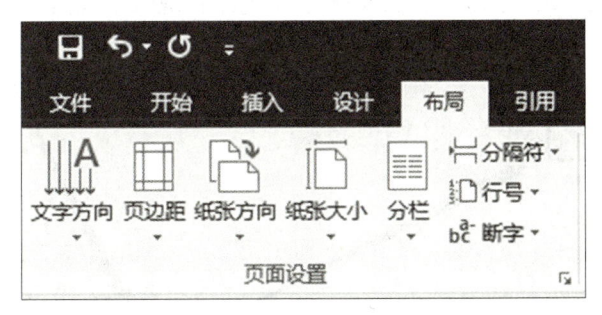

图 3.34　"页面设置"面板中的按钮

2. 页眉与页脚

插入空白（三栏）页眉：左侧输入"《培养宜人风度》"内容，中间插入文档作者，右侧插入当前日期，格式为"年-月-日"；在页面底端插入普通数字2样式页码，页码格式为

"–1–、–2–、……",起始页码为"–2–"。

(1)单击"插入"→"页眉和页脚"→"页眉"按钮,选择空白(三栏)样式页眉,如图3.35所示;鼠标跳到页眉位置,如图3.36所示。

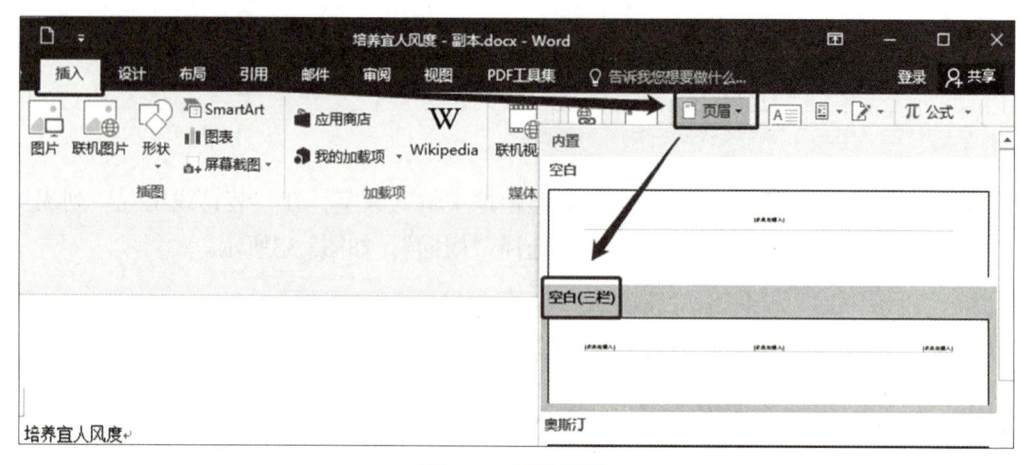

图 3.35 页眉样式

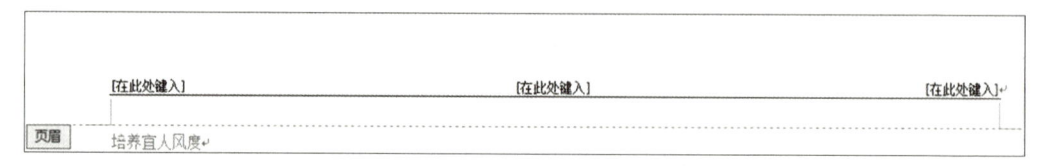

图 3.36 空白(三栏)页眉样式

(2)在左侧"在此处输入"输入内容"《培养宜人风度》"。

(3)在中间"在此处输入"位置,单击"页眉和页脚工具"→"设计"→"文档信息"→"作者"命令,如图3.37所示。

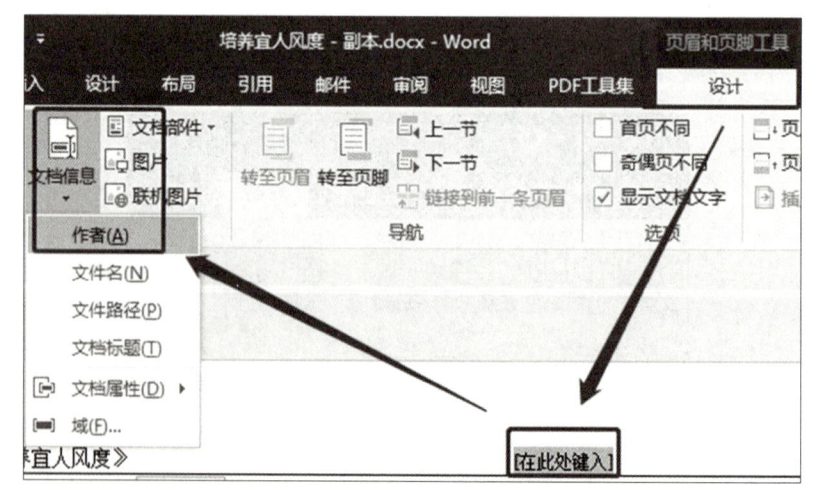

图 3.37 文档信息

(4)在右侧"在此处输入"位置,单击"页眉和页脚工具"→"设计"→"日期和时间"按钮，如图3.38所示。

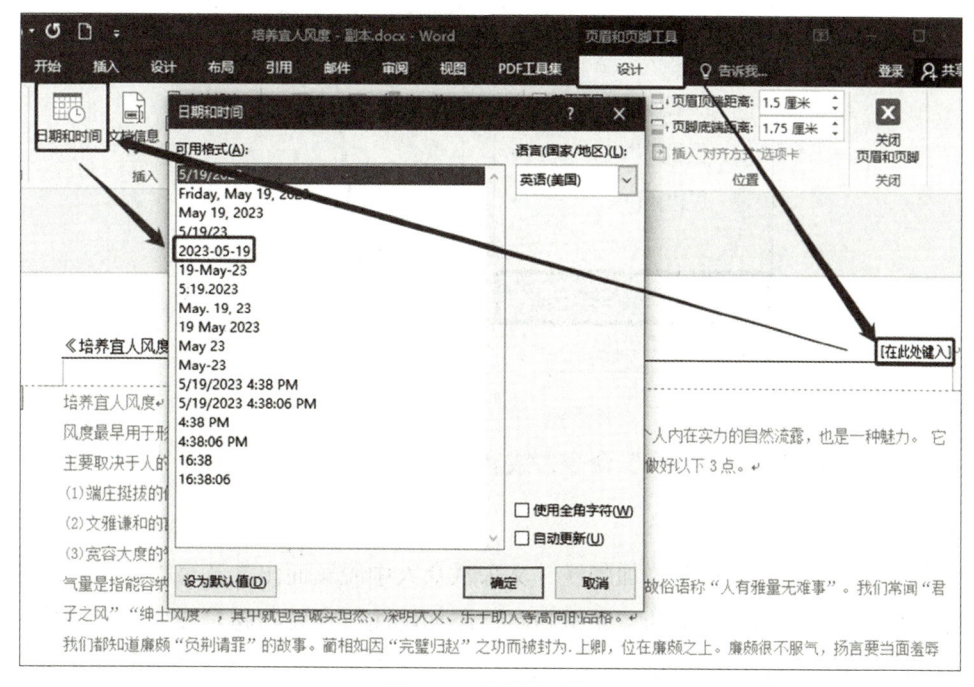

图 3.38 日期和时间

（5）单击"插入"→"页眉和页脚"→"页码"按钮，选择"页面底端"→"普通数字2"样式，鼠标将会跳到页脚位置，如图3.39所示。

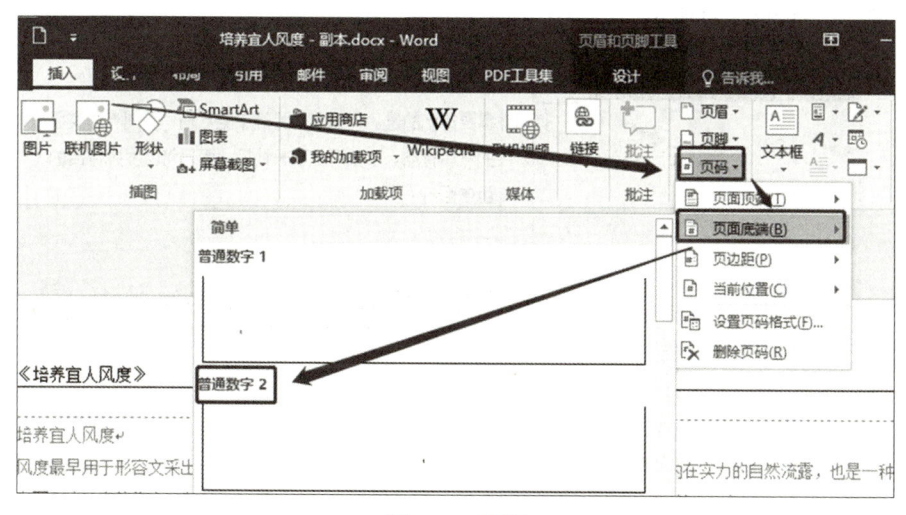

图 3.39 页码

（6）单击左上角的页码命令，弹出"页码格式"对话框，如图3.40所示。

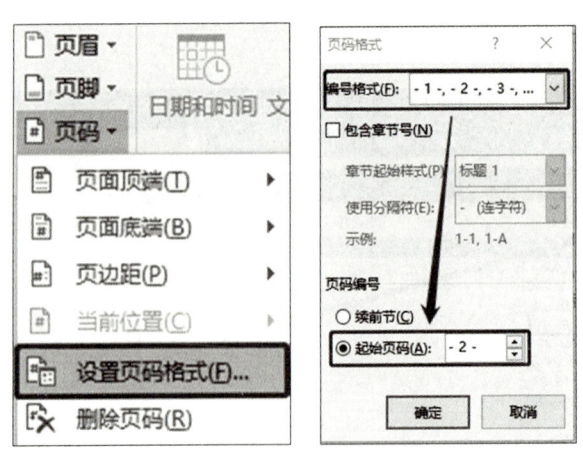

图 3.40 "页码格式"对话框

（7）选择"关闭页眉和页脚"命令，或者在文档中间双击，回到正文编辑状态。

3. 脚注尾注

为第一段的"文采出众"添加脚注"文采从众人中脱颖而出文章写得好，表达丰富，写得精彩入神。"；为第三段中的"完璧归赵"添加尾注"完璧归赵是一个历史典故演化而成的成语，出自《史记·廉颇蔺相如列传》。该成语一般比喻把原物完好地归还本人。"，尾注编号格式为"①②③……"。

（1）将鼠标移到第一段的"文采出众"文字后面，选择"引用"→"插入脚注"命令，鼠标会跳到当前页的底端，输入内容"文采从众人中脱颖而出文章写得好，表达丰富，写得精彩入神。"，如图3.41所示。

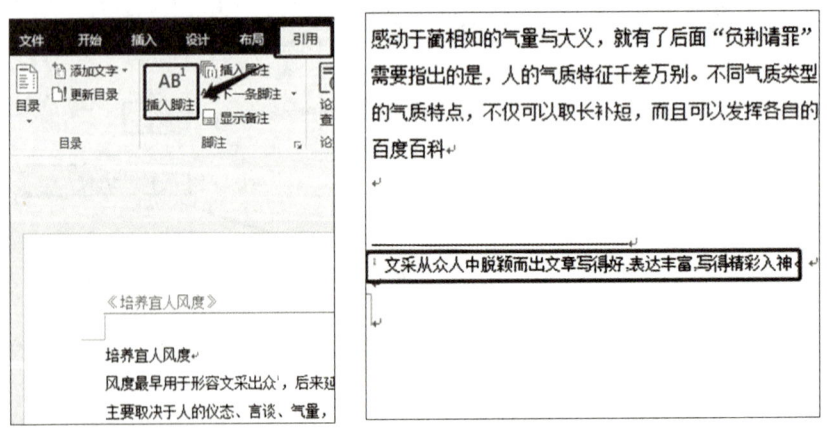

图 3.41 脚注

（2）将鼠标移到第三段中的"完璧归赵"文字后面，单击"引用"→"脚注"面板中的展开按钮，弹出"脚注和尾注"对话框，设置尾注格式，单击"插入"按钮，鼠标会跳到文档末尾处，输入文字"完璧归赵是一个历史典故演化而成的成语，出自《史记·廉颇蔺相如列传》。该成语一般比喻把原物完好地归还本人。"，如图3.42所示。

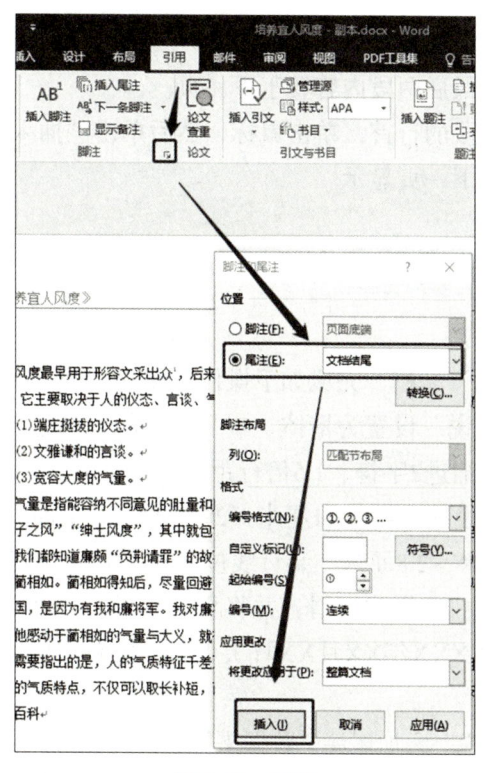

图 3.42　尾注

4. 超链接

将文档末尾的"百度百科"一词添加超链接。

选择文档末尾的"百度百科",单击鼠标右键,在弹出的快捷菜单中选择"超链接",弹出"插入超链接"对话框,其中选择:"现有文件或网页",在"地址"框中输入"http://www.baidu.com",单击"确定"按钮,如图3.43所示。单击"保存"按钮,关闭文档。

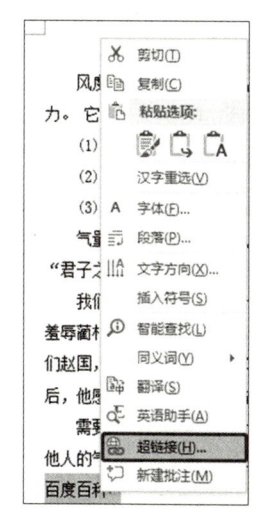

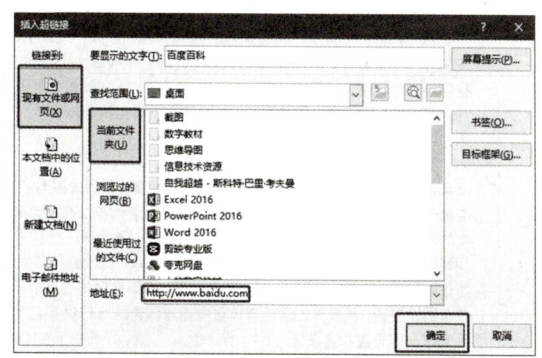

图 3.43　插入超链接

5. 分页

使用分页符将原文中最后两段内容置于下一页。

将鼠标移至倒数第二段的行首，单击鼠标，然后单击“插入”→“页面”→“分页”按钮，可将其后文本置于下一页显示。

模拟练习一　《天文概说》

- 操作要求：

打开“天文概说.docx”文档，完成如下操作后保存文件，文件名不变。

（1）将标题“天文概说”设置为楷体、二号、加粗，蓝色（标准色），居中。将正文设置为宋体、四号、首行缩进2字符、1.5倍行距。

（2）将页面纸张大小设置为A4（21厘米×29.7厘米），页面上、下、左、右边距分别为2.3厘米、2.3厘米、3.2厘米、2.8厘米，装订线位于左侧0.5厘米处。

（3）为文档添加“空白”样式页眉，并将页眉设置为“奇偶页不同”，奇数页的页眉内容为当前日期（格式为XXXX年XX月XX日），偶数页的页眉内容为页码，页码格式为“Ⅰ，Ⅱ，Ⅲ……”）。

（4）为标题“天文概说”添加尾注“数据来源：百度百科。”，尾注编号格式为“A、B、C……”；为第一段中的首个“天文学”三字添加脚注“天文学：是研究宇宙空间天体、宇宙的结构和发展的学科”。

（5）为第一段中的“《左传》”添加超链接：https://baike.baidu.com/。

- 原文（见图3.44）：

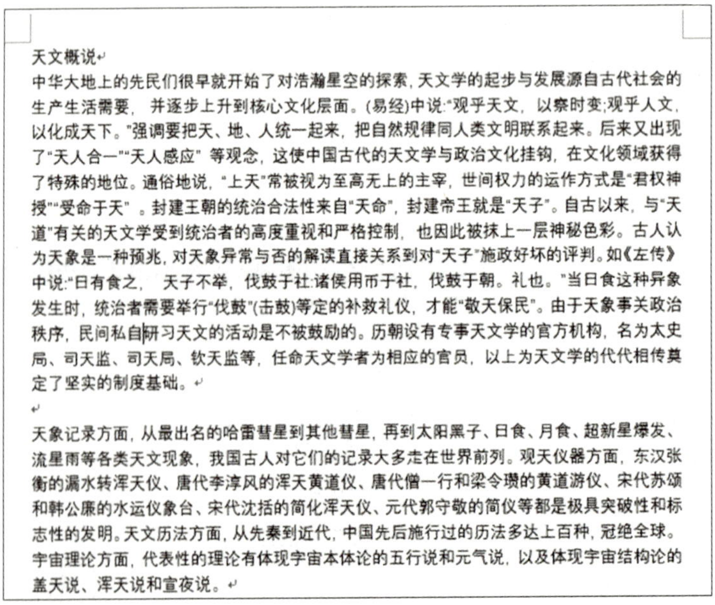

天文概说

中华大地上的先民们很早就开始了对浩瀚星空的探索，天文学的起步与发展源自古代社会的生产生活需要，并逐步上升到核心文化层面。(易经)中说:“观乎天文，以察时变;观乎人文，以化成天下。”强调要把天、地、人统一起来，把自然规律同人类文明联系起来。后来又出现了“天人合一”“天人感应”等观念，这使中国古代的天文学与政治文化挂钩，在文化领域获得了特殊的地位。通俗地说，“上天”常被视为至高无上的主宰，世间权力的运作方式是“君权神授”“受命于天”。封建王朝的统治合法性来自“天命”，封建帝王就是“天子”。自古以来，与“天道”有关的天文学受到统治者的高度重视和严格控制，也因此被抹上一层神秘色彩。古人认为天象是一种预兆，对天象异常与否的解读直接关系到对“天子”施政好坏的评判。如《左传》中说:“日有食之，天子不举，伐鼓于社:诸侯用币于社，伐鼓于朝。礼也。”当日食这种异象发生时，统治者需要举行“伐鼓”(击鼓)等定的补救礼仪，才能“敬天保民”。由于天象事关政治秩序，民间私自研习天文的活动是不被鼓励的。历朝设有专事天文学的官方机构，名为太史局、司天监、司天局、钦天监等，任命天文学者为相应的官员，以上为天文学的代代相传奠定了坚实的制度基础。

天象记录方面，从最出名的哈雷彗星到其他彗星，再到太阳黑子、日食、月食、超新星爆发、流星雨等各类天文现象，我国古人对它们的记录大多走在世界前列。观天仪器方面，东汉张衡的漏水转浑天仪、唐代李淳风的浑天黄道仪、唐代僧一行和梁令瓒的黄道游仪、宋代苏颂和韩公廉的水运仪象台、宋代沈括的简化浑天仪、元代郭守敬的简仪等都是极具突破性和标志性的发明。天文历法方面，从先秦到近代，中国先后施行过的历法多达上百种，冠绝全球。宇宙理论方面，代表性的理论有体现宇宙本体论的五行说和元气说，以及体现宇宙结构论的盖天说、浑天说和宣夜说。

图 3.44　原文

- 样文（见图3.45）:

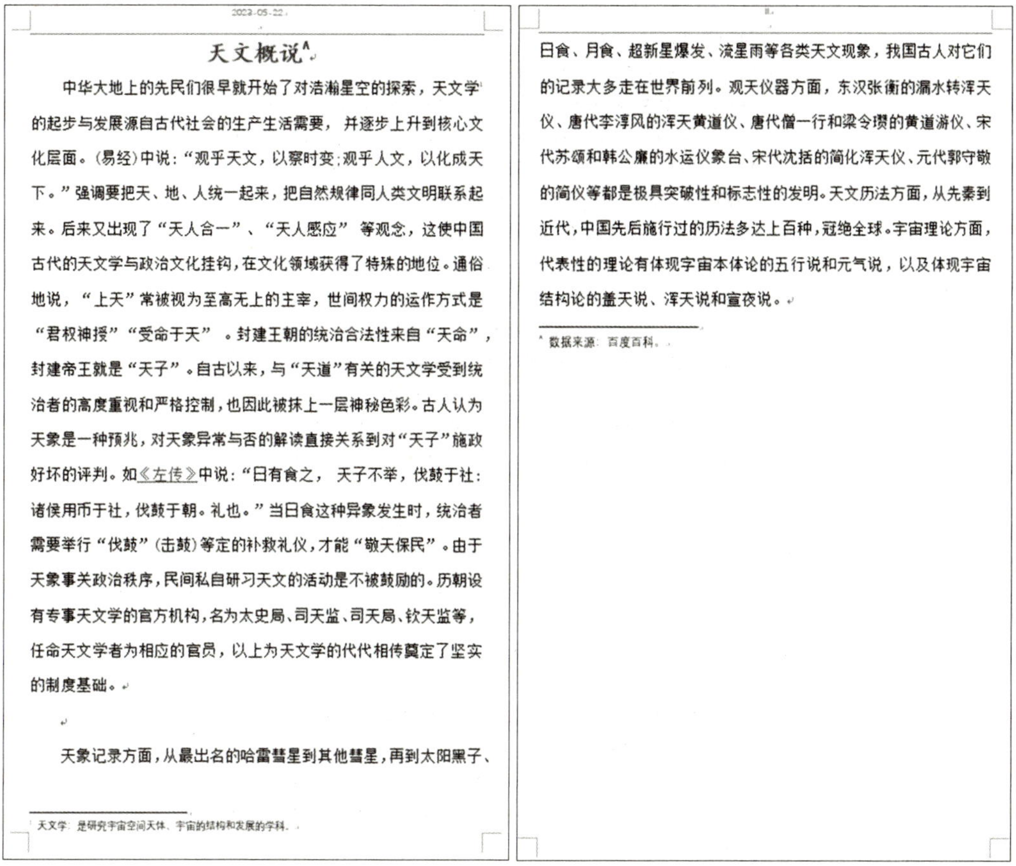
2023-05-22

天文概说[A]

中华大地上的先民们很早就开始了对浩瀚星空的探索，天文学[1]的起步与发展源自古代社会的生产生活需要，并逐步上升到核心文化层面。《易经》中说："观乎天文，以察时变；观乎人文，以化成天下。"强调要把天、地、人统一起来，把自然规律同人类文明联系起来。后来又出现了"天人合一"、"天人感应"等观念，这使中国古代的天文学与政治文化挂钩，在文化领域获得了特殊的地位。通俗地说，"上天"常被视为至高无上的主宰，世间权力的运作方式是"君权神授""受命于天"。封建王朝的统治合法性来自"天命"，封建帝王就是"天子"。自古以来，与"天道"有关的天文学受到统治者的高度重视和严格控制，也因此被抹上一层神秘色彩。古人认为天象是一种预兆，对天象异常与否的解读直接关系到对"天子"施政好坏的评判。如《左传》中说："日有食之，天子不举，伐鼓于社；诸侯用币于社，伐鼓于朝。礼也。"当日食这种异象发生时，统治者需要举行"伐鼓"（击鼓）等定的补救礼仪，才能"敬天保民"。由于天象事关政治秩序，民间私自研习天文的活动是不被鼓励的。历朝设有专事天文学的官方机构，名为太史局、司天监、司天局、钦天监等，任命天文学者为相应的官员，以上为天文学的代代相传奠定了坚实的制度基础。

天象记录方面，从最出名的哈雷彗星到其他彗星，再到太阳黑子、

[1] 天文学：是研究宇宙空间天体、宇宙的结构和发展的学科。

II

日食、月食、超新星爆发、流星雨等各类天文现象，我国古人对它们的记录大多走在世界前列。观天仪器方面，东汉张衡的漏水转浑天仪、唐代李淳风的浑天黄道仪、唐代僧一行和梁令瓒的黄道游仪、宋代苏颂和韩公廉的水运仪象台、宋代沈括的简化浑天仪、元代郭守敬的简仪等都是极具突破性和标志性的发明。天文历法方面，从先秦到近代，中国先后施行过的历法多达上百种，冠绝全球。宇宙理论方面，代表性的理论有体现宇宙本体论的五行说和元气说，以及体现宇宙结构论的盖天说、浑天说和宣夜说。

[A] 数据来源：百度百科。

图 3.45　样文

模拟练习二　《自强不息》

- 操作要求：

打开"自强不息.docx"文档，完成如下操作后保存文件，文件名不变。

（1）将页面大小设置为宽26厘米×高20厘米，上、下边距均为2.2厘米。

（2）在页面顶端插入"X/Y加粗显示的数字1"样式页码，在页面底端插入"带状物"样式页码。

（3）为标题添加脚注"来源:《中华优秀传统文化》"。

- 原文（见图3.46）:

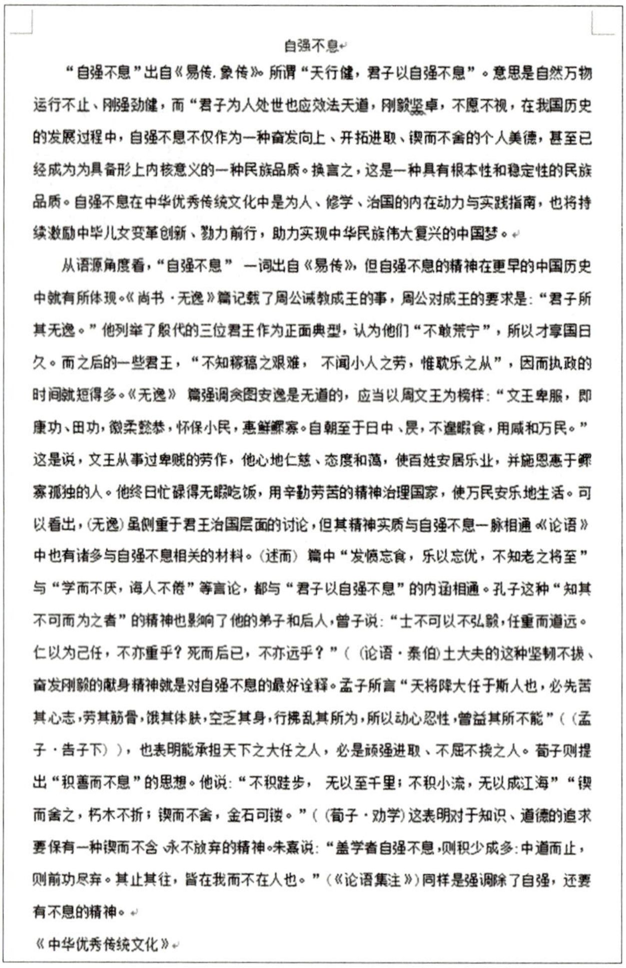

自强不息

"自强不息"出自《易传·象传》所谓"天行健,君子以自强不息"。意思是自然万物运行不止、刚强劲健,而"君子为人处世也应效法天道,刚毅坚卓,不愿不视,在我国历史的发展过程中,自强不息不仅作为一种奋发向上、开拓进取、锲而不舍的个人美德,甚至已经成为为具备形上内核意义的一种民族品质。换言之,这是一种具有根本性和稳定性的民族品质。自强不息在中华优秀传统文化中是为人、修学、治国的内在动力与实践指南,也将持续激励中华儿女变革创新、勠力前行,助力实现中华民族伟大复兴的中国梦。

从语源角度看,"自强不息"一词出自《易传》,但自强不息的精神在更早的中国历史中就有所体现。《尚书·无逸》篇记载了周公诫教成王的事,周公对成王的要求是:"君子所其无逸。"他列举了殷代的三位君王作为正面典型,认为他们"不敢荒宁",所以才享国日久。而之后的一些君王,"不知稼穑之艰难,不闻小人之劳,惟耽乐之从",因而执政的时间就短得多。《无逸》篇强调贪图安逸是无道的,应当以周文王为榜样:"文王卑服,即康功、田功,徽柔懿恭,怀保小民,惠鲜鳏寡。自朝至于日中、昃,不遑暇食,用咸和万民。"这是说,文王从事过卑贱的劳作,他心地仁慈、态度和蔼,使百姓安居乐业,并施恩惠于鳏寡孤独的人。他终日忙碌得无暇吃饭,用辛勤劳苦的精神治理国家,使万民安乐地生活。可以看出,《无逸》虽侧重于君王治国层面的讨论,但其精神实质与自强不息一脉相通。《论语》中也有诸多与自强不息相关的材料。《述而》篇中"发愤忘食,乐以忘忧,不知老之将至"与"学而不厌,诲人不倦"等言论,都与"君子以自强不息"的内涵相通。孔子这种"知其不可而为之者"的精神也影响了他的弟子和后人,曾子说:"士不可以不弘毅,任重而道远。仁以为己任,不亦重乎?死而后已,不亦远乎?"(《论语·泰伯》)士大夫的这种坚韧不拔、奋发刚毅的献身精神就是对自强不息的最好诠释。孟子所言"天将降大任于斯人也,必先苦其心志,劳其筋骨,饿其体肤,空乏其身,行拂乱其所为,所以动心忍性,曾益其所不能"(《孟子·告子下》),也表明能承担天下之大任之人,必是顽强进取、不屈不挠之人。荀子则提出"积善而不息"的思想。他说:"不积跬步,无以至千里;不积小流,无以成江海""锲而舍之,朽木不折;锲而不舍,金石可镂。"(《荀子·劝学》)这表明对于知识、道德的追求要保有一种锲而不舍,永不放弃的精神。朱熹说:"盖学者自强不息,则积少成多;中道而止,则前功尽弃。其止其往,皆在我而不在人也。"(《论语集注》)同样是强调除了自强,还要有不息的精神。

《中华优秀传统文化》

图 3.46　原文

- 样文(见图3.47):

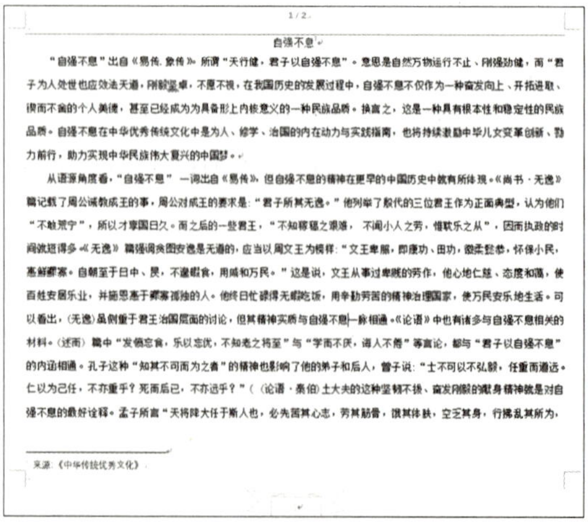

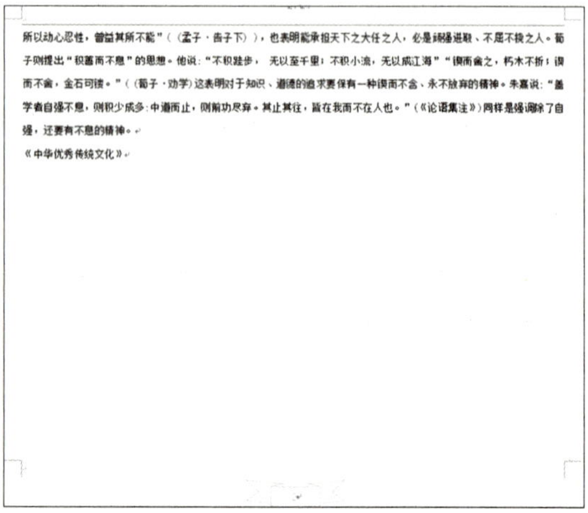

图 3.47　样文

第四节 图文混排

● 学习目标：

（1）掌握首字下沉、艺术字、合并段落、分栏的操作。

（2）掌握页面水印、页面颜色、页面边框的设置。

（3）掌握插入图片、SmartArt、文本框、形状的操作。

项目一 《夏日饮食》

● 操作要求：

打开"夏日饮食.docx"文档，完成如下操作后保存文件，文件名不变。

（1）艺术字：将标题"夏日饮食"文字转换成艺术字，艺术字样式自定，将艺术字移到文档上方，艺术字的文本效果设置为"转换–上弯弧"。

（2）首字下沉：将正文中的第一个字"夏"设为首字下沉2行、楷体，距离正文0.3厘米，字体颜色设为红色。

（3）分栏：将第二、三段（夏季是万物……菌类蔬菜。）合并为一段，将合并后的段落分为两栏，栏宽相等，栏间距：3字符，加分隔线。

（4）水印、页面颜色：为文档设置水印文字"夏季饮食"，颜色为红色（标准色），字体为隶书；设置页面颜色为"绿色、个性色6、淡色60%"；设置页面边框为1.5磅的红色阴影。

（5）图片：在倒数第二段文字的下方插入"食物.jpg"图片，居中，将图片环绕文字方式设置为"上下型环绕"，图片大小缩放50%，设置图片样式为柔化边缘椭圆，设置图片颜色色调：色温11200K。

（6）SmartArt图形：在文档末尾添加"水平项目符号列表"样式的SmartArt图形，文字可从"推荐菜谱.txt"文件中提取，将图形缩放至第一页中，并更改图形颜色为"彩色范围－个性色5至6"。

（7）文本框：在文档左下角插入文本框，输入内容，并设置形状样式为"彩色填充–绿色，强调色6"。

（8）形状：在文档末尾插入两个"云形"形状，并自定义设置样式，输入文本"美""味"。

● 原文（见图3.48）：

图 3.48　原文

- 样文（见图3.49）：

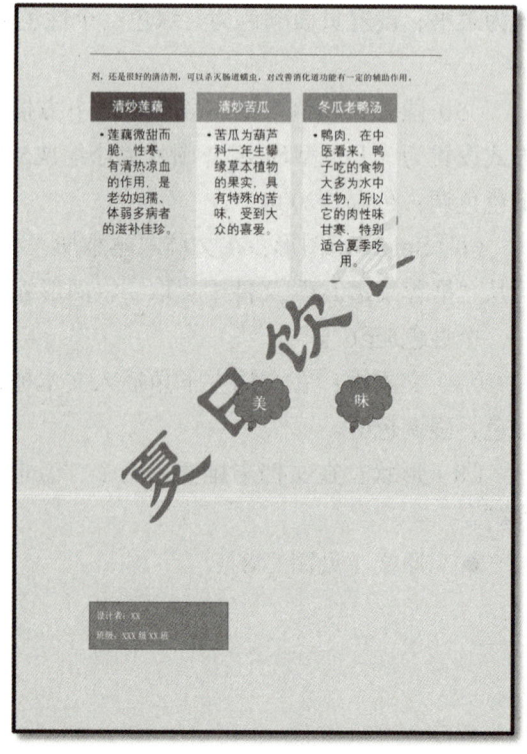

图 3.49　样文

- 操作步骤：

1. 转换为艺术字

将标题"夏日饮食"文字转换成艺术字，艺术字样式自定，将艺术字移到文档上方，艺术字的文本效果设置为"转换–上弯弧"。

（1）打开"《夏日饮食》.docx"空文档，选择标题"夏日饮食"，单击"插入"→"艺术字"按钮，选择一个艺术字样式，如图3.50所示。

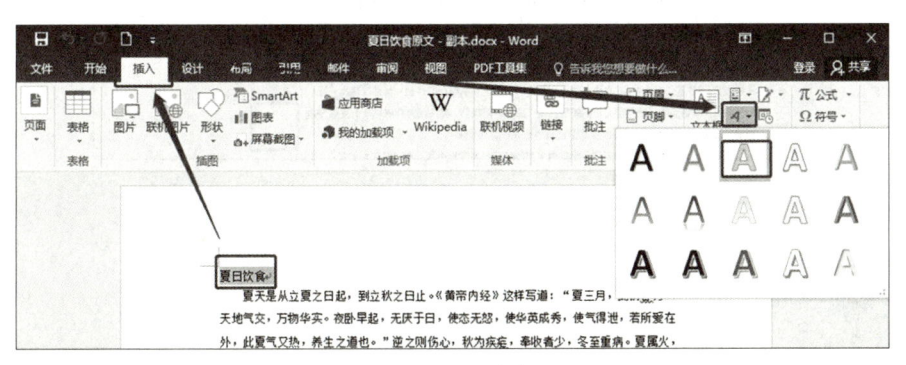

图3.50　艺术字

小知识

每个艺术字样式都有名称，如第一行的第三个艺术字样式为"填充–橙色，着色2，轮廓–着色2"。

（2）将鼠标移到艺术字的边框上单击，鼠标指针呈四个方向箭头样式，按住鼠标左键拖动，将艺术字移到文档上方，如图3.51所示。

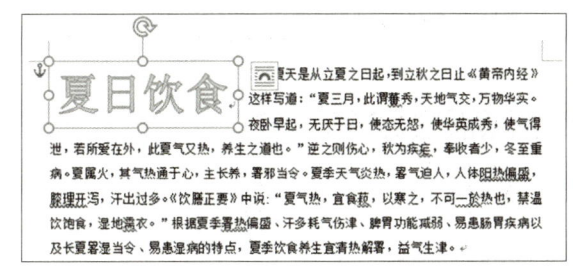

图3.51　移动艺术字

（3）单击"绘图工具"→"格式"→"文本效果"按钮，选择"转换"→"上弯弧"命令，如图3.52所示。

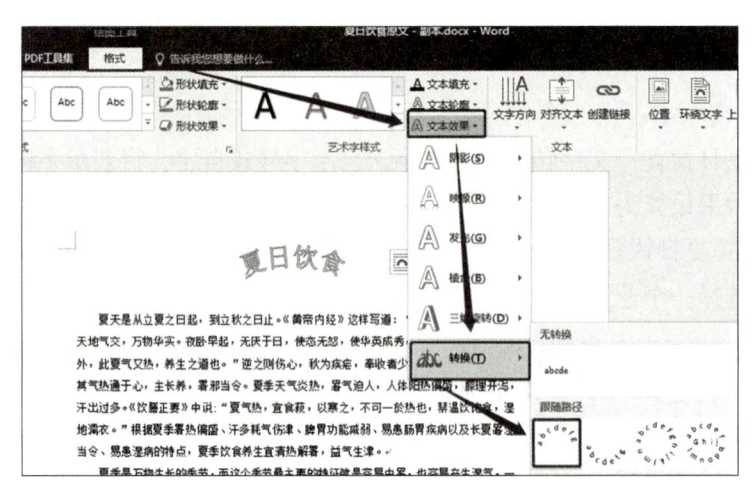

图 3.52　文本效果

小知识

文本效果有阴影、映像、发光、棱台、转换等。

2. 首字下沉

将正文中的第一个字"夏"设为首字下沉2行、楷体，距离正文0.3厘米，字体颜色设为红色。

（1）选中第一段的"夏"字，选择"插入"→"文本"→"下沉"命令，如图3-53所示，在弹出的"首字下沉"对话框中设置参数，如图3.54所示。

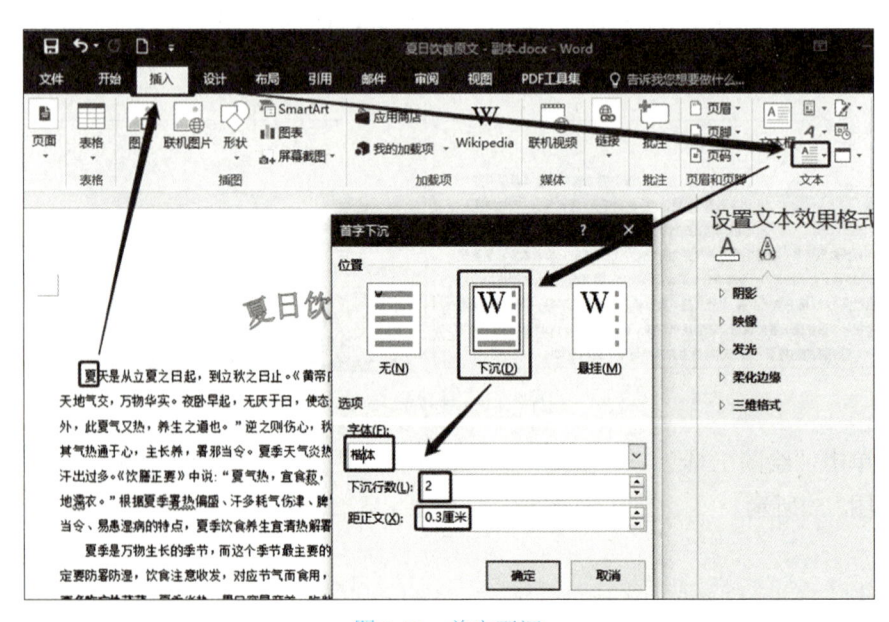

图 3.53　首字下沉

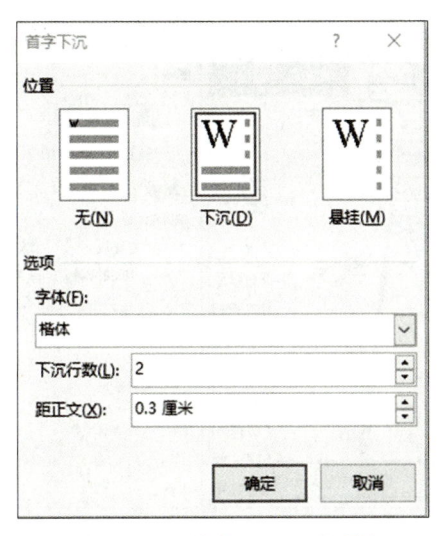

图 3.54 "首字下沉"对话框

（2）选择"夏"字，设置字体颜色为红色。

小知识

首字下沉，就是段落的第一个字进行下沉设置，如果取消首字下沉，则在图3.53中选择"无"；除了首字下沉还有"悬挂"效果。

3. 分栏

将第二、三段合并为一段，将合并后的段落分为两栏，栏宽相等，栏间距：3字符，加分隔线。

（1）合并段落即删除第二、三段之间的段落回车符，将鼠标移到第二段的末尾单击一下，按"Delete"键，即删除右边的段落回车符，如图3.55所示。

图 3.55 合并段落

（2）选择合并后的段落，选择"布局"→"页面设置"面板中的→"分栏"→"更多分栏"命令，在弹出的"分栏"对话框中设置各项参数，如图3.56所示。

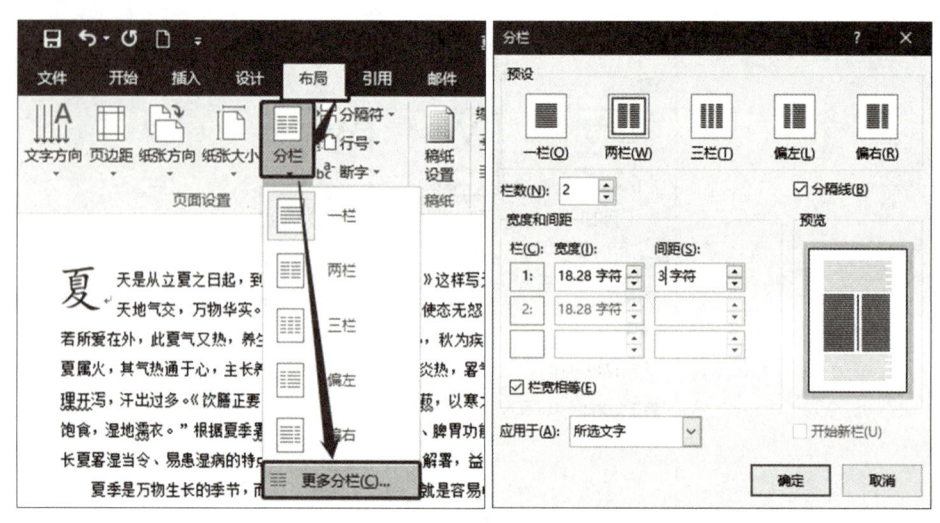

图 3.56 "分栏"对话框

4. 水印、页面颜色

为文档设置水印文字"夏日饮食",颜色为红色(标准色),字体为隶书;设置页面颜色为"绿色、个性色6,淡色60%";设置页面为1.5磅红色阴影边框。

(1)选择"设计"→"页面背景"面板中的"水印"→"自定义水印"命令,在选择的"水印"对话框中选择"文字水印",并设置各项参数,如图3.57所示。

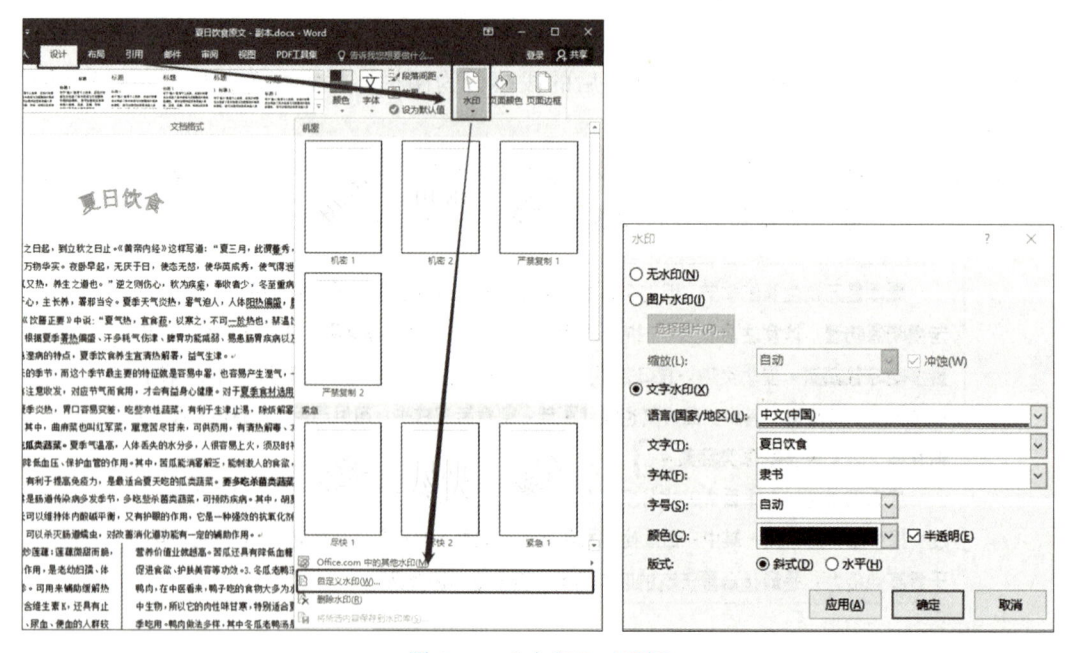

图 3.57 "水印"对话框

(2)单击"设计"→"页面背景"面板中的"页面颜色"→"绿色、个性色6,淡色60%"颜色,如图3.58所示。

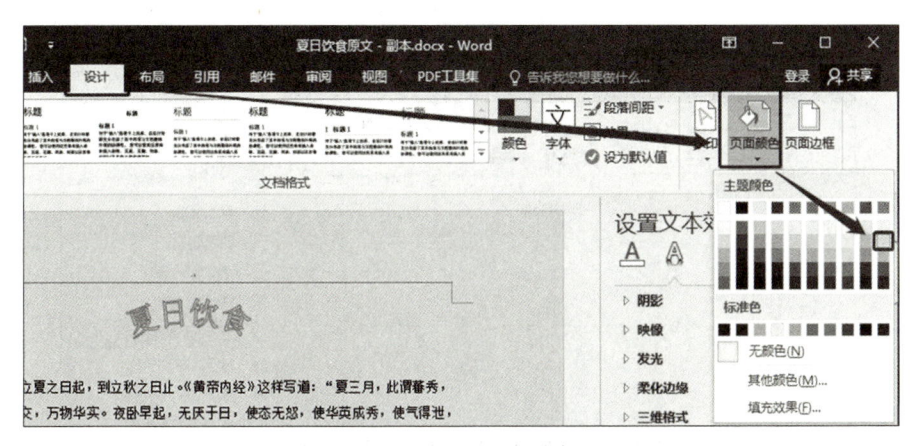

图 3.58　设置页面颜色

5. 图片

在倒数第二段文字的下方插入"食物.jpg"图片，居中，将图片环绕文字方式设置为"上下型环绕"，图片大小缩放50%，设置图片样式为柔化边缘椭圆，设置图片颜色色调：色温11200K。

（1）在倒数第二段末尾按"Enter"键，产生新的段落，单击"插入"→"插图"→"图片"按钮，打开"插入图片"对话框，在左侧选择"桌面"→"素材"文件夹，选择"食物.jpg"图片，单击"插入"按钮，如图3.59所示。

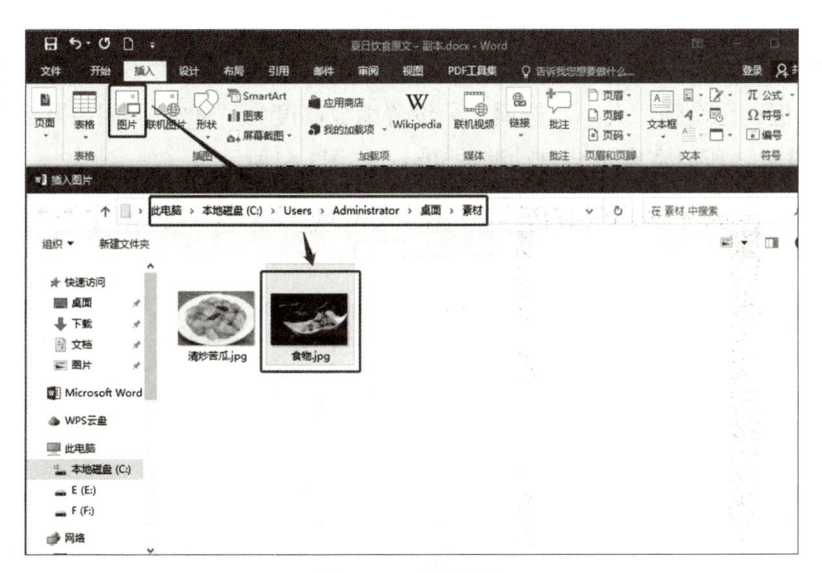

图 3.59　插入图片

（2）单击"开始"→"居中"按钮。

（3）单击图片，选择"图片工具"→"排列"→"环绕文字"→"上下型环绕"命令，如图3.60所示。

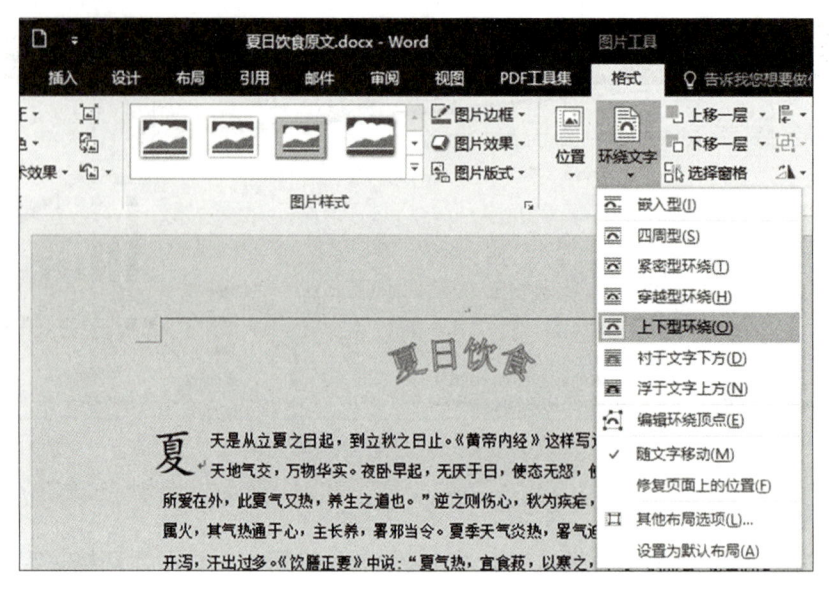

图 3.60　图片"环绕文字"样式

小知识

图片的环绕文字方式有嵌入型（默认型）、四周型、上下型环绕、衬于文字下方、浮于文字上方等。要制作美观的图文作品，可以尝试设置不同的图片环绕方式，如四周型环绕可以将文字与图片结合紧密些，衬于文字下方环绕可以将图片设置成背景图。

（4）选择图片，单击鼠标右键，在弹出的快捷菜单中选择"大小和位置"命令，弹出"布局"对话框，切换到"大小"选项卡，设置缩放高度为"50%"，因为默认勾选"锁定纵横比"复选框，所以宽度也会自动缩放50%，如图3.61所示。

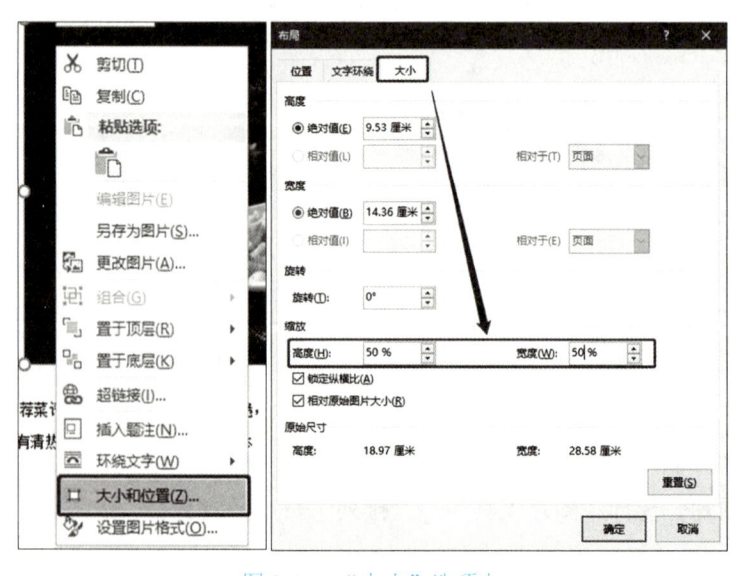

图 3.61　"大小"选项卡

小知识

锁定纵横比：改变高度，宽度也会跟着相应的比例缩放；如果设置固定高宽和宽度，如设置高度4厘米，宽度7厘米，就要清除"锁定纵横比"复选框再设置参数。

（5）单击图片，单击"图片工具"→"图片样式"面板中的→其他按钮，在弹出的"图片样式"中选择"柔化边缘椭圆"，如图3.62所示。

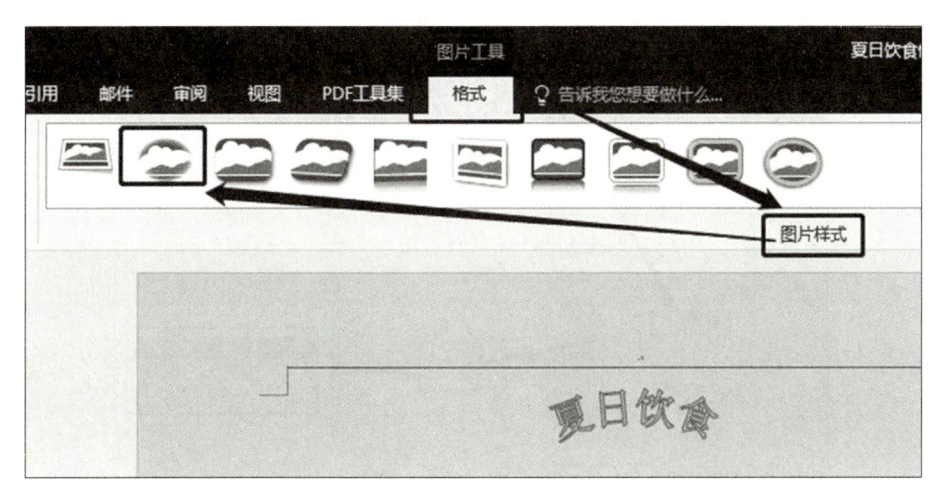

图 3.62　图片样式

（6）单击图片，单击"图片工具"→"调整"面板中的→"颜色"按钮，选择色调中的"色温：11200K"，如图3.63所示。

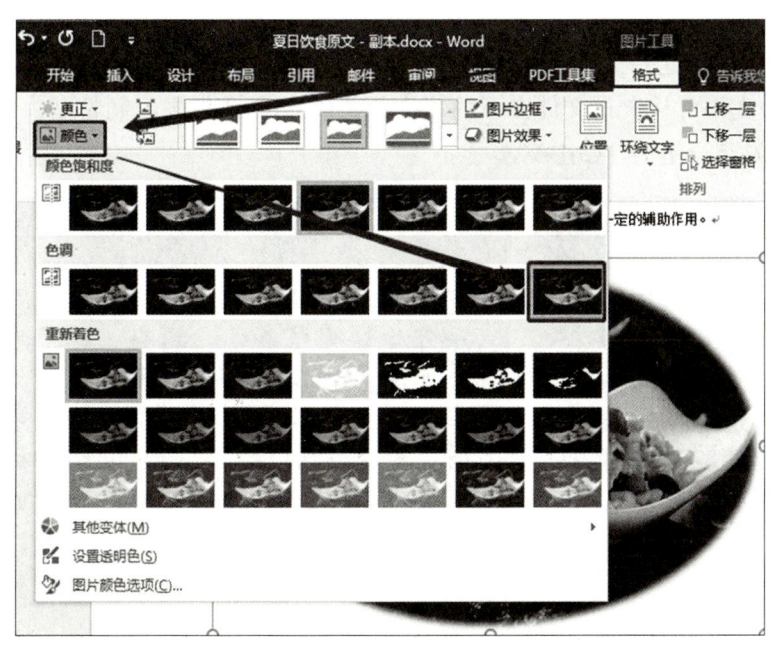

图 3.63　颜色调整

6. SmartArt图形

在文档末尾添加"水平项目符号列表"样式的SmartArt图形，文字可从"大国工匠.txt"文件中提取，将图形缩放至第一页中，并更改图形颜色为"彩色范围-个性色"。

（1）在文档末尾处按"Enter"键，产生新段落，单击"插入"→"插图"面板中的→"SmartArt"按钮，弹出"选择SmartArt图形"对话框。选择左侧的"列表"，找到"水平项目符号列表"样式，单击"确定"按钮，如图3.64所示。

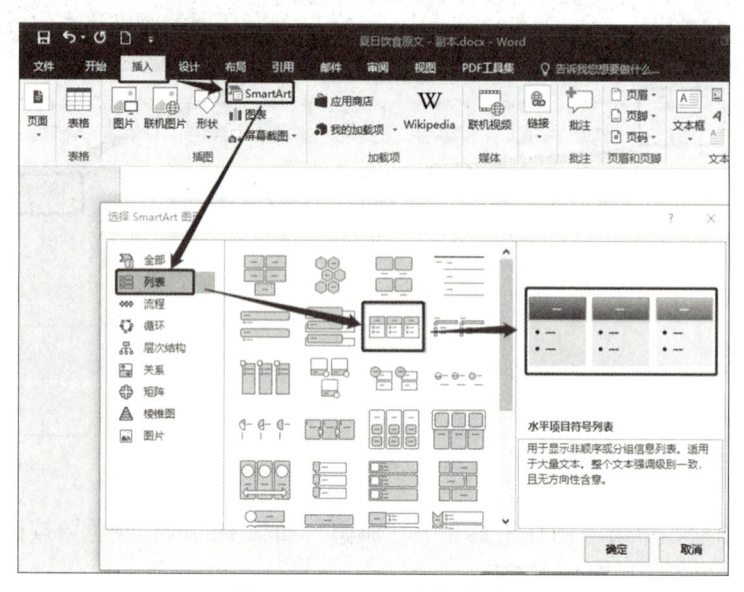

图 3.64　SmartArt 图形格式

（2）在文档中创建一个新的SmartArt图形，如图3.65所示，在左侧文本框中按照样图输入文本。其中文本可从素材文件夹下的"推荐菜谱.txt"文件中复制粘贴，复制组合键为"Ctrl+C"，粘贴组合键为"Ctrl+V"。

图 3.65　SmartArt 图形

（3）缩放SmartArt图形：将鼠标放到SmartArt图形的四边上的任意一个小圆圈上，按住鼠标左键缩放图形，将图形缩小，如图3.66所示。

图 3.66　缩放 SmartArt 图形

（4）单击"SmartArt工具"→"设计"→"SmartArt样式"→"更改颜色"按钮，选择"彩色"→"个性色5～6"，如图3.67所示。

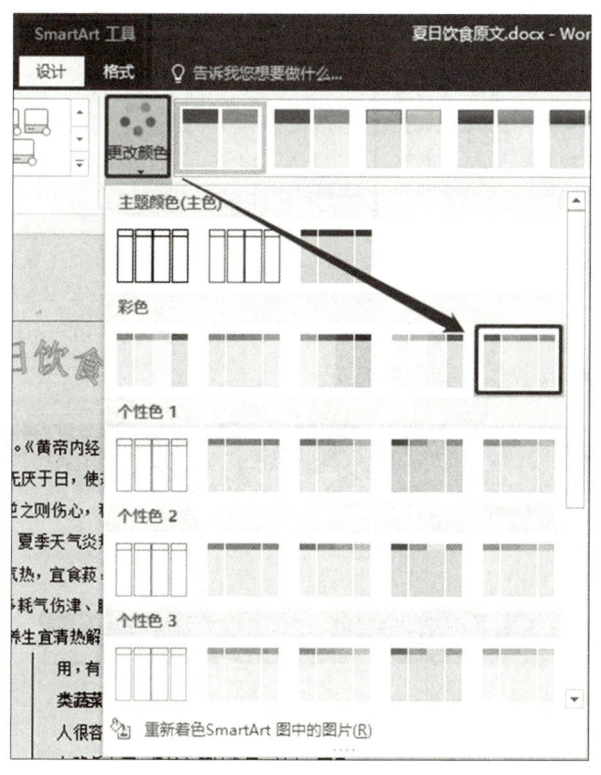

图 3.67　SmartArt 样式

7．文本框

在文档左下角插入文本框，输入内容如下，并设置形状样式为"彩色填充-绿色，强调色6"。

（1）单击"插入"→"文本"面板中的→"文本框"按钮，选择"简单文本框"样式，如图3.68所示。

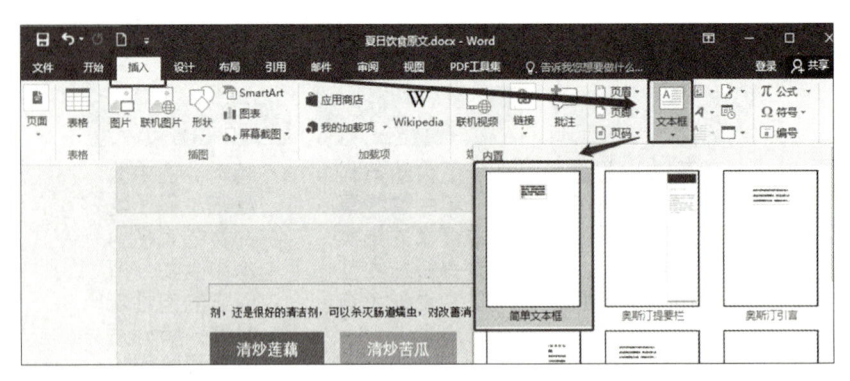

图3.68　插入文本框

（2）将鼠标移到文本框的边框上，鼠标指针变成"十"字样式，按住鼠标左键拖动文本框至文档的左下角。

（3）单击文本框中的文本，按"Backspace"键删除，再输入文本"设计者"和自己的姓名，按"Enter"键，输入文本"班级和自己的班级信息"，如图3.69所示。

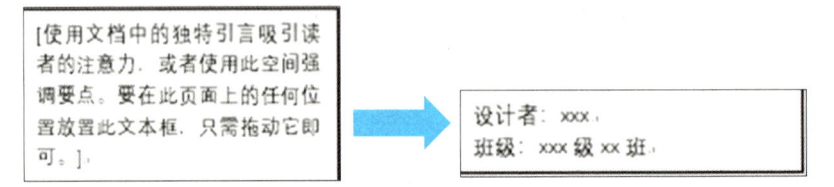

图3.69　文本框输入文本

（4）单击"绘图工具"→"格式"→"形状样式"面板中的→其他按钮，选择"彩色填充-绿色，强调色6"样式，如图3.70所示。

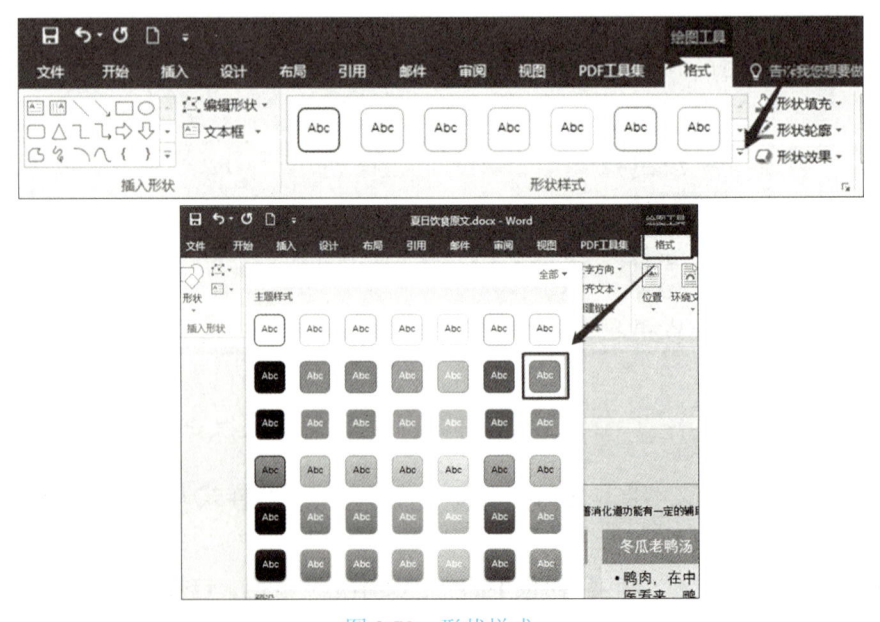

图3.70　形状样式

8. 形状

在文档末尾插入两个"云形"形状,并自定义设置样式,输入文本"美""味"。

(1)单击"插入"→"插图"→"形状"→"标准"→"云形"按钮,如图3.71所示,鼠标变成"十"字样式,按住鼠标左键拖动画出云形。

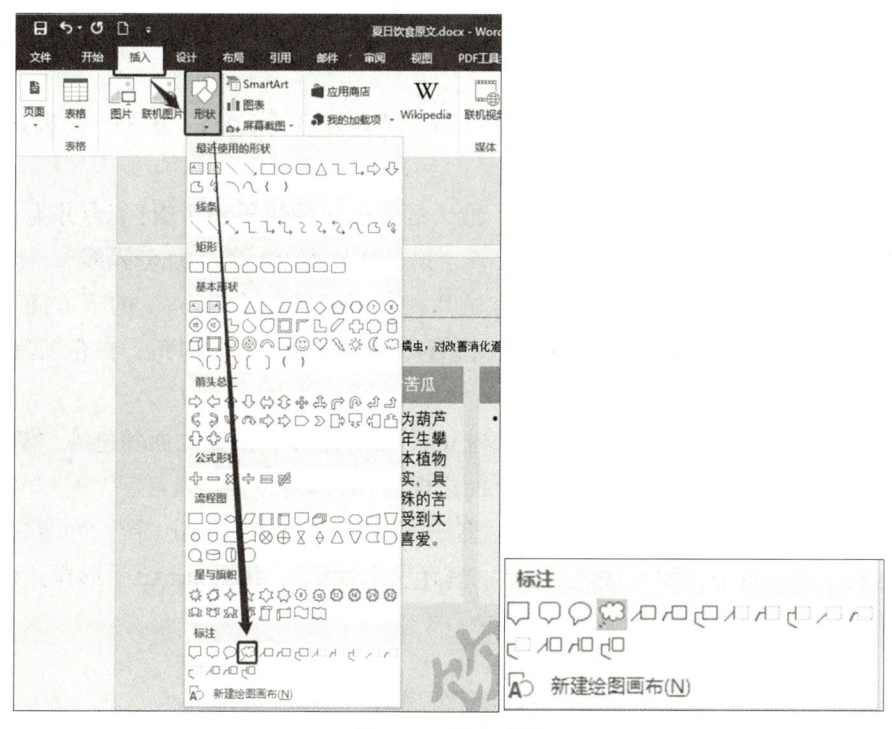

图 3.71　插入形状

(2)单击云形,选中形状后单击鼠标右键,在弹出的快捷菜单中选择"添加文字"命令,如图3.72所示,输入文本"美"。

(3)自定义设置美化云形样式,用同样的方法再插入形状,输入文本"味",如图3.73所示。

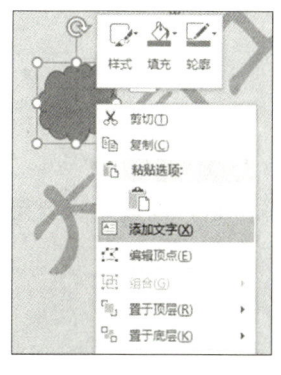

图 3.72　添加文字　　　　　　　　　图 3.73　形状样图

模拟练习一 《请留住美好的环境》

● 操作要求：

打开"请留住美好的环境.docx"文档，完成如下操作后保存文件，文件名不变。

（1）艺术字：插入"请留住美好的环境"艺术字，作为文章标题，艺术字样式为"填充－蓝色，着色1，阴影"，文本效果设置为"紧密映像，接触""蓝色，5pt发光，个性色1"，调整好大小和位置。

（2）首字下沉：将正文中的第一个字"你"设为首字下沉3行、隶书，距离正文0.2厘米。

（3）分栏：将第四、五段（你、我、他，都曾……的快乐和希望！）合并为一段，将合并后的段落分为两栏，第一栏栏宽10字符，第二栏栏宽26字符，加分隔线。

（4）图片：在第三段文字（他，曾在这片……永远系着他的心。）的下方插入"自行车.jpg"图片，居中，图片大小缩放60%，设置图片样式为"剪去对角，白色"，设置"纹理化"艺术效果。

（5）水印、页面颜色：为文档设置"树.jpg"图片水印；设置页面颜色为"渐变预设-雨后初晴，底纹样式-中心辐射"；设置页面边框为10磅苹果艺术型。

（6）SmartArt图形：在文档末尾添加"多向循环"样式的SmartArt图形，如图3.74所示。将图形缩放至第一页中，图形颜色更改为"彩色-个性色"，用SmartArt图形样式设置"三维-卡通"效果。

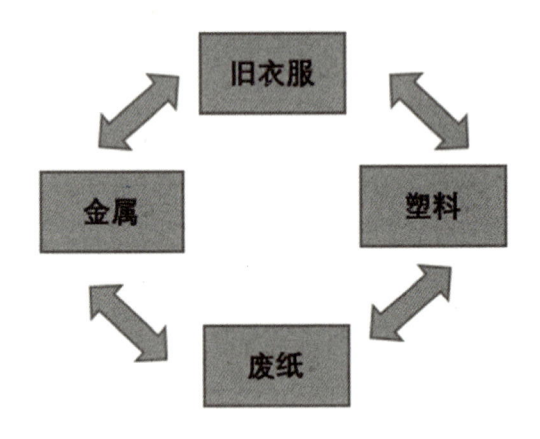

图 3.74　SmartArt 图形

（7）文本框：在文档右下角插入"星与旗帜—横卷形"形状，设置形状填充为"纹理－花束"，在形状中输入自己的班级和姓名信息。

● 原文（见图3.75）：

图 3.75　原文

- 样文（见图3.76）：

图 3.76　样文

第五节　表　格

- 学习目标：

（1）掌握表格的制作方法。
（2）掌握表格修饰：单元格对齐方向、行高、列宽、边框、底纹。
（3）掌握表格数据的计算。
（4）掌握表格数据的排序。
（5）掌握表格与文本的转换。

项目一　制作和修饰表格

- 操作要求：

打开文件"表格制作.docx"，制作如样表3.1所示的表格。

（1）创建表格：在文档中插入一个8行5列的表格，行高0.8厘米，第一列列宽为4厘米，其余列列宽均为2.5厘米，设置表格居中。

（2）合并单元格：分别合并第一列的第3～4行、第7～8行单元格；按样表在单元格中依次输入文字内容，表格所有文字水平居中。

（3）设置表格边框：设置表格外框线、第1行与第2行之间的表格线为0.75磅红色（标准色）双窄线，其余表格框线为0.75磅蓝色（标准色）单实线。

（4）设置底纹：为表格标题行添加"金色，个性色4，淡色60%"底纹；设置表格所有单元格的左、右边距均为0.3厘米。

- 样表：

样表如表3.4所示。

表3.4　样表

广东省2021年春季高职类(3+专业技能证书)本科投档情况

院校名称	专业代码	计划数	投档人数	投档最低分
韶关学院	001	60	96	261
韩山师范学院	001	40	80	260
	002	40	132	260
岭南师范学院	001	55	118	260
嘉应学院	001	40	60	260
广东技术师范大学	001	40	151	261
	002	40	99	261

- 操作步骤：

1. 创建表格

在文档中插入一个8行5列的表格，行高0.8厘米，第一列列宽为4厘米，其余列列宽均为2.5厘米，设置表格居中。

（1）将鼠标定位到标题下面，单击"插入"→"表格"按钮，使用鼠标拖动显示一个8行5列的表格，松开鼠标，即创建了一个8行5列的空表格，如图3.77所示；也可直接选择"插入"→"表格"命令，输入行数和列数。

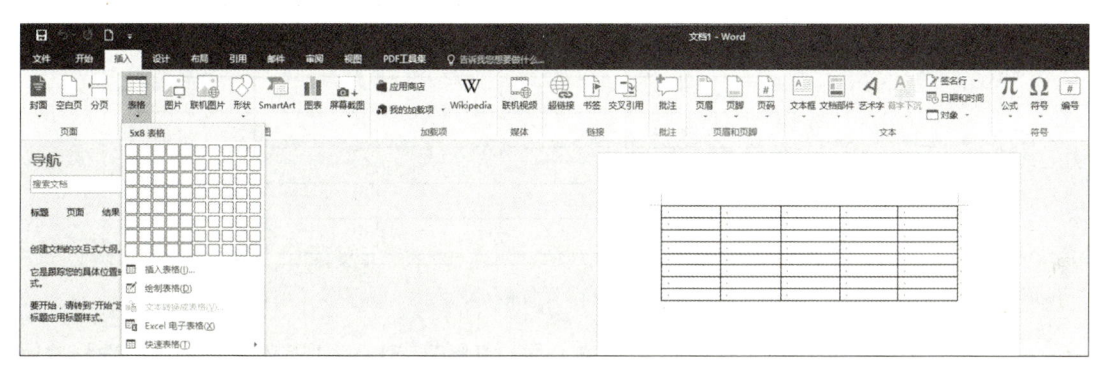

图 3.77　创建 8 行 5 列的表格

（2）选中整个表格，单击"布局"菜单，设置整个表格行高为0.8厘米；单独选择第一列，设置列宽为4厘米，如图3.78所示。用同样的方法选择第2列至第5列，设置列宽为2.5厘米。

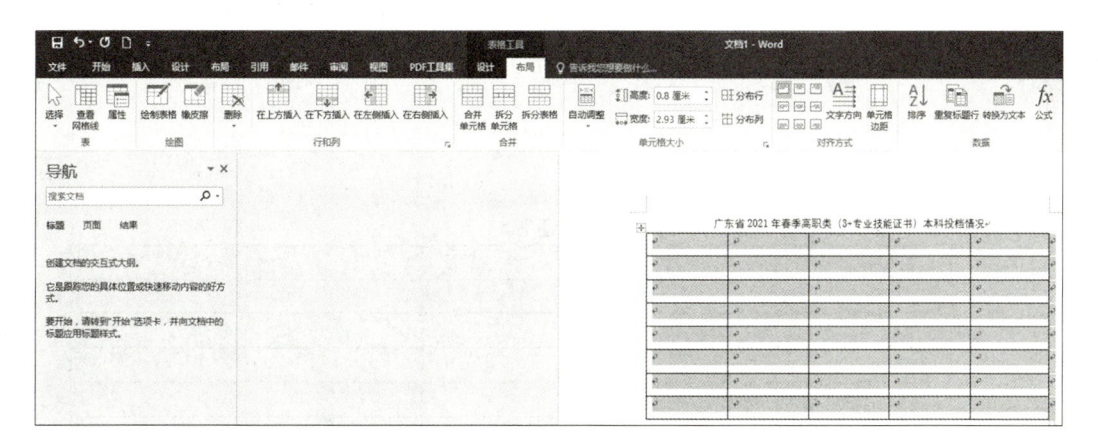

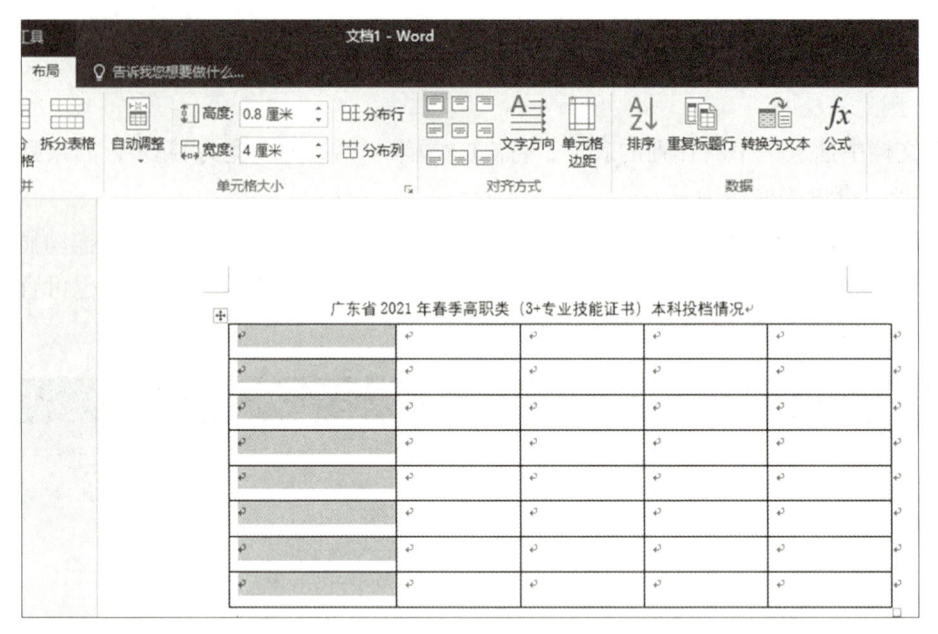

图 3.78 设置行高和列宽

（3）单击表格控制按钮，选择整个表格，在"开始"菜单的"段落"面板中，选择"居中"，如图3.79所示。

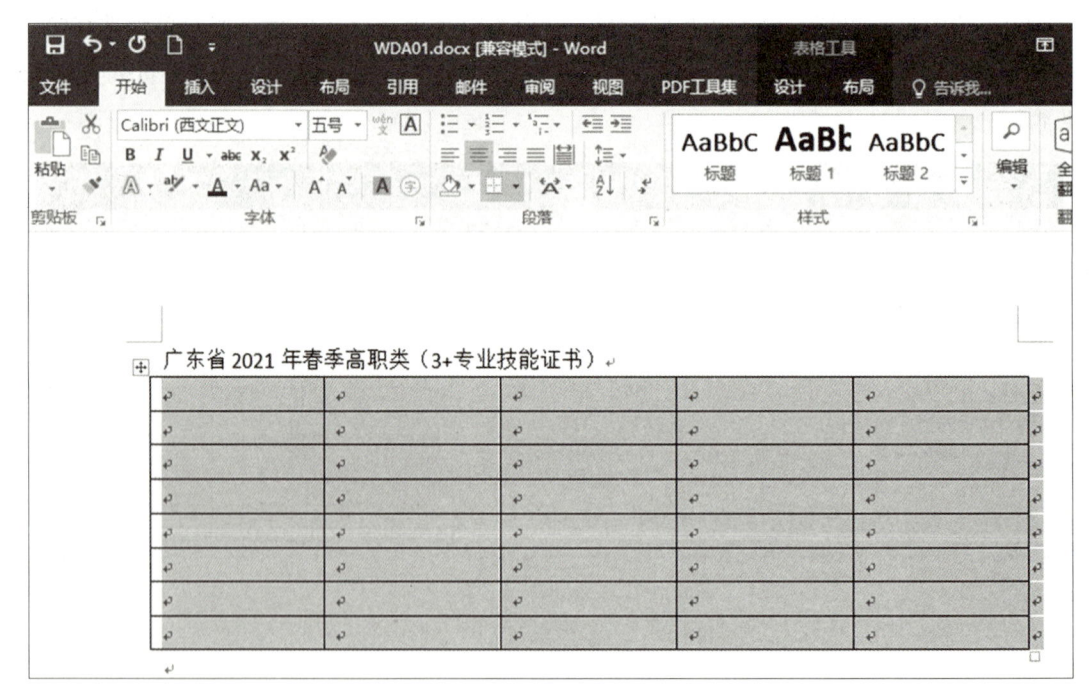

图 3.79 设置表格居中

2. 合并单元格

分别合并第一列的第3～4行、第7～8行单元格；按样表在单元格中依次输入文字内容，将表格所有文字水平居中。

（1）选中表格第一列的第3～4行共两个单元格，选择"布局"→"合并"面板中的→"合并单元格"命令，将所选单元格合并为一个单元格，如图3.80所示。

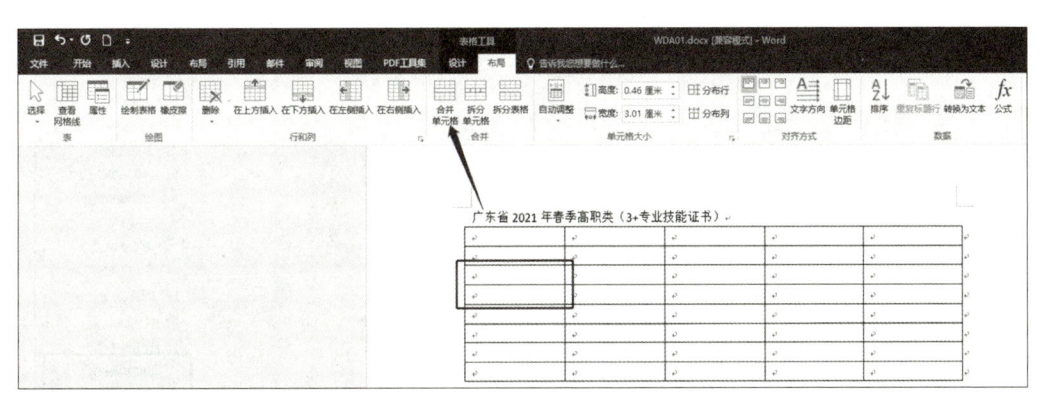

图3.80 合并单元格

（2）用同样的方法合并第7～8行单元格，依次在每个单元格中输入样表中的文字和数字，选中表格中所有内容，选择"布局"→"对齐方式"→"水平居中"命令，将所有文字居中，如图3.81所示。

图3.81 文字水平居中

3. 设置表格边框

设置表格外框线、第一行与第二行之间的表格线为0.75磅、红色（标准色）、双窄线，其余表格框线为0.75磅、蓝色（标准色）、单实线。

（1）选中整个表格，选择"设计"→"边框"命令，在下拉菜单中选择"边框和底纹"命令，如图3.82所示。在弹出的"边框和底纹"对话框中选择"自定义"，依次选择边框样式、颜色和宽度，在"预览"栏中单击表格外围四根框线，看到外边框变粗为0.5磅、红色（标准色）、双窄线，如图3.83所示。

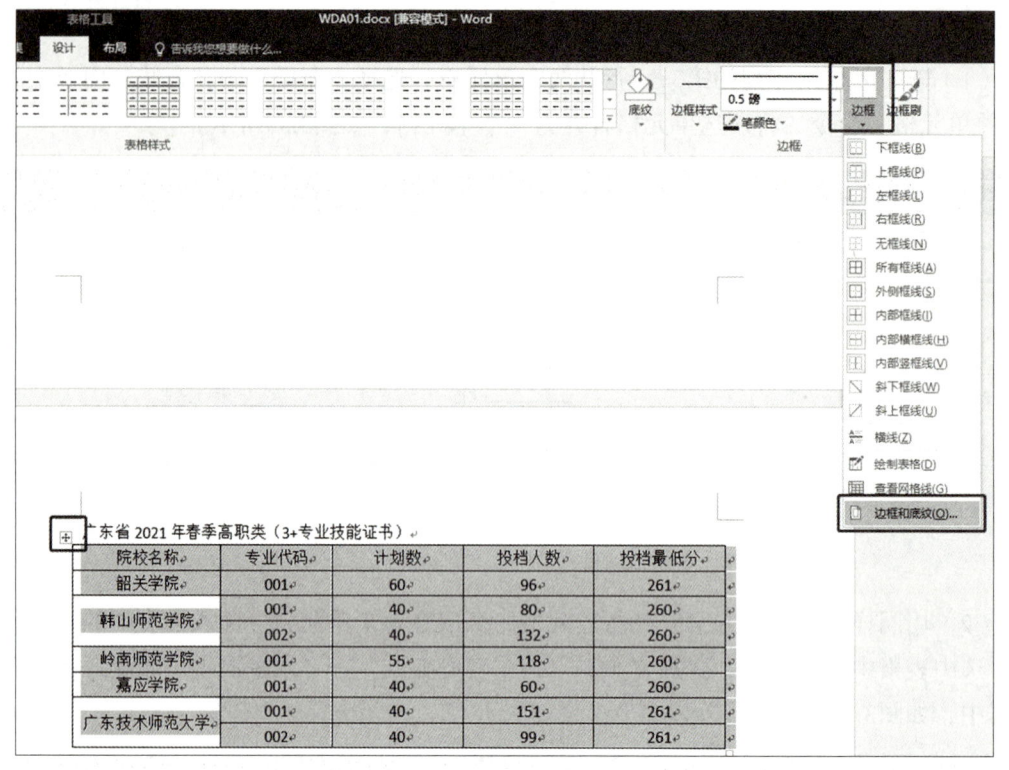

图 3.82 设置边框底纹

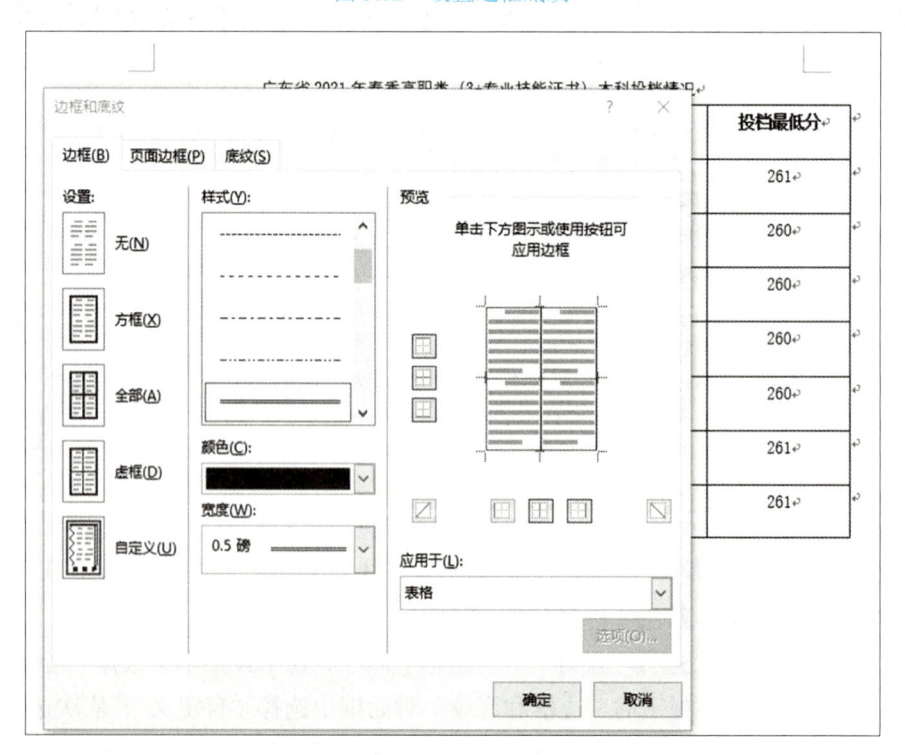

图 3.83 设置外边框为 0.5 磅、红色（标准色）、双窄线

（2）再次在"边框和底纹"对话框中，选择单实线、蓝色、0.75磅，并在"预览"栏中单击表格内"+"形状的内框线，则内框变为蓝色实线，如图3.84所示，完成外框和内框的设置。

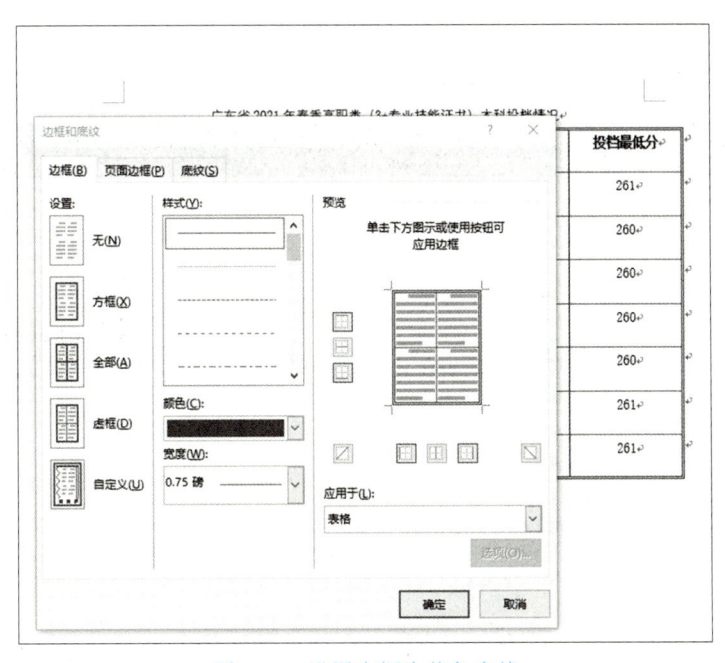

图 3.84　设置内框为蓝色实线

（3）选择表格的第一行，在"边框"选项卡中再次选择红色、0.75磅、双窄线，并在"预览"栏中单击下框线，如图3.85所示。

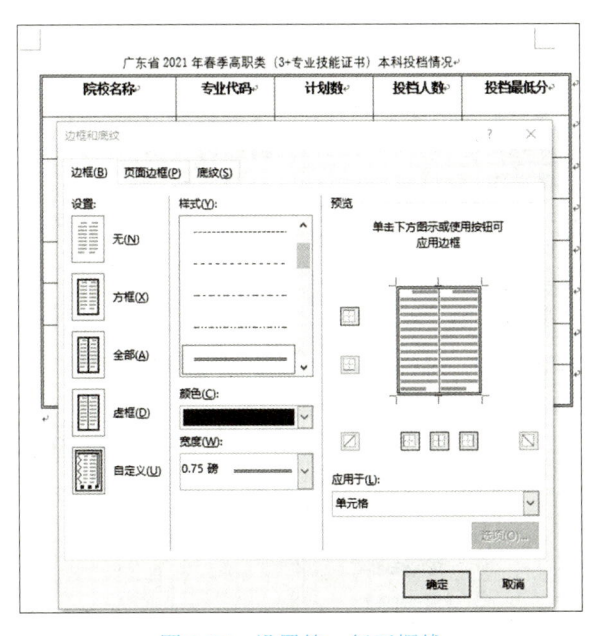

图 3.85　设置第一行下框线

4. 设置底纹

为表格标题行添加"金色，个性色4，淡色60%"底纹；设置表格所有单元格的左、右边距均为0.3厘米。

（1）选择表格第一行，选择"设计"→"表格样式"→"底纹"命令，选择主题色为"金色，个性色4，淡色60%"，如图3.86所示。

图 3.86　设置表格第一行底纹

（2）选中表格所有数据，单击鼠标右键，在弹出的快捷菜单中选择"表格属性"命令，弹出"表格属性"对话框，切换到"单元格"选项卡，单击"选项"按钮，在弹出的"单元格选项"对话框中完成单元格边距的设置，如图3.87所示。

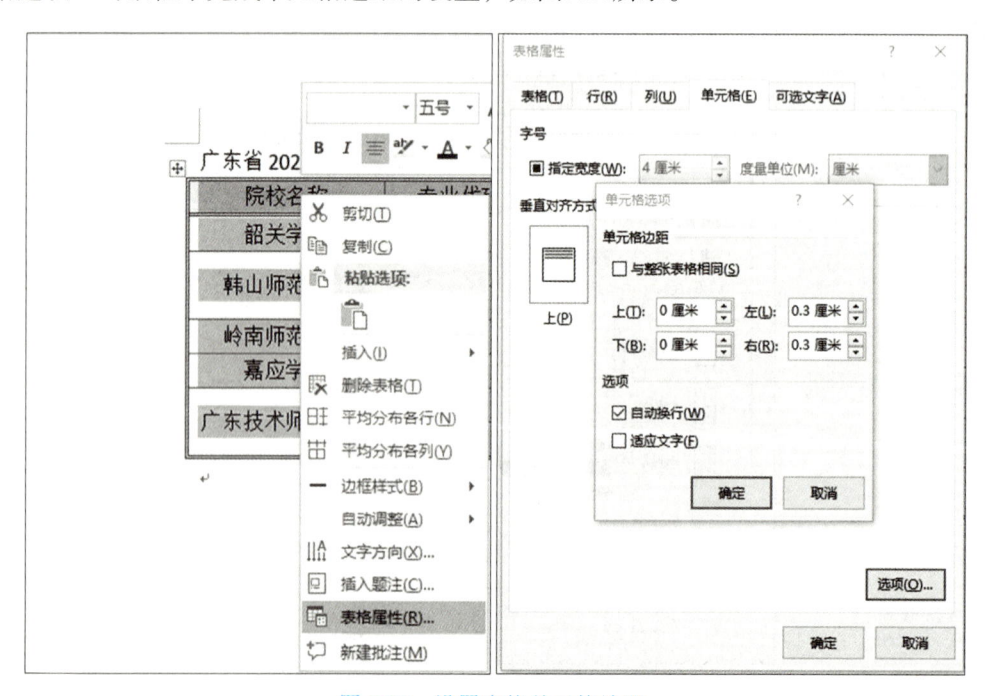

图 3.87　设置表格单元格边距

模拟练习一　制作课程表

打开文件"表格制作.docx",完成以下操作。

● 操作要求:

(1)将文字(即"升大三(1)班课程表"以后的所有文字)按照制表符转换成一个12行6列的表格;将表格所有文字设置为小四号、仿宋,对齐方式为中部居中。

(2)将表格所有行高设置为0.8厘米,第一列列宽设置为2.6厘米,其余列设置为2.2厘米;设置表格居中、表格标题行重复,设置表标题"升大三(1)班课程表"字体为四号、微软雅黑、居中。

(3)为表格第一行填充底纹为黄色标准色,单元格("星期一""星期二""星期三""星期四""星期五")文字的字号设置为四号,加粗,单元格内容的文字方向更改为"纵向",对齐方式为"中部居中"。

(4)设置表格外框线为蓝色双窄线1.5磅、内框线为单实线1磅,合并第6行所有单元格,并将第6行的上、下边框线设置为1.5磅、蓝色、单实线,底纹为"绿色,个性色6,淡色80%"。

(5)合并最后一行第2~6列,设置表格所有单元格上、下边距各为0.1厘米,左、右边距均为0.3厘米。

(6)在第1行第1列单元格中添加一条红色0.75磅单实线对角线,并在此输入文字"星期"和"节数",设置其对齐方式,使文字分别置于对角线的左下方和右上方。

(7)在表格后插入一行文字:"数据来源:XX工贸职业技术学校",字体为小五,对齐方式为"文本左对齐"。

● 原表:

升大三(1)班课程表,见表3.5。

表3.5　样表

	星期一	星期二	星期三	星期四	星期五
第1节	语文	数学	数学	语文	数学
第2节	语文	数学	数学	语文	数学
第3节	数据库	英语	英语	WEB	英语
第4节	数据库	英语	英语	WEB	英语
午休					
第5节	班会	语文	德育	信息技术	书法
第6节	班会	语文	体育	信息技术	音乐
第7节	社团活动				

第7节 社团活动
- 样表：

样表如表3.6所示。

表3.6 样表

升大三（1）班课程表

节数\星期	星期一	星期二	星期三	星期四	星期五
第1节	语文	数学	数学	语文	数学
第2节	语文	数学	数学	语文	数学
第3节	数据库	英语	英语	WEB	英语
第4节	数据库	英语	英语	WEB	英语
午休					
第5节	班会	语文	德育	信息技术	书法
第6节	班会	语文	体育	信息技术	音乐
第7节	社团活动				

数据来源：清远工贸职业技术学校

模拟练习二　修改表格

打开文件"表格制作.docx"，完成以下操作，如样表3.8所示。

- 操作要求：

（1）将文字（即"2020年江州区高考分数线一览表"以后的所有文字）转换成一个11行4列的表格，文字分隔位设置为逗号。

（2）表格第1列列宽为2厘米，其余各列列宽为3.2厘米，表格行高为0.6厘米。

（3）为表格应用样式"网络表1浅色-着色2"；设置表格中所有文字"中部居中"，表格"整体居中"。

（4）设置表标题（"2020年江州区高考分数线一览表"）为小三号、黑体、字间距加宽1磅，居中，并添加黄色作为突出显示。

（5）分别将表格第1列的第2~4行、第5~7行、第8~11行单元格合并；并将其中的单元格内容（"文科""理科""艺术类"）的文字方向更改为"垂直"。

- 原文：

2020年江州区高考分数线一览表

科类，批次，分数线，与去年相比

文科，第一批，586分，提高12分

，第二批，543分，提高8分

，专科提前批次，437分，提高8分

理科，第一批，570分，降低21分

，第二批，514分，降低19分

，专科提前批次，424分，降低9分

艺术类，本科文科，313分（不含数学），提高5分

，专科文科，279分（不含数学），提高4分

，本科理科，348分（含数学），降低12分

，专科理科，294分（含数学），降低12分

- 样表：

样表如表3.7所示。

表 3.7 样表

2020年江州市高考分数线一览表

科类	批次	分数线	与去年相比
文科	第一批	586 分	提高 12 分
	第二批	543 分	提高 8 分
	专科提前批次	437 分	提高 8 分
理科	第一批	570 分	降低 21 分
	第二批	514 分	降低 19 分
	专科提前批次	424 分	降低 9 分
艺术类	本科文科	313 分（不含数学）	提高 5 分
	专科文科	279 分（不含数学）	提高 4 分
	本科理科	348 分（含数学）	降低 12 分
	专科理科	294 分（含数学）	降低 12 分

项目二 表格的计算与排序

打开文件"表格项目二.docx"，完成下列操作。

- 操作要求：

（1）添加表标题：为表格输入表标题"工资表"四号、加粗、居中，文字效果格式为渐变线边框，预设渐变为"顶部聚光灯-个性色6"、类型为线型、方向为线性对角-右下到左上。

（2）计算合计：表格样式设置为"网格表1浅色"；在表格最右边插入一列，输入列标题"实发工资"并计算出各职工的实发工资，然后按"实发工资"列升序排列表格内容。

（3）计算平均值：在表格最下方插入一行，计算"基本工资""职务工资""岗位津贴""实发工资"各列的平均值，并置于最后一行相对应的第4～7列中。

（4）设置表格格式：设置表格居中、表格各列列宽为2厘米、各行行高为0.6厘米、表格所有内容水平居中；设置表格所有框线为1磅红色（标准色）单实线；为第一行加"深蓝，文字2，淡色60%"底纹，且应用于文字。

- 原表：

原表如表3.8所示。

表 3.8　原表

职 工 号	单　　位	姓　　名	基本工资	职务工资	岗位津贴
1031	东一区	刘小平	2706	850	380
2021	东二区	李万全	2850	600	420
3074	南一区	周福来	2780	620	500
1058	南三区	徐新雨	2670	560	390

- 样表：

样表如表3.9所示。

表 3.9　样表

职工号	单位	姓名	基本工资	职务工资	岗位津贴	实发工资
1058	南三区	徐新雨	2670	560	390	3620
2021	东二区	李万全	2850	600	420	3870
3074	南一区	周福来	2780	620	500	3900
1031	东一区	刘小平	2706	850	380	3936
			2751.5	657.5	422.5	3831.5

- 操作步骤：

1. 添加表标题

为表格输入表标题"工资表"四号、加粗、居中，文字效果格式为渐变线边框，预设渐变为"顶部聚光灯-个性色6"、类型为线型、方向为线性对角右下到左上。

将光标定位到表格第一行单元格文字"职工号"的最前面,按"Enter"键,在表格前插入一空行,输入标题"工资表",设置标题为四号、加粗、居中。

2. 计算合计

将表格样式设置为"网格表1浅色";在表格最右边插入一列,输入列标题"实发工资",并计算出各职工的实发工资,然后按"实发工资"列升序排列表格内容。

(1)选择整个表格,选择"设计"→"表格样式"→"网格表1浅色"命令。

(2)将鼠标定位到表格最后一列内,选择"布局"→"分布行"或"分布列"→"在右侧插入"命令,新增加一列,并在该列第一行输入列标题"实发工资"。

(3)将光标放入第2行最后一个单元格中,即职工号为1031的实发工资处,选择"布局"→"数据"→"fx公式"命令,默认公式为"=SUM(LEFT)",即计算单元格左边数据和,复制该公式,单击"确定"按钮,如图3.88所示。

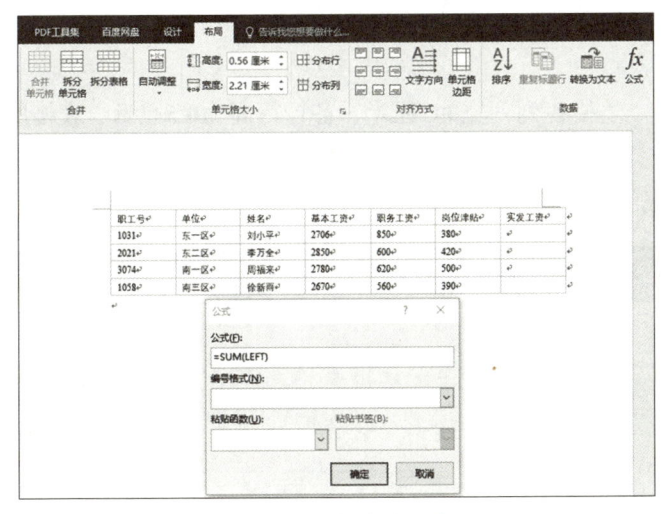

图 3.88　计算实发工资

(4)将光标定位到实发工资列第二行单元格,将第(3)步复制的内容"粘贴"到公式处,依次计算出所有员工的实发工资。

(5)选中表格,在"布局"菜单的"数据"面板中选择"排序"命令,在打开的"排序"对话框中设置各排序选项。

3. 计算平均值

在表格最下方插入一行,计算"基本工资""职务工资""岗位津贴,实发工资"各列的平均值,并置于最后一行相对应的第4~7列中。

(1)将光标定位到表格最后一行内,选择"布局"→"行和列"→"在下方插入"命令,新增加一行。

(2)将光标放入最后一行第4个单元格中,即"基本工资"列最后一行,选择"布局"

→"数据"→"fx公式"命令,将默认的求和函数"SUM"改为求平均值"AVERAGE"函数,如图3.89所示。单击"确定"按钮,计算出"基本工资"的平均值。

图 3.89　求平均值

（3）将光标依次置于最后一行第5~7列中,重复第（2）步操作,依次计算出"职务工资""岗位津贴""实发工资"的平均值。

4. 设置表格格式

设置表格居中、表格各列列宽为2厘米、各行行高为0.6厘米、表格所有内容水平居中;设置表格所有框线为1磅红色（标准色）单实线,如图3.90所示;为第一行加"橙色,个性色2,淡色60%"底纹,应用于"文字",如图3.91所示。

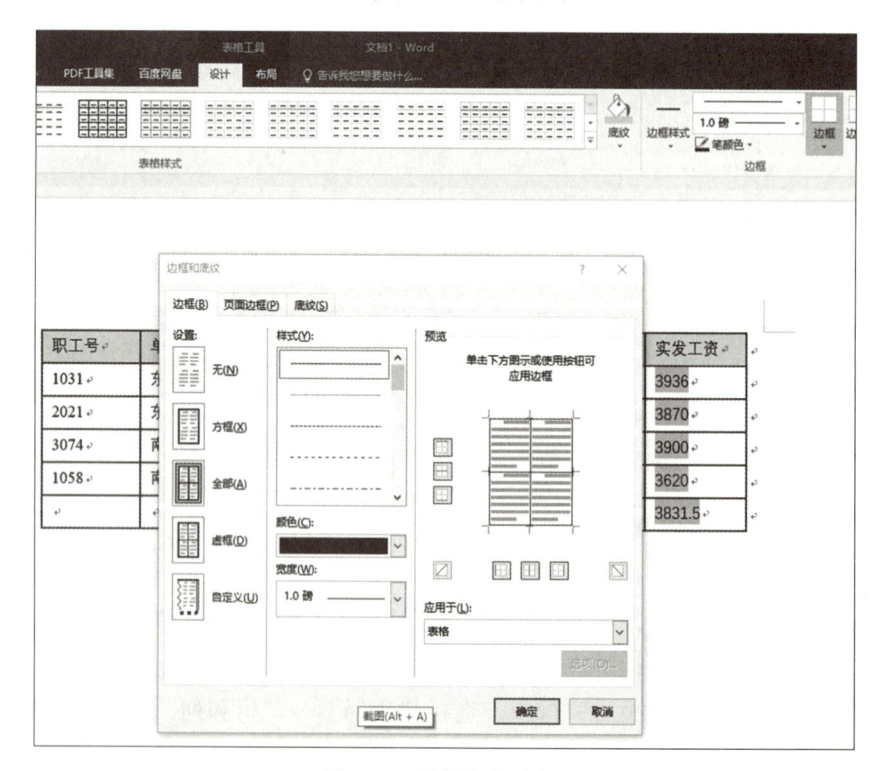

图 3.90　设置全部边框

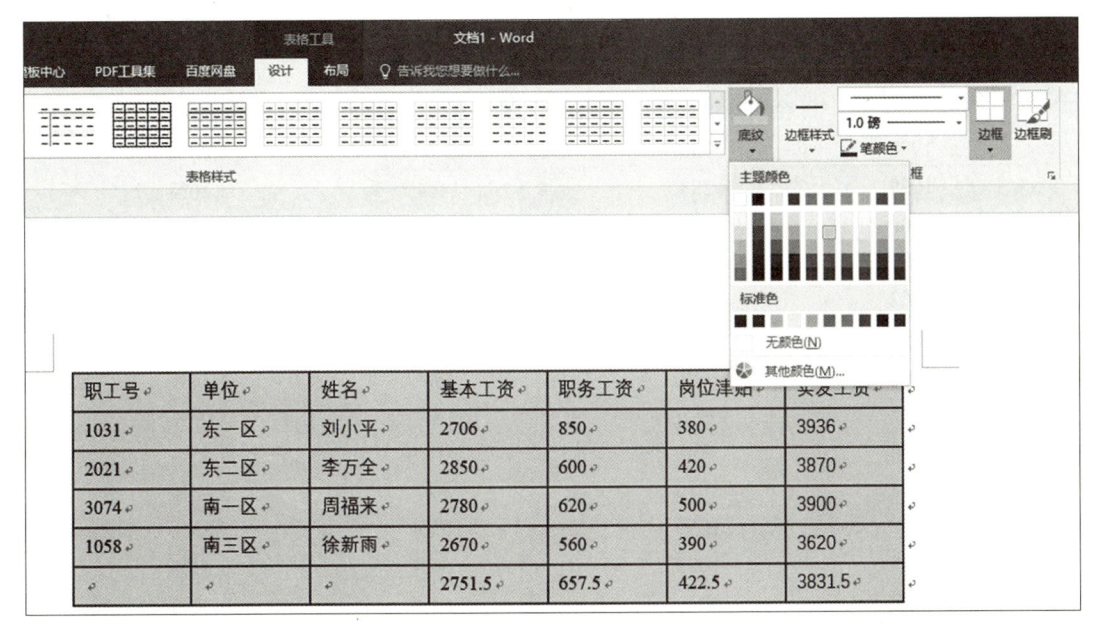

图 3.91　设置第一行底纹

模拟练习三　表格计算

打开文件"表格项目二.docx",完成下列操作;操作要求:

(1)将除标题外的15行文字转换成一个15行4列的表格;在表格下方添加一行,并在该行第一列单元格中输入"合计",在该行第二、第三列单元格中利用公式分别计算相应列的合计值。

(2)在合计行最后一列D17单元格中,用公式计算"合计"所占比例=C16/B16*100,编号格式为0.00%;如图3.134所示。

(3)设置表格居中,表格第一行和第一列的内容水平居中,其余单元格内容中部右对齐;设置表格行高为0.7厘米,设置根据内容自动调整表格、所有单元格的左右边距均为0.2厘米。

(4)将表格第一行的文字设置为"微软雅黑""小四号",字体颜色设置为"深红色"标准色,在表格第一行设置表格为"重复标题行";按"所占比例"列依据"数字"类型降序排列除最后一行外的其余表格内容。

(5)设置表格外框线和第一行的下框线为蓝色(标准色)0.75磅双窄线、其余内框线为蓝色(标准色)0.5磅单实线。

(6)设置表格底纹颜色为主题颜色"橙色,个性色 2,淡色80%",另设最后一行底纹为"黄色"。

原数据表
原数据表如表3.10所示。

表 3.10　原始数据

广东历年高考报考人数

年　　份	全国高考人数/万人	广东省高考人数/万人	所占比例
1998	320	6	1.88%
1999	288	9.4	3.26%
2000	375	12	3.20%
2001	454	14	3.08
2002	510	16.3	3.20%
2003	613	30.77	5.02%
2004	729	38.87	5.33%
2005	887	45	5.07%
2006	950	51.74	5.45%
2007	1010	55.3	5.48%
2008	1050	61.4	5.85%
2009	1020	64.4	6.31%
2010	957	61.5	6.43%
2011	933	65.5	7.02%

模拟练习四　公式计算

打开文件"表格项目二.docx",完成下列操作:

操作要求

(1)将标题后6行文字转换为一个6行4列的表格,以"清单表浅色–着色2"样式修饰表格,设置表格居中。

(2)在表格右侧增加一列,列标题单元格中输入"价差",该列其余单元格中依据公式"卖出价–现钞买入价"计算相应货币的价差。

(3)设置表格各列列宽为2.5厘米、各行行高为0.6厘米,设置表格第1行和第1列文字水平居中,其余文字中部右对齐。

(4)按"价差"列依据"数字"类型降序排列表格内容。

原文

2023 年 7 月 16 日外汇牌价

货币名称	现汇买入价	现钞买入价	卖出价
美元	826.4500	807.0000	828.9300
日元	6.7724	6.6164	6.7996
港币	105.9600	103.4600	106.2700
德国马克	381.3500	372.3400	382.4500
英镑	1208.9000	1181.0400	1213.7500

模拟练习五　数据排序

打开文件"表格项目二.docx",完成下列操作;操作要求:

(1)将"模拟练习五"后12行文字转换为一个12行5列的表格。文字分隔位置为"空格";设置表格列宽为2.5厘米,行高为0.5厘米。

(2)将表格第一行合并为一个单元格,内容居中,为表格应用样式"网格表1浅色–着色1";设置表格整体居中。

(3)将表格第一行文字("校运动会奖牌排行榜")设置为小三号、黑体、字间距加宽1.5磅,并添加黄色以突出显示。

(4)统计各班金、银、铜牌合计,各类奖牌合计填入相应的行和列;以金牌为主要关键字、降序排序,以银牌为次要关键字、降序排序;以铜牌为第三关键字、降序排序,对9个班进行排序。

原文

		校运动会奖牌排行榜		
班级	金牌	银牌	铜牌	各班合计
商务1班	8	6	5	
商务2班	7	2	1	
电子1班	8	4	2	
电子2班	7	2	4	
电子3班	5	5	7	
网络1班	3	6	6	
网络2班	5	6	3	
国贸1班	4	4	5	
国贸2班	2	3	5	
奖牌合计				

第四章　Excel 2016 电子表格

Microsoft Excel是Microsoft Office的重要组成部分之一，使用它可以更好地分析、管理和共享电子数据信息，帮助用户做出更好、更明智的决策，使用Excel还能高效、灵活地生成各种常用表格。

第一节　认识 Excel 2016

- 学习目标：

（1）掌握Excel 2016的启动、退出。
（2）了解Excel 2016窗口的组成。
（3）掌握Excel 2016文件的保存。

1. Excel 2016启动操作

启动Excel 2016的方法有以下3种：

（1）在Windows 10操作系统下，可单击"开始"按钮，在"开始"菜单中选择"Excel 2016"命令，即可启动Excel 2016应用程序，如图4.1所示。

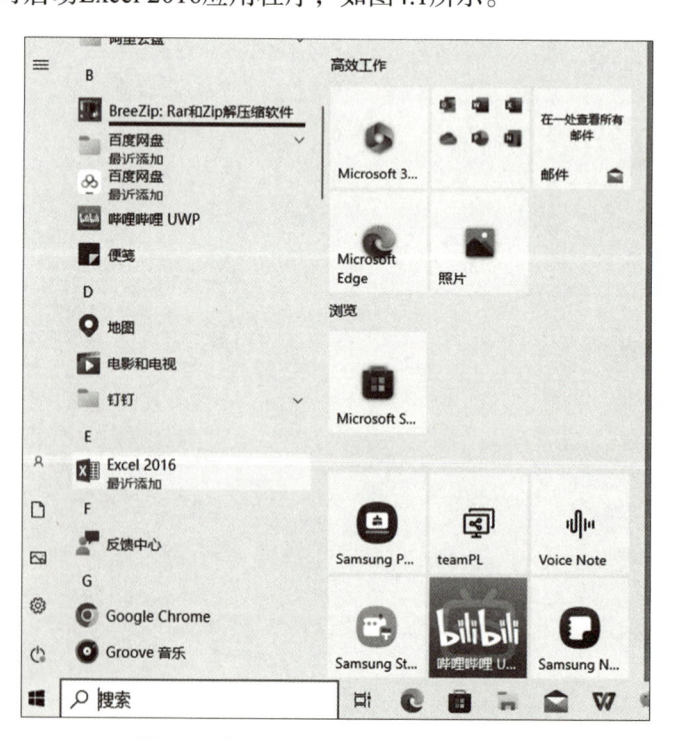

图 4.1　从"开始"按钮启动 Excel 2016

（2）如果在桌面上创建了Excel 2016的快捷方式，那么双击该快捷方式图标即可启动Excel 2016应用程序，如图4.2所示。

（3）双击已有的Excel 2016文档，也可以启动Excel 2016应用程序，如图4.3所示。

图 4.2　从快捷图标启动 Excel 2016

图 4.3　从已创建的文档启动 Excel 2016

2. Excel 2016窗口

启动Excel 2016后，可以看到Excel 2016的窗口如图4.4所示。Excel 2016窗口由标题栏、菜单栏、面板、工作区和状态栏组成。Excel 2016的菜单栏有"文件""开始""插入""页面布局""公式""数据""审阅""视图"等菜单。面板中存放各种操作命令按钮，单击命令按钮可完成相应的操作。

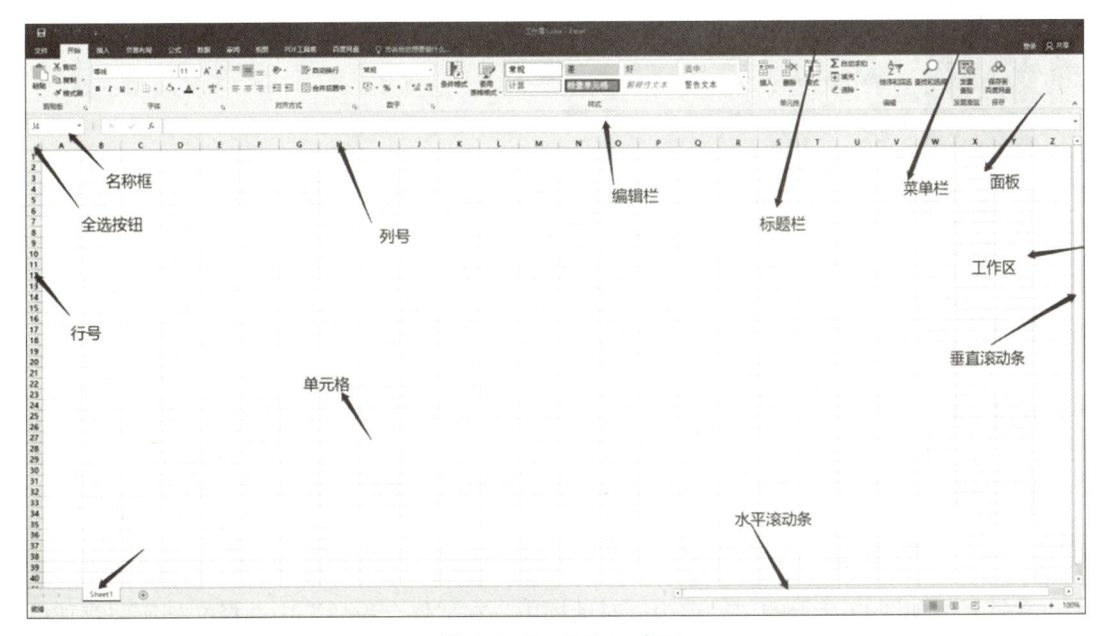

图 4.4　Excel 2016 窗口

【工作区组成元素】

（1）名称框。用于显示当前单元格或单元格区域的名称或地址，可以在"名称框"中输入单元格名称或地址。

（2）编辑栏。用于编辑单元格的数据和公式，将光标定位在编辑栏后可以从键盘输入文字、数字和公式。

（3）全选按钮。用于选中工作表中的所有单元格，单击"全选"按钮可选中整个表格，在任意位置单击可取消全选。

（4）行号。用阿拉伯数字从上到下表示单元格的行坐标，共有1 048 576行。在行号上单击，可以选中整行。

（5）列号。用大写英文字母从左到右表示单元格的列坐标，共有16 384列。在列标上单击，可以选中整列。

（6）单元格。是Excel中存放数据的最小单位，由行号和列标来唯一确定。单击可以选中单元格。

（7）工作表选项卡。用于不同工作表之间的显示切换，由工作表标签和工作区域构成，单击工作表标签可以切换工作表。

3. Excel 2016文件保存

编辑完成工作簿文件后，必须进行保存。保存工作簿的方法是单击"保存"按钮，或选择"文件"→"另存为"命令，如图4.5所示。

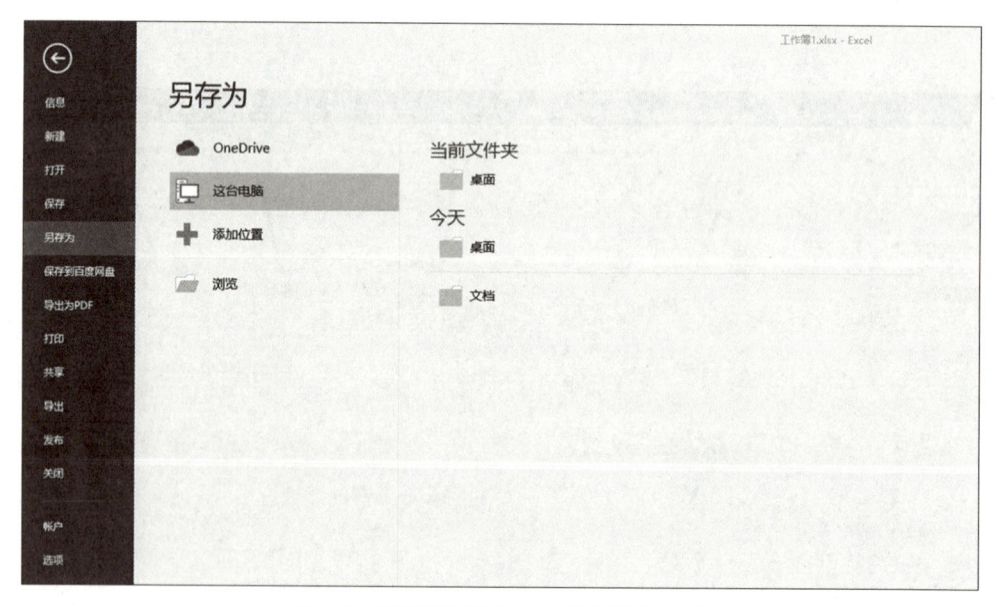

图4.5 选择"文件"→"另存为"命令

在打开的如图4.6所示的"另存为"对话框中，在"保存位置"中选择文档所要存放的磁盘位置，如"此电脑"→"桌面"；在"文件名"文本框中输入要保存的文件名，如"练习一"；在"保存类型"列表框中选择文档所要保存的类型，系统默认的保存类型为"Excel 工作簿（.xlsx）"类型。单击"保存"按钮，即可完成文件的保存。

图 4.6 "另存为"对话框

小知识

如果是第一次保存文档，则屏幕上都会弹出一个"另存为"对话框；如果对文档已进行过保存操作，则在单击"保存"按钮时，系统会直接保存，不会弹出"另存为"对话框；如果要将当前文档保存为其他名字或保存在其他位置，则可以使用"文件"菜单下的"另存为"命令进行保存操作。

4. Excel 2016退出操作

退出Excel 2016的方法有以下3种：

（1）单击窗口右上角的"关闭"按钮。

（2）选择"文件"→"关闭"命令。

（3）用鼠标右击"标题栏"，在弹出的快捷菜单中选择"关闭"命令。

第二节 建立数据表

● 学习目标：

（1）掌握创建Excel表格的方法。

掌握填充柄的运用、数据类型的选择、小数点后位数的设置方法、文字格式设置、文字对齐方式设置、合并单元格设置、行高列宽的设置、边框的设置、工作表名的更改。

（2）掌握编辑Excel表格的方法。

掌握字体格式，表格边框与底纹格式，单元格数据的复制、移动，单元格的合并、对齐，条件格式，套用表格格式，单元格样式，表格中行与列的插入、删除，行高、列宽的设置，表格数据的查找、清除，工作表的复制、重命名、删除。

项目一　制作班级学生信息统计表

- 操作要求：

1. 打开文件"班级学生信息统计表.xlsx"，参考表4.2，输入各列内容（运用"填充柄"技巧）。

（1）运用"填充柄"技巧输入序号、性别、班级、学制、学习形式、入学起点6列数据。

（2）将G3:G18区域设置为"日期"类型数据，输入入学年月数据；将H3:H18区域设置为"文本"类型数据，输入学籍号数据；将I3:I18区域设置为"数值"类型数据，保留小数点后1位，输入中考成绩数据；将J3:J18区域设置为"货币"类型数据，保留小数点后2位，输入学费数据。

2. 将A1:J1区域合并单元格、内容水平居中，设置字体为黑体、字号为22磅；将A2:J18区域设置为微软雅黑、字号为12磅，水平居中对齐。

3. 将A2:J18区域设置行高为自动调整，列宽为自动调整；将A1:J1区域设置行高为30。

4. 将A2:J18区域添加黑色的外边框和黑色的内部边框。

5. 将工作表更改为"统计表"。

6. 保存文件。

- 原表（见表4.1）：

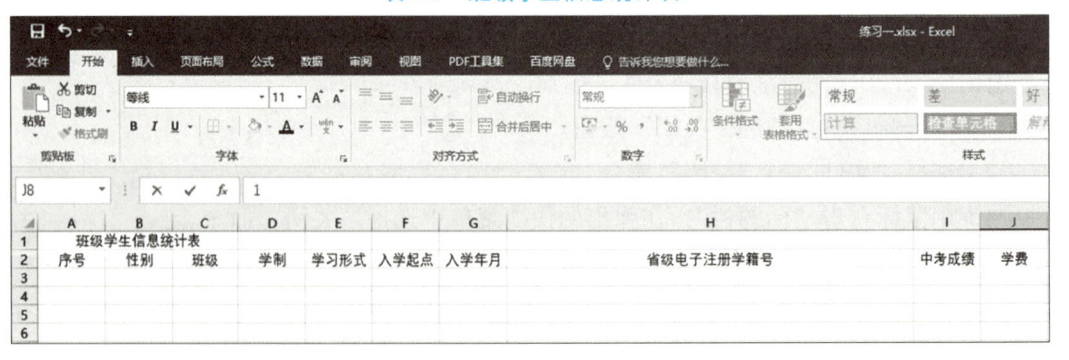

表 4.1　班级学生信息统计表

- 样表（见表4.2）：

表 4.2　班级学生信息统计表

序号	性别	班级	学制	学习形式	入学起点	入学年月	省级电子注册学籍号	中考成绩	学费
1	男	2020级1班	3	全日制	初中	2020/9/1	1802202200001	300.2	¥1,900.00
2	男	2020级1班	3	全日制	初中	2020/9/1	1802202200006	338.7	¥1,900.00
3	男	2020级1班	3	全日制	初中	2020/9/1	1802202200008	349.2	¥1,900.00
4	男	2020级1班	3	全日制	初中	2020/9/1	1802202200002	396.5	¥1,900.00
5	女	2020级1班	3	全日制	初中	2020/9/1	1802202200003	318	¥1,900.00
6	女	2020级1班	3	全日制	初中	2020/9/1	1802202200004	392.4	¥1,900.00
7	女	2020级1班	3	全日制	初中	2020/9/1	1802202200005	326.5	¥1,650.00
8	女	2020级1班	3	全日制	初中	2020/9/1	1802202200007	375.2	¥1,650.00
9	女	2020级1班	3	全日制	初中	2020/9/1	1802202200009	315.6	¥1,650.00
10	女	2020级1班	3	全日制	初中	2020/9/1	1802202200010	390.1	¥1,650.00
11	女	2020级1班	3	全日制	初中	2020/9/1	1802202200011	323.7	¥1,650.00
12	女	2020级1班	3	全日制	初中	2020/9/1	1802202200012	370.9	¥1,650.00
13	女	2020级1班	3	全日制	初中	2020/9/1	1802202200013	307.2	¥1,650.00
14	女	2020级1班	3	全日制	初中	2020/9/1	1802202200014	307.4	¥1,650.00
15	女	2020级1班	3	全日制	初中	2020/9/1	1802202200015	349.5	¥1,650.00
16	女	2020级1班	3	全日制	初中	2020/9/1	1802202200016	333.7	¥1,650.00

● 操作步骤：

1. 打开"班级学生信息统计表.xlsx"文件，参考表4.2，输入各列内容（运用"填充柄"技巧）。

（1）打开"班级学生信息统计表.xlsx"文件，在A3单元格中输入"1"，在A4单元格中输入"2"，选定A3:A4区域，将鼠标放在选定区域的右下角的填充柄处，当鼠标指针变成"十"字时按下鼠标左键不放，向下拖动鼠标到A18单元格，松开鼠标，实现自动填充数字，如图4.7所示。

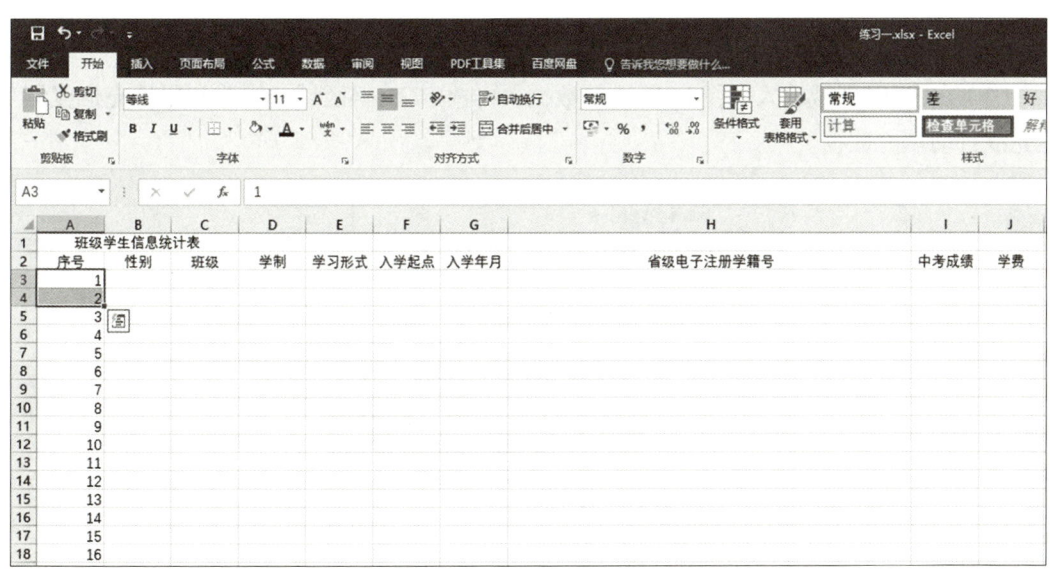

图 4.7　输入序号

（2）在B3单元格中输入"男"，在B9单元格中输入"女"，然后利用填充柄复制功能完成自动填充文字，如图4.8所示。

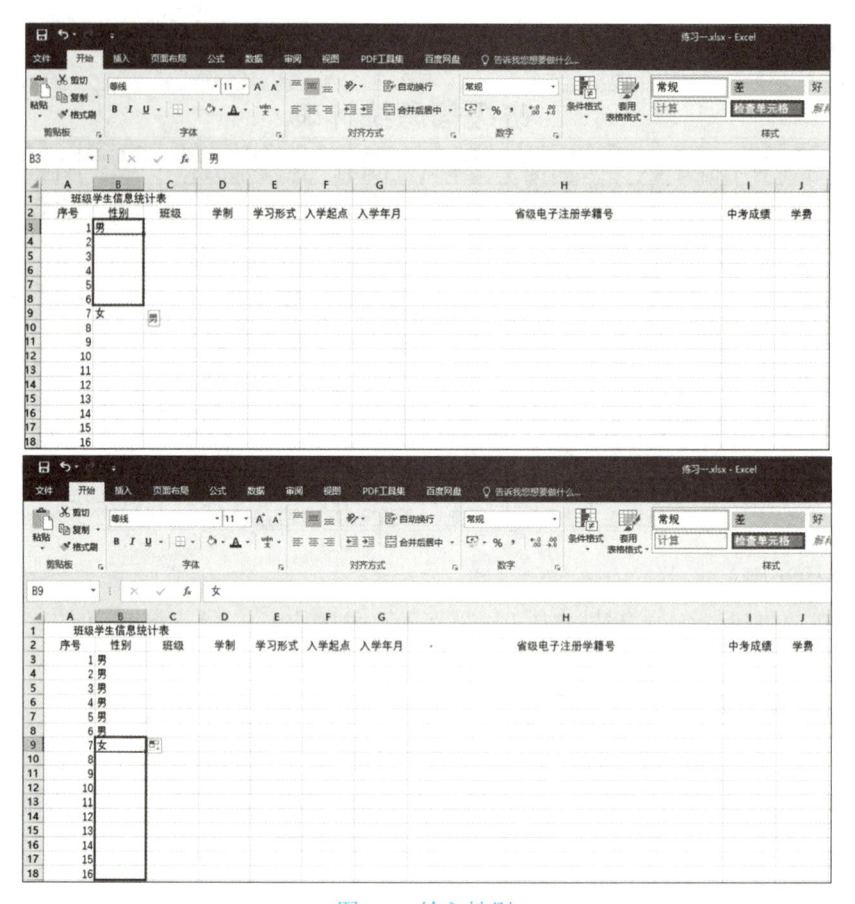

图 4.8 输入性别

（3）在C3:F4区域输入如图4.9所示的数据，再选定C3:F4区域，然后利用填充柄复制功能完成自动填充数据。

图 4.9 输入数据

图 4.10 自动填充数据

— 118 —

（4）选择G3:G18区域，单击"开始"→"数字"面板中的拓展按钮，在弹出的对话框中选择"数字"→"日期"→"XXXX/X/X"类型，然后单击"确定"按钮，完成对区域数据的"日期"类型的设置，如图4.11所示。

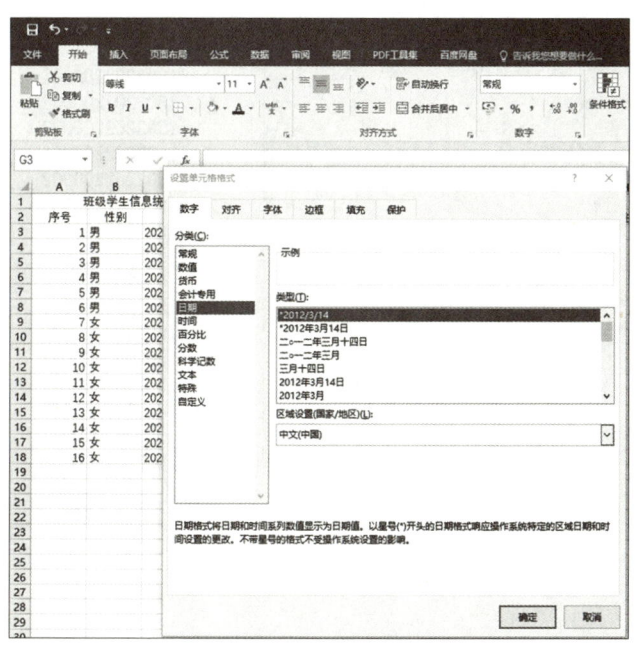

图4.11　"日期"类型的设置

（5）在G3单元格中输入"2020/9/1"，在G4单元格中输入"2020/9/1"，然后选择G3:G4区域，利用填充柄的复制功能完成自动填充数据，如图4.12所示。

图4.12　自动填充数据

（6）选择H3:H18区域，单击"开始"→"数字"面板中的拓展按钮，在弹出的对话框中选择"数字"→"文本"命令，单击"确定"按钮，完成对区域数据的"文本"类型的设置，如图4.13所示。然后在对应单元格中输入数据，效果如图4.14所示。

— 119 —

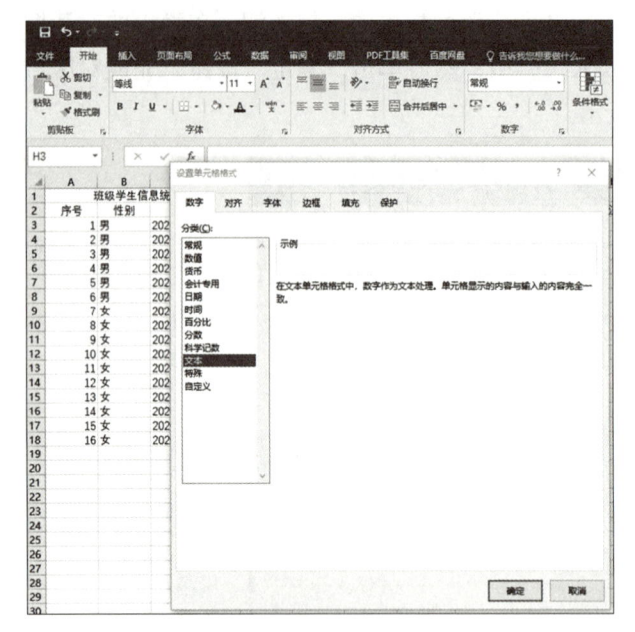

图4.13 "文本"类型的设置　　　　　　　图4.14 输入数据效果

小知识

Excel单元格默认的数据类型是常规类型，单元格中最多只能输入11位数字，超过11位的数字将以科学计数的方式来显示。若要完整显示超过11位数字的数据，则需要将单元格的数据类型设置为"文本"类型。

（7）选择H3:H18区域，单击"开始"→"数字"面板中的拓展按钮，在弹出的对话框中选择"数字"→"数值"命令，小数位数输入"1"，单击"确定"按钮，完成对区域数据的"数值"类型的设置，如图4.15所示。然后在对应单元格中输入数据，效果如图4.16所示。

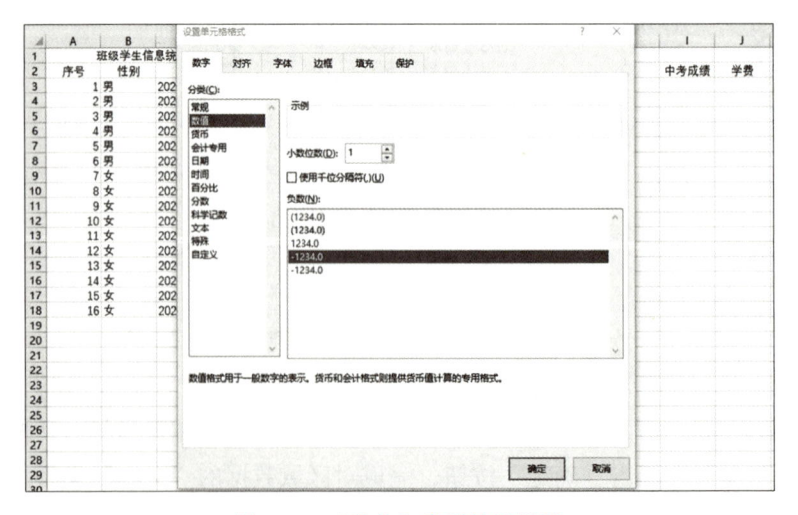

图4.15 "数值"类型的设置图　　　　　　图4.16 输入数据效果

（8）选择J3:J18区域，单击"开始"→"数字"面板中的拓展按钮，在弹出的对话框中选择"数字"→"数值"命令，小数位数输入"1"，完成对区域数据的"数值"类型的设置，如图4.15所示。然后在对应单元格中输入数据，效果如图4.16所示。

2. 将A1:J1区域合并单元格、内容水平居中，设置字体为黑体、字号为22磅；将A2J18区域设置为微软雅黑、字号为12磅，水平居中对齐。

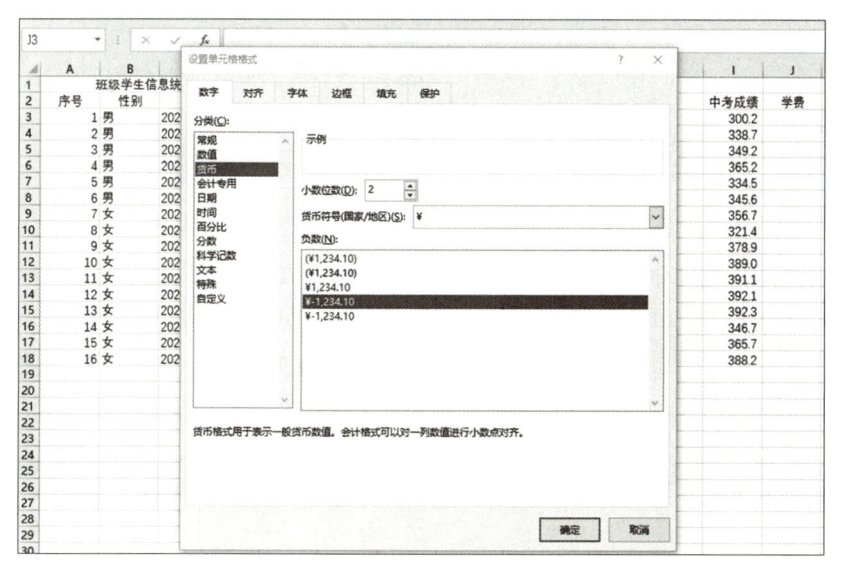

图4.17　"货币"类型的设置　　　　　　　　　图4.18　输入数据效果

（1）用鼠标选择A1:J1区域，单击"开始"→"对齐方式"→"合并后居中"按钮，在"字体"面板中选择字体为黑体，字号为22，如图4.19所示。

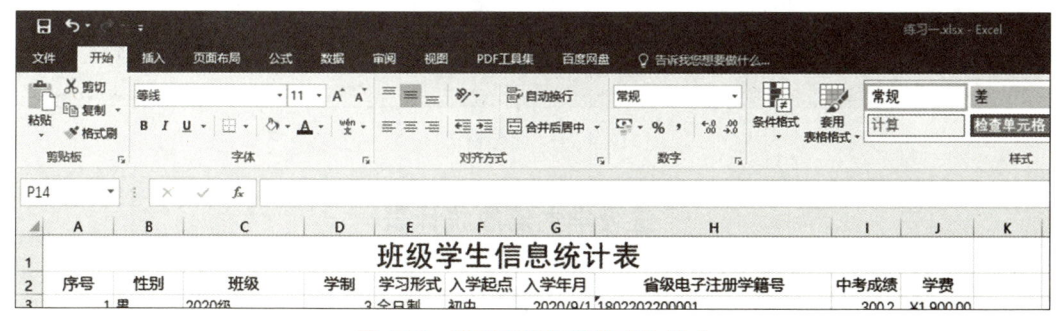

图4.19　设置表格标题的字体格式

（2）用鼠标选择A2:J18区域，单击"开始"→"对齐方式"→"水平居中"按钮，在"字体"面板中选择字体为微软雅黑，字号为12，如图4.20所示。

图 4.20　设置表格正文的字体格式

3. 将A2:J18区域设置行高为自动调整，列宽为自动调整；将A1:J1区域设置行高为30。

（1）用鼠标选择A2:J18区域，单击"开始"→"单元格"→"格式"按钮，在下拉菜单中选择"自动调整行高"和"自动调整列宽"命令，操作如图4.21所示，完成后的效果如图4.22所示。

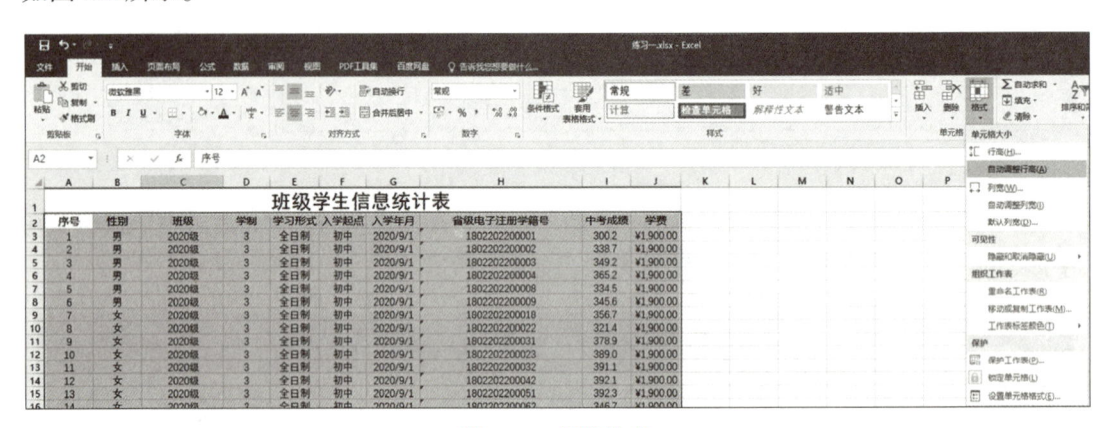

图 4.21　调整格式

图 4.22　调整格式后的效果

（2）用鼠标选择A1:J1区域，单击"开始"→"单元格"→"格式"按钮，在下拉菜单中选择"行高"命令，输入值为"30"，单击"确定"按钮，如图4.23所示。

图4.23　设置行高

4. 将A2:J18区域添加黑色的外边框和黑色的内部边框。

用鼠标选择A2:J18区域，单击"开始"→"字体"面板中的拓展按钮，在弹出的对话框中选择"边框"选项卡，样式选择细直线，颜色选择黑色，单击"外边框"和"内部"，单击"确定"按钮。具体操作如图4.24所示，完成后的效果如图4.25所示。

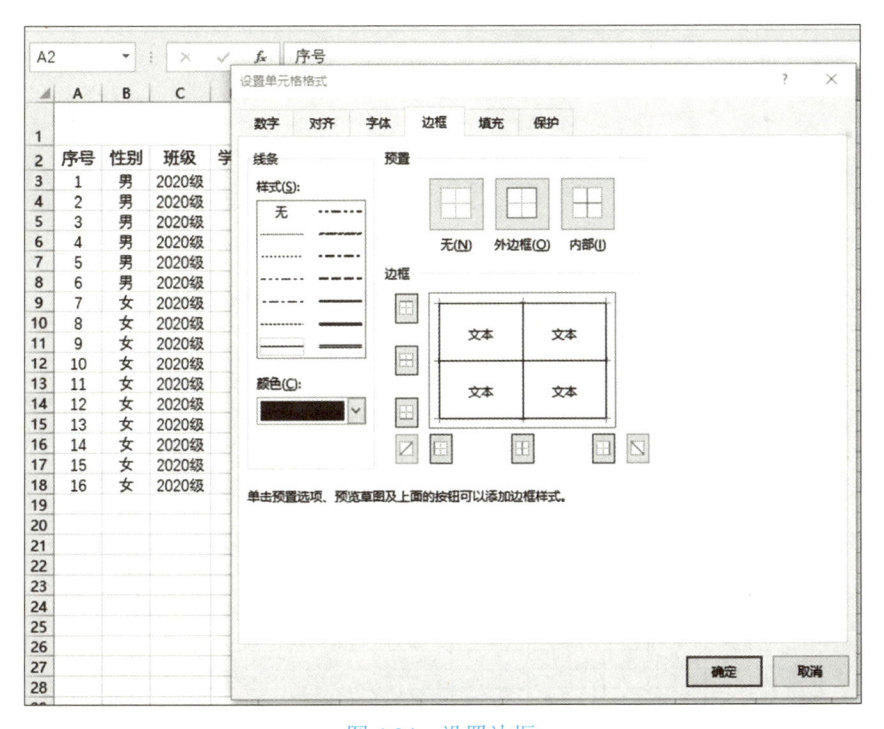

图4.24　设置边框

图4.25 设置边框后的效果

5. 将工作表更改为"统计表"。

在工作表名"Sheetl"处单击鼠标右键，在弹出的快捷菜单中选择"重命名"命令，输入文字"统计表"，具体操作如图4.26所示，完成后的效果如图4.27所示。

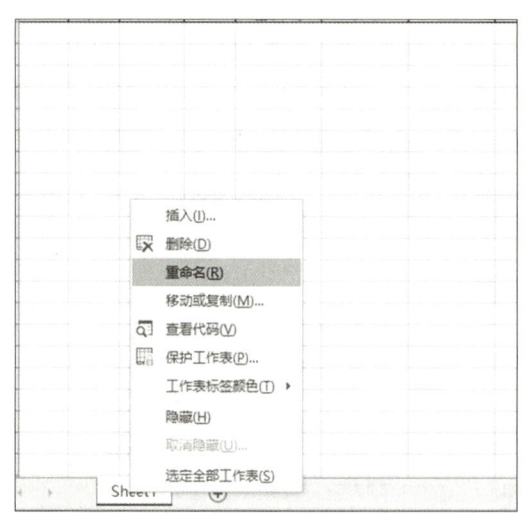

图4.26 重命名工作表名

图4.27 完成后的效果

6. 保存文件。

选择"文件"→"保存"命令，保存修改后的文件，然后关闭文档窗口。具体操作如图4.28所示。

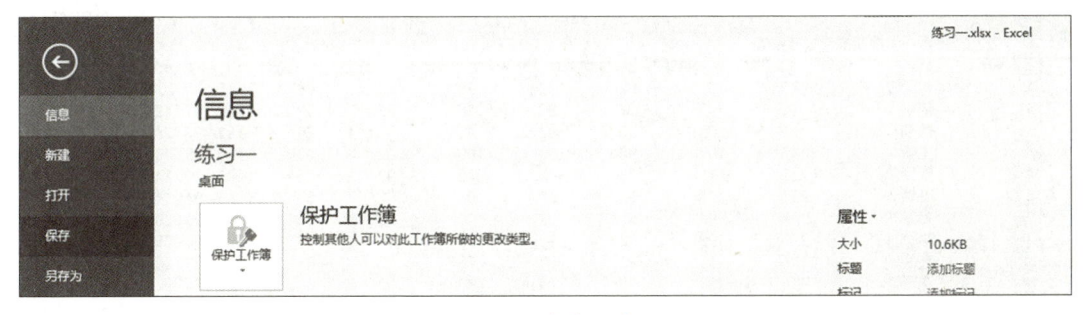

图 4.28　保存文件

项目二　编辑班级学生期末考试成绩表

● 操作要求：

1．打开"班级学生期末考试成绩表.xlsx"文件，选择Sheet1工作表，在第一行数据前插入一行，在A1单元格中输入文字"2020级1班第一学期期末考试成绩表"；在第二列数据前插入1列，在B2单元格中输入文字"班级"，在B3～B20单元格中均输入文字"2020级1班"；利用填充柄将"学号"列填充完整。

2．将A1:M1单元格合并为一个单元格，文字居中对齐，文字格式为隶书，字号为36磅，底纹填充为浅绿；将A2:M20区域内的文字格式设置为楷体、字号为16磅、加粗，居中对齐；将总分和平均分两列的数字设置为"数值"类型数据，保留2位小数；将"学号""班级""总分""平均分""操行评定"五列的列宽设置为15。

3．为表格添加红色外边框线和黑色内边框线，将Sheet1工作表命名为"成绩表"。

4．复制"成绩表"工作表，并将复制后的工作表改名为"样式表七"。

5．在"样式表"工作表中，设置A1:M1单元格的样式为"注释"，将A2:M20区域设置为套用表格格式"表样式浅色12"，取消筛选。

6．在"样式表"工作表中，利用条件格式完成以下设置：将K3:K20区域设置为"实心填充-浅蓝色数据条"；将L3:L20区域设置为"绿、黄、红色阶"；将M3:M20区域等级为优秀的单元格设置为"浅红填充色深红色文本"、等级为不合格的单元格设置为"绿填充色深绿色文本"；将F3:F20区域高于平均值的设置字体颜色为红色；将D3:D20区域设置为图标集中的"3个三角形"；将H3:H20区域内数值低于90的单元格设置突出显示单元格为"红色字、双下画线"；将J3:J20区域设置为"图标集-四等级"。

7. 保存文件。

- 原表（见表4.3）：

表 4.3　成绩表

学号	姓名	语文	数学	英语	生物	地理	历史	政治	总分	平均分	操行评定
120301	李云龙	97.5	106	108	98	99	99	96	703.5	100.5	合格
	赵刚	92	110	98	99	96	93	92	680	97.14286	不合格
	魏和尚	110	105	105	93	93	90	86	682	97.42857	良好
	王清华	103.5	107	96	100	100	92	93	691.5	98.78571	优秀
	李亚鹏	112	111	116	102	72	93	95	701	100.1429	优秀
	王清华	96.5	97	90	103	93	92	88	659.5	94.21429	不合格
	韦东东	97.5	94	95	72	90	95	93	636.5	90.92857	合格
	李娜娜	109	98	78	93	95	86	73	632	90.28571	良好
	赵晓明	100.5	116	88	90	78	78	78	628.5	89.78571	良好
	李子奇	98.5	103	98	95	88	92	86	660.5	94.35714	优秀
	杨大名	99.5	85	84	78	98	91	92	627.5	89.64286	优秀
	张权	84	92	88	91	84	88	98	625	89.28571	合格
	顾河	86	107	89	99	88	95	94	658	94	合格
	王俊皓	97.5	98	101	93	89	86	91	655.5	93.64286	不合格
	钱梁	93	89	94	88	92	89	78	623	89	不合格
	包子星	78	100	97	89	87	73	86	610	87.14286	合格
	刘一手	88	99	92	86	86	93	93	637	91	优秀
	陈晨	97.5	95	94	82	82	92	84	626.5	89.5	良好

- 样表（见表4.4）：

表 4.4　成绩表样表

2020级1班第一学期期末考试成绩表

学号	班级	姓名	语文	数学	英语	生物	地理	历史	政治	总分	平均分	操行评定
120301	2020级1班	李云龙	97.5	106	108	98	99	99	96	703.50	100.50	合格
120302	2020级1班	赵刚	92	110	98	99	96	93	92	680.00	97.14	不合格
120303	2020级1班	魏和尚	110	105	105	93	93	90	86	682.00	97.43	良好
120304	2020级1班	王清华	103.5	107	96	100	100	92	93	691.50	98.79	优秀
120305	2020级1班	李亚鹏	112	111	116	102	72	93	95	701.00	100.14	优秀
120306	2020级1班	王清华	96.5	97	90	103	93	92	88	659.50	94.21	不合格
120307	2020级1班	韦东东	97.5	94	95	72	90	95	93	636.50	90.93	合格
120308	2020级1班	李娜娜	109	98	78	93	95	86	73	632.00	90.29	良好
120309	2020级1班	赵晓明	100.5	116	88	90	78	78	78	628.50	89.79	良好
120310	2020级1班	李子奇	98.5	103	98	95	88	92	86	660.50	94.36	优秀
120311	2020级1班	杨大名	99.5	85	84	78	98	91	92	627.50	89.64	优秀
120312	2020级1班	张权	84	92	88	91	84	88	98	625.00	89.29	合格
120313	2020级1班	顾河	86	107	89	99	88	95	94	658.00	94.00	合格
120314	2020级1班	王俊皓	97.5	98	101	93	89	86	91	655.50	93.64	不合格
120315	2020级1班	钱梁	93	89	94	88	92	89	78	623.00	89.00	不合格
120316	2020级1班	包子星	78	100	97	89	87	73	86	610.00	87.14	合格
120317	2020级1班	刘一手	88	99	92	86	86	93	93	637.00	91.00	优秀
120318	2020级1班	陈晨	97.5	95	94	82	82	92	84	626.50	89.50	良好

样式表样表见表4.5。

表 4.5　样式表样表

学号	班级	姓名	语文	数学	英语	生物	地理	历史	政治	总分	平均分	操作评定
120301	2020级1班	李云龙	97.5	106	108	98	99	99	96	703.50	100.50	合格
120302	2020级1班	赵刚	92	110	98	99	96	93	92	680.00	97.14	不合格
120303	2020级1班	魏和尚	110	105	105	93	93	90	86	682.00	97.43	良好
120304	2020级1班	王清华	103.5	107	96	100	100	92	93	691.50	98.79	优秀
120305	2020级1班	李亚鹏	112	111	116	102	72	93	95	701.00	100.14	优秀
120306	2020级1班	王清华	96.5	97	90	103	93	92	88	659.50	94.21	不合格
120307	2020级1班	韦东东	97.5	94	95	72	90	95	93	636.50	90.93	合格
120308	2020级1班	李娜娜	109	98	78	93	95	86	73	632.00	90.29	良好
120309	2020级1班	赵晓明	100.5	116	88	90	78	78	78	628.50	89.79	良好
120310	2020级1班	李子奇	98.5	103	98	95	88	92	86	660.50	94.36	优秀
120311	2020级1班	杨大名	99.5	85	84	78	98	91	92	627.50	89.64	优秀
120312	2020级1班	张权	84	92	88	91	84	88	98	625.00	89.29	合格
120313	2020级1班	顾河	86	107	89	99	88	95	94	658.00	94.00	合格
120314	2020级1班	王俊皓	97.5	98	101	93	89	86	91	655.50	93.64	不合格
120315	2020级1班	钱梁	93	89	94	88	92	89	78	623.00	89.00	不合格
120316	2020级1班	包子星	78	100	97	89	87	73	86	610.00	87.14	合格
120317	2020级1班	刘一手	88	99	92	86	86	93	93	637.00	91.00	优秀
120318	2020级1班	陈晨	97.5	95	94	82	82	92	84	626.50	89.50	良好

● 操作步骤：

1. 打开"期末考试成绩表.xlsx"文件，选择Sheet1工作表，在第一行数据前插入一行，在A1单元格中输入文字"2020级1班第一学期期末考试成绩表七"，在第二列数据前插入1列，在B2单元格中输入文字"班级"，在B3至B20单元格中均输入文字"2020级1班"；利用填充柄将"学号"列填充完整。

（1）打开"期末考试成绩表.xlsx"文件，选择Sheet1工作表A1:L1区域，单击"开始→"单元格"→"插入"按钮，选择"插入工作表行"命令，完成插入一行，操作如图4.29所示。然后在A1单元格中输入文字"2020级1班第一学期期末考试成绩表"，效果如图4.30所示。

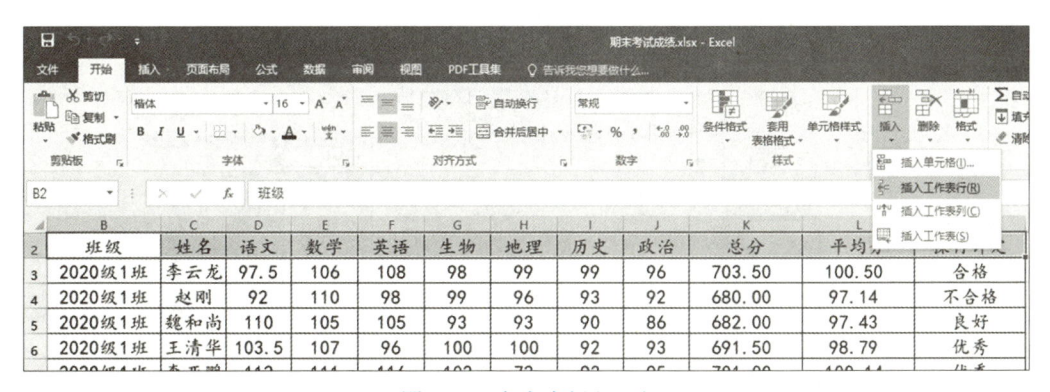

图 4.29　在表中插入一行

	A	B	C	D	E	F	G	H	I	J	K	L	M
1	2020级1班第一学期期末考试成绩表												
2	学号	班级	姓名	语文	数学	英语	生物	地理	历史	政治	总分	平均分	操作评定
3	120301	2020级1班	李云龙	97.5	106	108	98	99	99	96	703.50	100.50	合格
4	120302	2020级1班	赵刚	92	110	98	99	96	93	92	680.00	97.14	不合格
5	120303	2020级1班	魏和尚	110	105	105	93	93	90	86	682.00	97.43	良好
6	120304	2020级1班	王清华	103.5	107	96	100	100	92	93	691.50	98.79	优秀
7	120305	2020级1班	李亚鹏	112	111	116	102	72	93	95	701.00	100.14	优秀
8	120306	2020级1班	王清华	96.5	97	90	103	93	92	88	659.50	94.21	不合格
9	120307	2020级1班	韦东东	97.5	94	95	72	90	95	93	636.50	90.93	合格
10	120308	2020级1班	李娜娜	109	98	78	93	95	86	73	632.00	90.29	良好
11	120309	2020级1班	赵晓明	100.5	116	88	90	78	78	78	628.50	89.79	良好

图 4.30　输入标题文字效果

（2）选择Sheet1工作表B2:B20区域，单击"开始"→"单元格"→"插入"按钮，选择"插入工作表列"命令，完成插入一列，具体操作如图4.31所示；然后在B2单元格中输入文字"班级"，在B3和B4单元格中输入文字"2020级1班"，选择B3:B4区域，利用填充柄复制功能完成自动填充数据，具体操作如图4.32所示。

（3）在A4单元格中输入"120302"，选择A3:A4区域，利用填充柄复制功能完成自动填充数据，具体操作如图4.33所示。

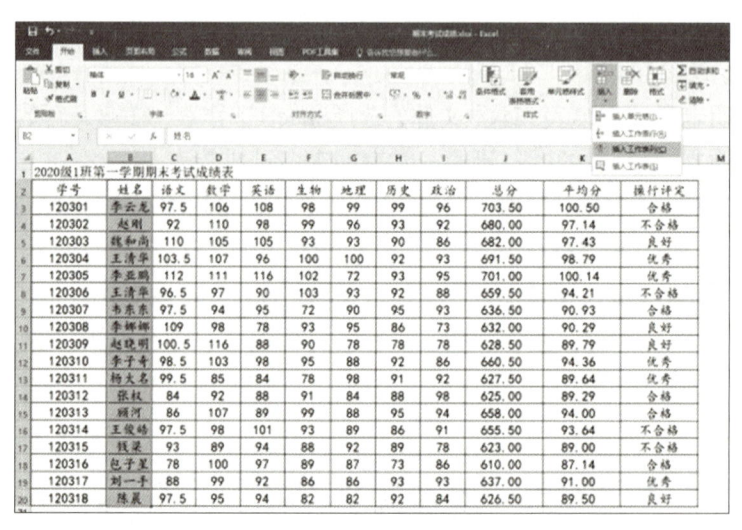

图 4.31　在表中插入一列

图 4.32　填充数据　　　　　　　　　图 4.33　填充数据

2. 将A1:M1单元格合并为一个单元格，文字居中对齐，文字格式为隶书、字号为36磅，底纹填充为浅绿；将A2:M20区域的文字格式设置为楷体、字号为16磅、加粗，居中对齐；将总分和平均分两列的数字设置为"数值"类型数据，保留2位小数；将"学号""班级""总分""平均分""操行评定"，五列的列宽均设置为15。

（1）用鼠标选择A1:M1区域，单击"开始"菜单→"对齐方式"→"合并后居中"按钮，在"字体"面板中选择字体为隶书，字号为36，填充颜色为浅绿，具体操作如图4.34所示。

图 4.34　设置表格标题字体格式

（2）用鼠标选择A2:M20区域，单击"开始"→"字体"面板，选择字体为楷体，字号为16，加粗，单击"对齐方式"面板中的"居中"按钮，具体操作如图4.35所示。

图 4.35　设置表格正文字体格式

（3）用鼠标选择K3:L20区域，单击"开始"→"数字"面板，在弹出的对话框中选择"数字"选项卡，在"数字"选项卡中设置小数位数为2，单击"确定"按钮，完成对区域数据的"数值"类型的设置，具体操作如图4.36所示。

（4）用鼠标选择A2:B20区域和K2:M20区域，单击"开始"→"单元格"→"格式"按钮，在弹出的下拉菜单中选择"列宽"命令，输入值"15"，然后单击"确定"按钮，具体操作如图4.37所示，完成后的效果如图4.38所示。

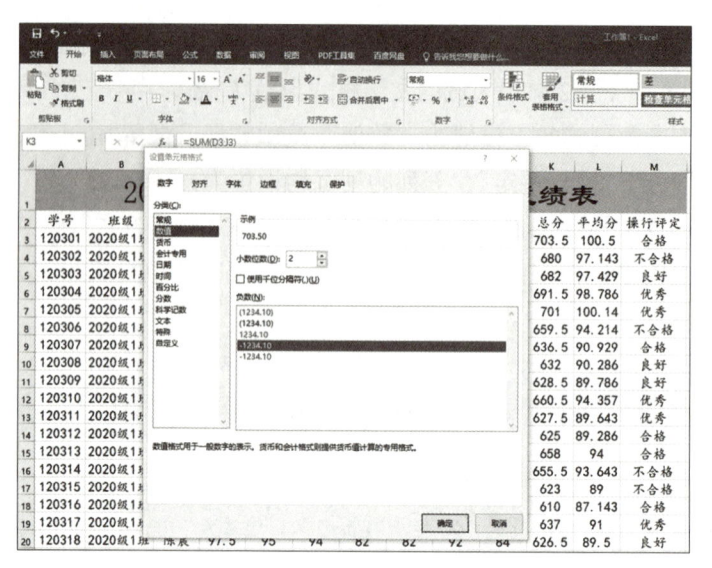

图 4.36　设置"数字"选项卡

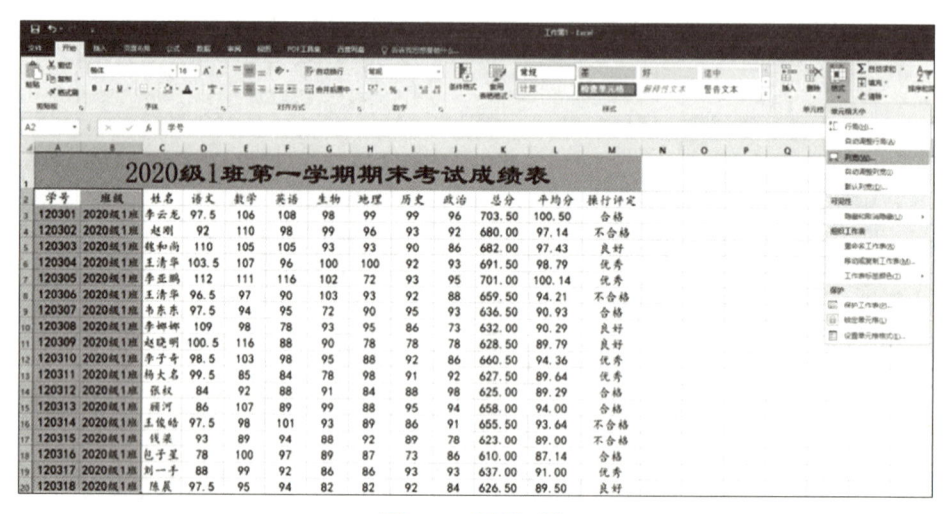

图 4.37　设置列宽

图 4.38　完成后的效果

— 130 —

3. 为表格添加红色外边框线和黑色内边框线，将Sheet1工作表命名为"成绩表"。

（1）用鼠标选择A2:J20区域，单击"开始"菜单→"字体"面板中的拓展按钮，在弹出的对话框中选择"边框"选项卡，线条样式选择细直线，颜色为黑色，单击"外边框"和"内部"，最后单击"确定"按钮，完成后的效果如图4.39所示。

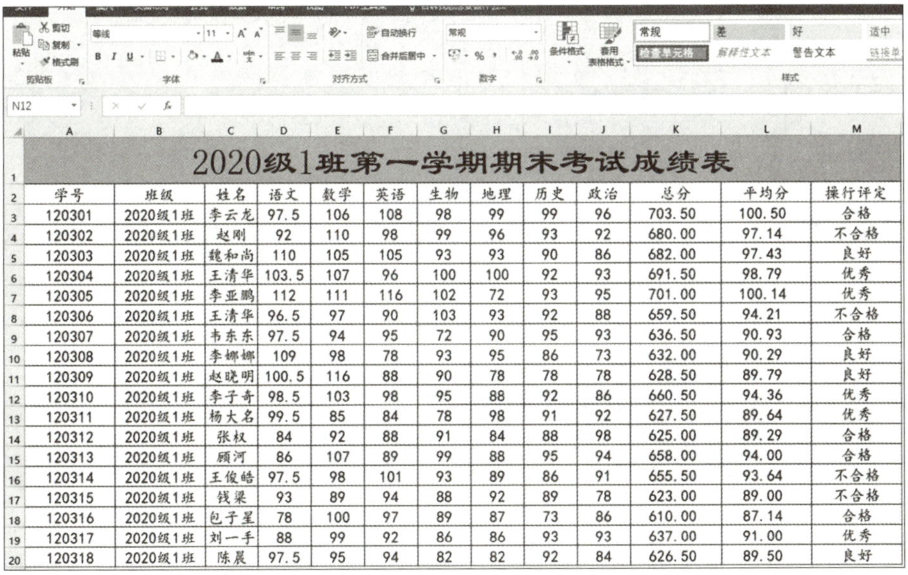

图4.39　完成后的效果

（2）在工作表名Sheets1处单击鼠标右键，选择"重命名"命令，输入文字"成绩表"，具体操作如图4.40所示。

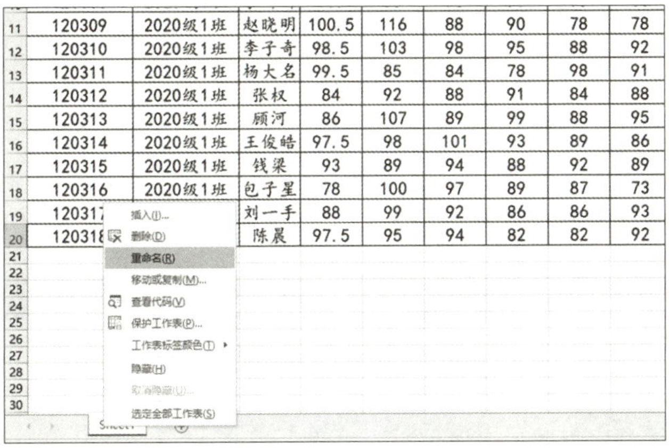

图4.40　重命名工作表

4. 复制"成绩表"工作表，并将复制后的工作表改名为"样式表"。

（1）在工作表名"成绩表"处单击鼠标右键，选择"移动或复制"命令，在弹出的对话框中勾选"建立副本"复选框，选择"移至最后"命令，单击"确定"按钮，具体操作如图4.41所示。

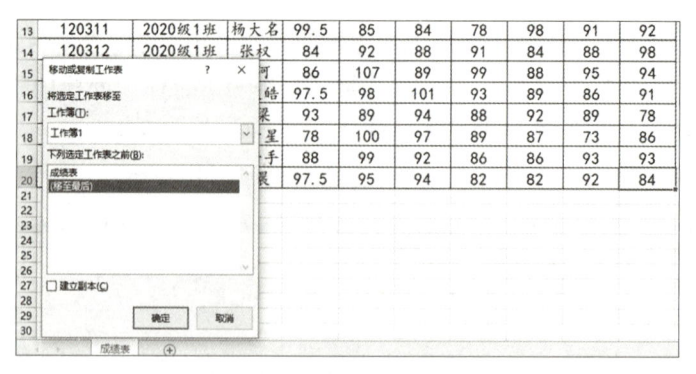

图 4.41 复制工作表

（2）在工作表名"成绩表（2）"处单击鼠标右键，选择"重命名"命令，输入文字"样式表"，具体操作如图4.42所示。

图 4.42 重命名工作表

5. 在"样式表"工作表中，设置A1:M1单元格的样式为"注释"，将A2:M20区域设置为套用表格格式"表样式浅色12"；取消筛选。

（1）单击"样式表"工作表，用鼠标选择A1:M1区域，单击"开始"→"样式"面板中的→"单元格样式"按钮，在弹出的下拉菜单中选择"注释"，具体操作如图4.43所示。

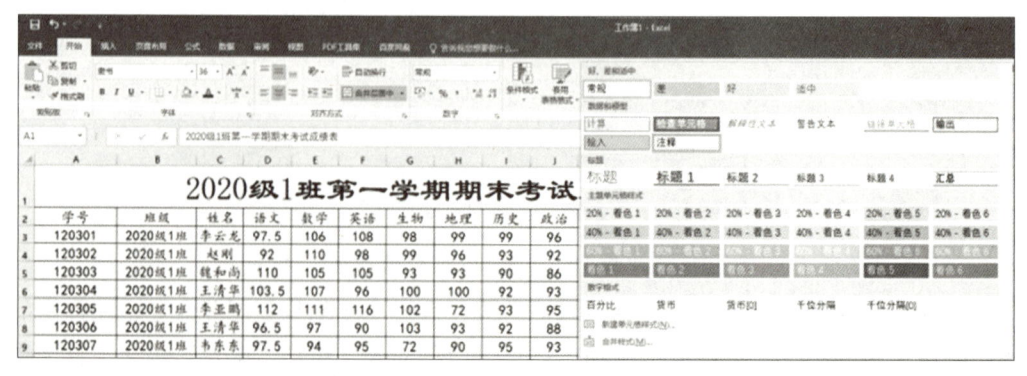

图 4.43 设置单元格的样式为"注释"

（2）用鼠标选择A2:M20区域，单击"开始"→"样式"面板中的→"套用表格"按钮，在弹出的下拉菜单中选择"表样式浅色12"，接着在弹出的"套用表格式"对话框中，勾选"要包含标题"复选框，单击"确定"按钮，如图4.44和图4.45所示。在"表格样式选项"面板，清除"筛选按钮"复选框，如图4.46所示。

图 4.44　设置套用表格格式 1

图 4.45　设置套用表格格式 2

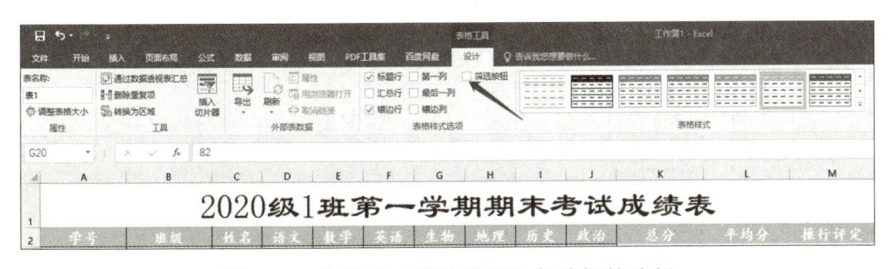

图 4.46　取消对"筛选按钮"复选框的选择

— 133 —

6. 在"样式表"工作表中，利用条件格式完成以下设置。

将K3:K20区域设置为"实心填充–浅蓝色数据条"；将L3:L20区域设置为"绿–黄–红色阶"；将M3:M20区域等级为优秀的单元格设置为"浅红填充色深红色文本"、等级为不合格的单元格设置为"绿填充色深绿色文本"；将F3:F20区域高于平均值设置为字体颜色为红色；将D3:D20区域设置为图标集中的"3个三角形"；将H3:H20区域内数值低于90的单元格设置突出显示单元格为"红色字、双下画线"；将J3:J20区域设置"图标集"→"四等级"。

（1）用鼠标选择K3:K20区域，单击"开始"→"样式"面板中的→"条件格式"按钮，在弹出的下拉菜单中选择"数据条"→"实心填充"→"浅蓝色数据条"，具体操作如图4.47所示。

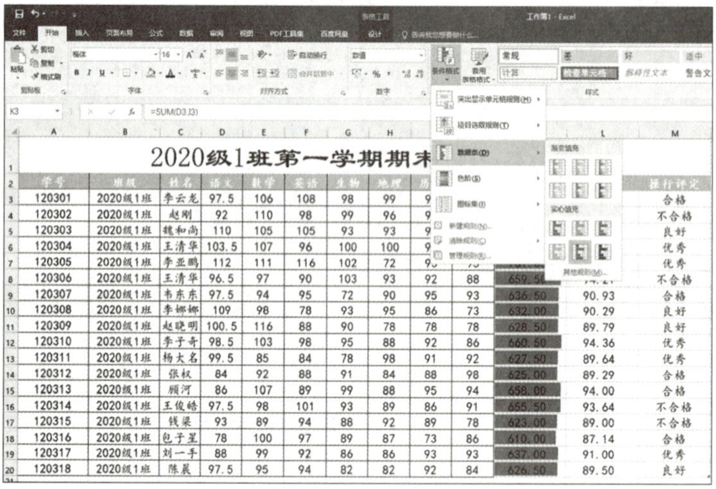

图 4.47　填充浅蓝色数据条

（2）用鼠标选择L3:L20区域，单击"开始"→"样式"面板中的→"条件格式"按钮，在弹出的下拉菜单中选择"色阶"→"绿–黄–红色阶"，具体操作如图4.48所示。

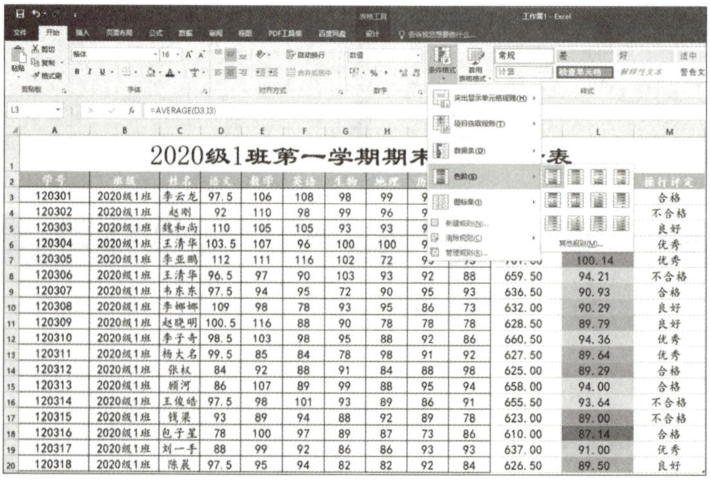

图 4.48　设置色阶

（3）选择M3:M20区域，单击"开始"→"样式"面板中的→"条件格式"按钮，在弹出的下拉菜单中选择"突出显示单元格规则"→"等于"，在弹出的"等于"对话框中，左边输入"优秀"，右边选择"浅红填充色深红色文本"；再次单击"条件格式"→"突出显示单元格规则"→"等于"，在弹出的"等于"对话框中，左边输入"不合格"，右边选择"绿填充色深绿色文本"，具体操作如图4.49、图4.50和图4.51所示。

图4.49　突出显示单元格1

图4.50　突出显示单元格1

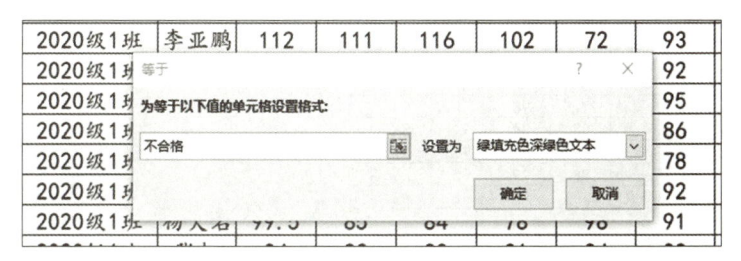

图4.51　突出显示单元格2

（4）选择F3:F20区域，单击"开始"→"样式"面板中的→"条件格式"，在弹出的下拉菜单中选择"项目选取规则"→"高于平均值"，在弹出的"高于平均值"对话框中，选择"自定义格式"，在弹出的"设置单元格格式"对话框中，选择"字体"选项卡，在颜色框中选择"红色"，具体操作如图4.52和图4.53所示。

图4.52 设置项目选取规则

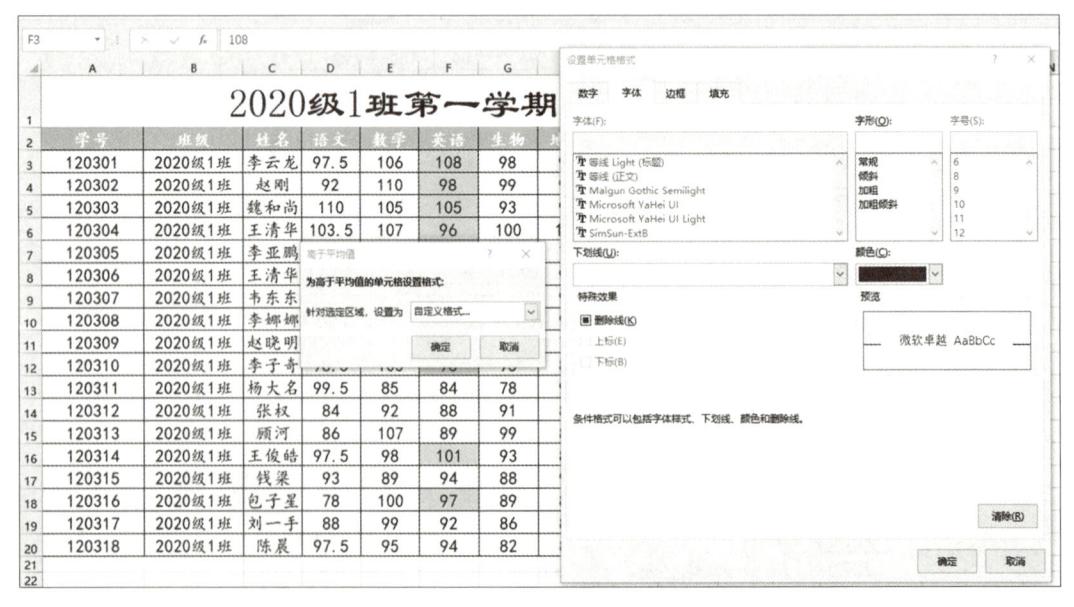

图4.53 设置"字体"选项卡

（5）选择D3:D20区域，单击"开始"→"样式"面板中的→"条件格式"按钮，在弹出的下拉菜单中选择"图标集"→"3个三角形"命令，具体操作如图4.54所示。

图 4.54　添加图标

（6）选择H3:H20区域，单击"开始"→"样式"面板中的→"条件格式"按钮，在弹出的下拉菜单中选择"突出显示单元格规则"→"小于"，在弹出的"小于"对话框中，左边输入"90"，右边选择"自定义格式"，在打开的"单元格格式"对话框中，选择"字体"选项卡，颜色选红色，画线选双线，具体操作如图4.55和图4.56所示。

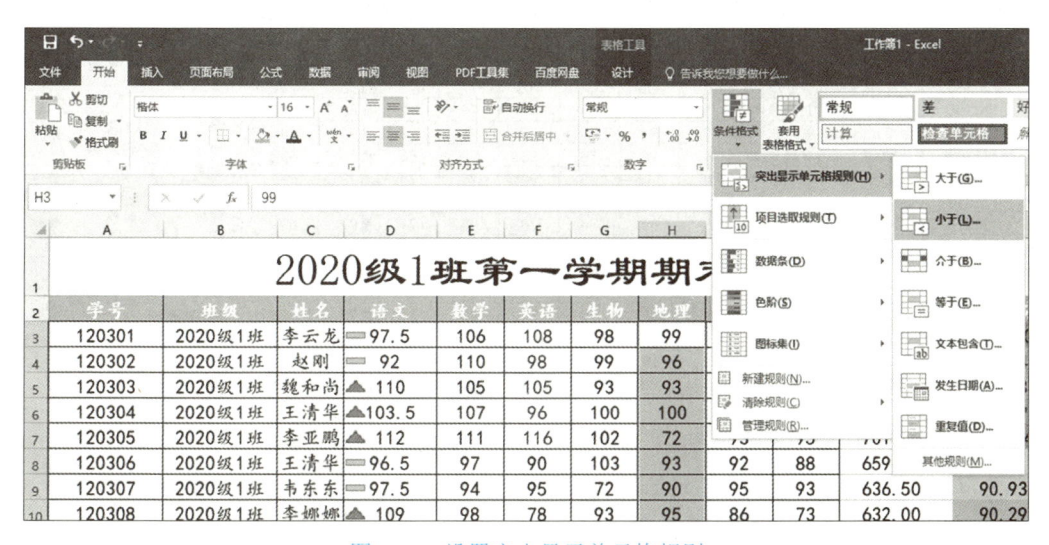

图 4.55　设置突出显示单元格规则

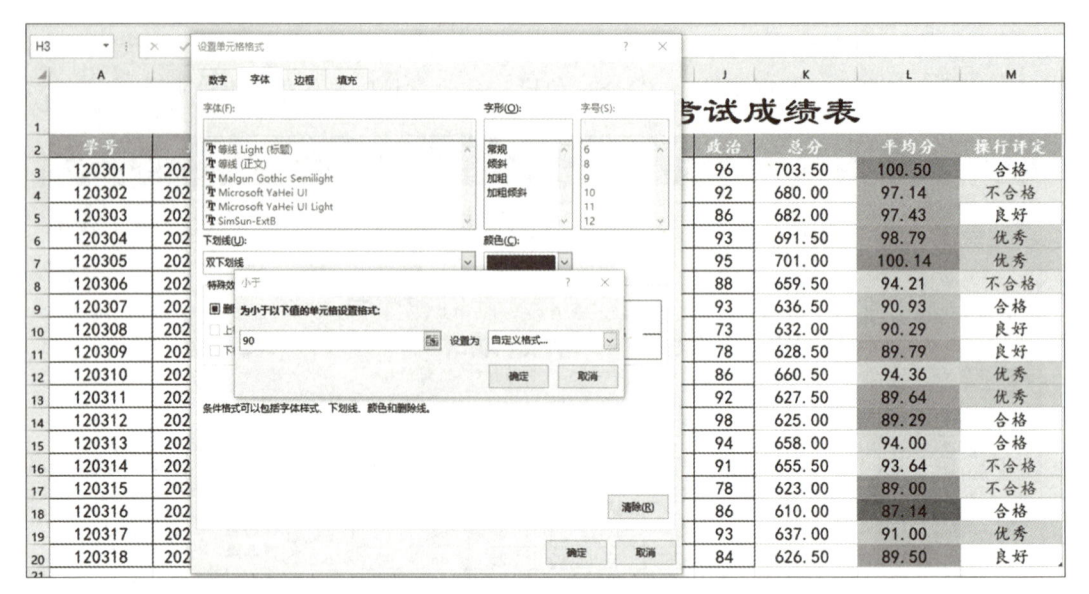

图 4.56　设置"字体"选项卡

（7）选择J3:J20区域，单击"开始"→"样式"面板中的→"条件格式"按钮，在弹出的下拉菜单中选择"图标集"→"四等级"，具体操作如图4.57所示。

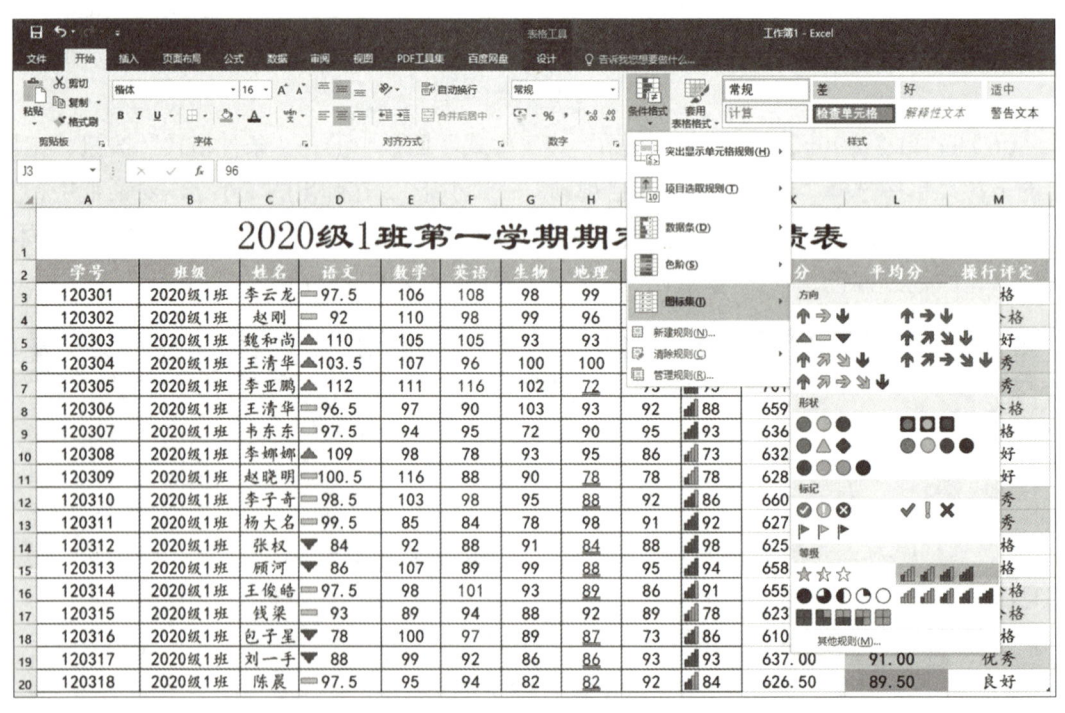

图 4.57　添加图标

7. 保存文件。

选择"文件"→"保存"命令，保存修改后的文件，然后关闭文档窗口，如图4.58所示。

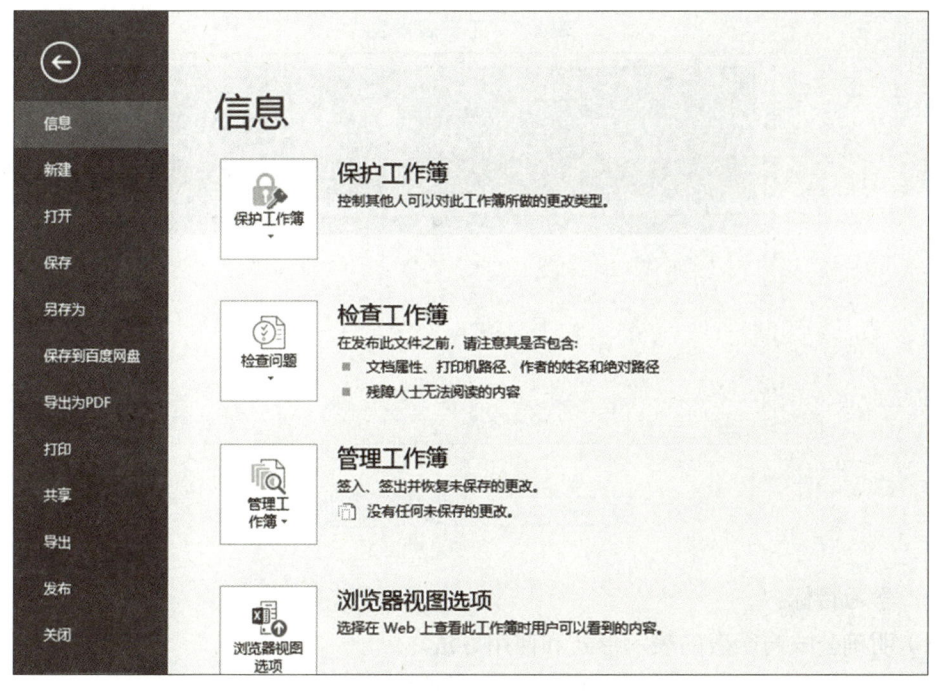

图 4.58　保存文件

模拟练习一　建立与编辑工资表

- 操作要求：

打开Excd.xlsx工作簿文件，按照下列要求完成对此表格的操作并保存。

1. 在Sheet1工作表A1:E5区域建立如下所示的表格，并将浮动率的数据设置为百分比类型，保留1位小数；将E2:E4、C5和E5单元格设置为"数值"类型，保留2位小数。

表 4.6　工作簿

	A	B	C	D	E
1	序号	姓名	原来工资	浮动率	浮动额
2	1	张三	2500	0.50%	12.5
3	2	李四	9800	1.50%	147
4	3	王五	2400	1.20%	28.8
5	总计		14700		188.3

2. 将A1:E5单元和设置为仿宋、字号为25磅、居中对齐、行高35、列宽20；将A5:B5单元格合并，内容水平居中；为A1:E5区域添加黑色外边框和黑色内部边框，添加底纹颜色（背景色为橙色，图案样式为6.25%灰色，图案颜色为红色）。

利用条件格式中的"图标集"→"五象限图"修饰单元格D2:D4区域，将工作表Sheet1命名为"工资表"，保存文件。

表 4.7　工资表样表

序号	姓名	原来工资	浮动率	浮动额
1	张三	2500	0.50%	12.5
2	李四	9800	1.50%	147
3	王五	2400	1.20%	28.8
总计		14700		188.3

工资表

第三节　公式与函数

● 学习目标：

（1）明确公式与函数的表示形式和使用方法。

（2）理解相对地址和绝对地址的区别并能够熟练运用。

（3）理解常用函数的含义及参数设置并能够熟练使用，包括SUM、AVERAGE、MAX、MIN、COUNT等。

（4）理解并掌握高级函数IF、SUMIF、AVERAGELF、RANK、RANK.EQ、VLOOKUP、TEXT的含义、参数设置及具体使用。

（5）能够熟练使用公式函数解决实际问题。

项目一　公式与基本函数

● 操作要求：

1．对Sheetl工作表中的“某产品近三年销售统计表”（图4.59）完成以下计算。

（1）利用公式计算近三年销量总和（近三年销量总和=2018年销量+2019年销量+2020年销量）。

（2）计算“近三年销售额（元）”。[近三年销售额（元）=近三年销量总和*单价（元）]。

某产品近三年销售统计表						
产品型号	2018年销量	2019年销量	2020年销量	单价（元）	近三年销量总和	近三年销售额（元）
CN001	285	165	964	2964		
CN002	355	477	725	1091		
CN003	287	611	104	3676		
CN004	188	650	340	998		
CN005	202	713	132	4225		
CN006	223	903	811	1728		
CN007	512	782	229	2251		
CN008	266	376	558	2195		
CN009	220	268	910	867		
CN010	127	107	190	1020		
CN011	239	410	842	1458		
CN012	425	798	802	3378		

图 4.59　某产品近三年销售统计表

2. 对Sheet2工作表中的“某产品销量情况表”（见图4.60）完成以下计算。

（1）使用SUM函数计算2018年和2019年产品销量总量分别置于B15和D15单元格内。

（2）分别计算2018年和2019年每个月销量占全年总销量的百分比（百分比型，保留小数点后2位），分别置于C3:C14单元格区域和E3:E14单元格区域。

（3）计算“同比增长率”[同比增长率=（2019年销量－2018年销量）/2018年销量，百分比型，保留小数点后2位]。

某产品销量情况表

月份	2018年销量	所占百分比	2019年销量	所占百分比	同比增长率
1月	6257		7141		
2月	2866		3651		
3月	3463		9553		
4月	6615		4710		
5月	4086		9225		
6月	3654		5765		
7月	2602		4410		
8月	7883		3349		
9月	6080		1630		
10月	5766		6657		
11月	5001		8855		
12月	1090		9030		
全年总量					

图 4.60　某产品销量情况表

3. 对Sheet3工作表中的“某班学生期中考试成绩总表”（见图4.61）完成以下计算。

（1）计算每个学生的各科成绩总分（提示：使用SUM函数）。

（2）计算每个学生的各科成绩平均分（提示：使用AVERAGE函数）。

（3）计算每门课程的单科成绩最高分（提示：使用MAX函数）。

某班学生期中考试成绩总表

序号	学号	语文	数学	体育	英语	计算机	总分	平均分
1	ZZ001	63	71	63	53	92		
2	ZZ002	70	62	73	45	78		
3	ZZ003	75	65	68	69	89		
4	ZZ004	65	81	83	45	93		
5	ZZ005	65	71	64	60	72		
6	ZZ006	66	76	64	53	81		
7	ZZ007	64	63	60	32	78		
8	ZZ008	70	65	59	70	69		
9	ZZ009	63	64	83	27	75		
10	ZZ010	62	46	82	40	80		
11	ZZ011	83	99	67	86	91		
12	ZZ012	76	65	83	71	83		
13	ZZ013	68	86	65	89	75		
14	ZZ014	88	76	65	83	91		
15	ZZ015	72	97	67	75	78		
16	ZZ016	86	88	70	86	94		
17	ZZ017	81	87	69	85	78		
18	ZZ018	78	84	66	79	69		
19	ZZ019	82	88	64	82	89		
20	ZZ020	84	85	70	82	81		
单科成绩最高分		88	99	83	89	94		
单科成绩最低分		62	46	59	27	69		

图 4.61　某班学生期中考试成绩总表

小知识

公式的一般形式：=数学表达式

其中，数学表达式可包含常量、单元格地址、运算符、括号等，如=1+2、=A3*2、=（A2+2）/5。

Excel 2016常用运算符的含义见表4.8。

表 4.8　Excel 2016 常用运算符的含义

类　别	运算符号	含　义	应用示例
算术运算符	+（加号）	加	1+2
	-（减号）	减	2-1
	-（负号）	负数	-1
	*（星号）	乘	2*3
	/（斜杠）	除	4/2
	^（乘方）	乘幂	3^2
比较运算符	=（等于号）	等于	A1=A2
	>（大于号）	大于	A1>A2
	<（小于号）	小于	A1<A2
	>=（大于等于号）	大于等于	A1>=A2
	<=（小于或等于号）	小于或等于	A1<=A2
	<>（不等号）	不等于	A1<>A2
文本	&（连字符）	将两个文本连接起来产生连续的文本	"2021" & "年"
引用运算符	:（冒号）	区域运算符，两个引用单元格之间的区域引用	A1:D4
	,（逗号）	联合运算符，将多个引用合并为一个引用	SUM(A1:D1,A2:C2)
	（空格）	交集运算符，两个引用中共有的单元格的引用	A1:D1 A1:B4

- 操作步骤：

1. 产品第一季度销售情况表

（1）计算产品第一季度销量总和：单击F3单元格，输入公式=B3+C3+D3，按“Enter”键确认，然后拖动填充柄复制公式。

（2）计算产品第一季度销售额（元）：单击G3单元格，输入公式=F3*E3，按“Enter”键确认，然后拖动填充柄复制公式，效果如图4.62所示。

	A	B	C	D	E	F	G
1	某产品近三年销售统计表						
2	产品型号	2018年销量	2019年销量	2020年销量	单价（元）	近三年销量总和	近三年销售额（元）
3	CN001	285	165	964	2964	1414	4191096
4	CN002	355	477	725	1091	1557	1698687
5	CN003	287	611	104	3676	1002	3683352
6	CN004	188	650	340	998	1178	1175644
7	CN005	202	713	132	4225	1047	4423575
8	CN006	223	903	811	1728	1937	3347136
9	CN007	512	782	229	2251	1523	3428273
10	CN008	266	376	558	2195	1200	2634000
11	CN009	220	268	910	867	1398	1212066
12	CN010	127	107	190	1020	424	432480
13	CN011	239	410	842	1458	1491	2173878
14	CN012	425	798	802	3378	2025	6840450

图 4.62　完成后的效果

2. 某产品销量情况表

（1）计算全年销量。

①单击B15单元格，单击“公式”选项卡中的“插入函数”按钮，在弹出的“插入函数”对话框中选择SUM函数，然后单击“确定”按钮，如图4.63所示。

②在SUM函数的“函数参数”对话框中，将光标定位于“Numbe1”框中，拖动鼠标

选择要进行求和运算的单元格区域B3:B14，如图4.64所示。单击"确定"按钮即可计算出2018年销量的全年总量。

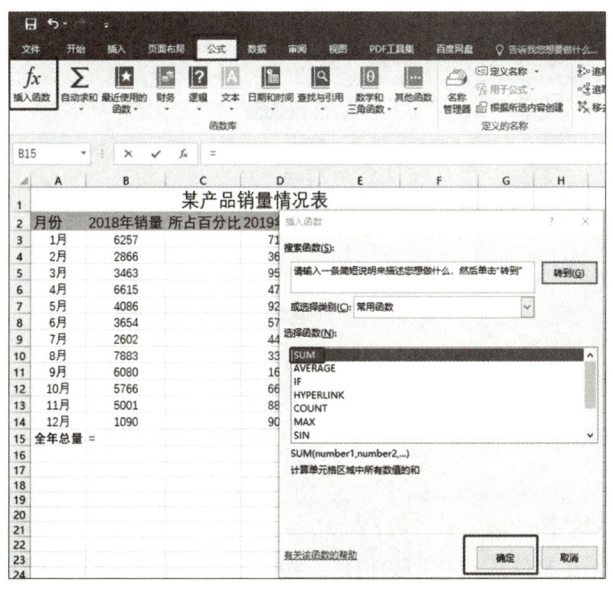

图 4.63　SUM 函数的使用

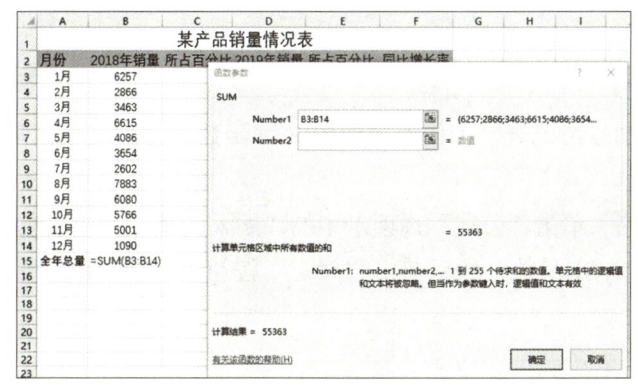

图 4.64　SUM 函数的参数设置

③用同样的方法，完成2019年销量的全年销量计算。

（2）计算所占百分比。

①单击C3单元格，输入公式=B3/B15，按"Enter"键确认，然后拖动填充柄完成2018年销量"所占百分比"列的计算。

②使用同样的方法，完成2019年销量"所占百分比"列的计算。

③使用鼠标拖动的方法选择C3:C14单元格区域，按住"Ctrl"键不放，再次使用鼠标拖动的方法选择E3:E14单元格区域，此时松开"Ctrl"键，然后设置百分比格式，保留2位小数，设置方法如图4.65所示。

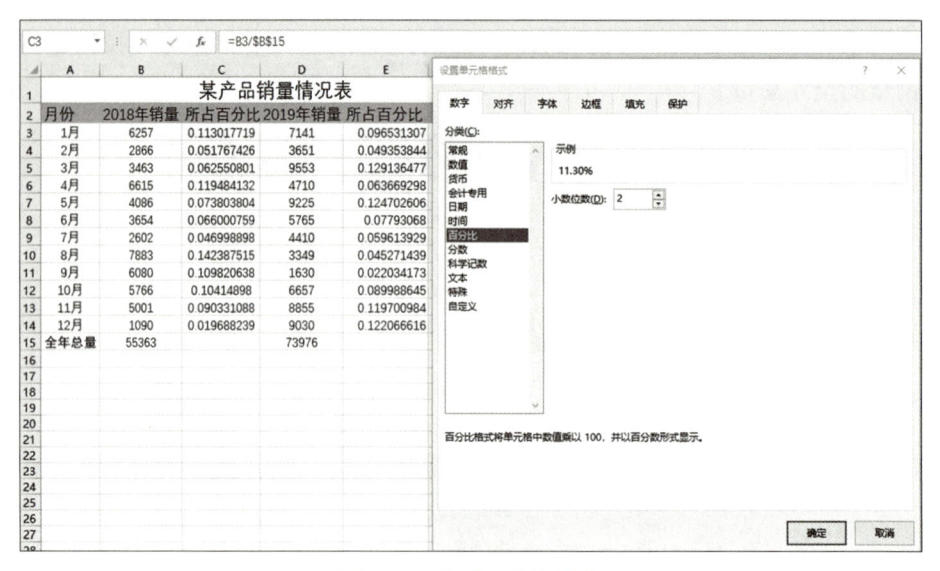

图 4.65　设置百分比格式

（3）计算同比增长率。

单击F3单元格，输入公式=(D3-B3)/B3，按"Enter"键确认，然后拖动填充柄复制公式，即可完成"同比增长率"列的计算。

3. 某班学生期中考试成绩总表

（1）计算总分。

参考"某产品销量情况表"工作表中使用SUM函数计算"全年销量"的方法。

（2）计算平均分。

①单击I3单元格，单击"公式"选项卡中的"插入函数"按钮，在弹出的"插入函数"对话框中选择AVERAGE函数，然后单击"确定"按钮。在弹出的"函数参数"对话框中按图4.66所示进行设置。

图 4.66　AVERAGE 函数的参数设置

②拖动填充柄复制公式，即可完成"平均分"列的计算。

（3）计算最高分。

①选定C24单元格，单击"插入函数"按钮，在弹出的"插入函数"对话框中选择"全部"分类中的MAX函数，如图4.67所示。

图 4.67　选择 MAX 函数

②单击"确定"按钮，在弹出的"函数参数"对话框中按图4.68所示进行设置。

③拖动填充柄向右复制公式，即可完成"单科成绩最高分"列的计算。

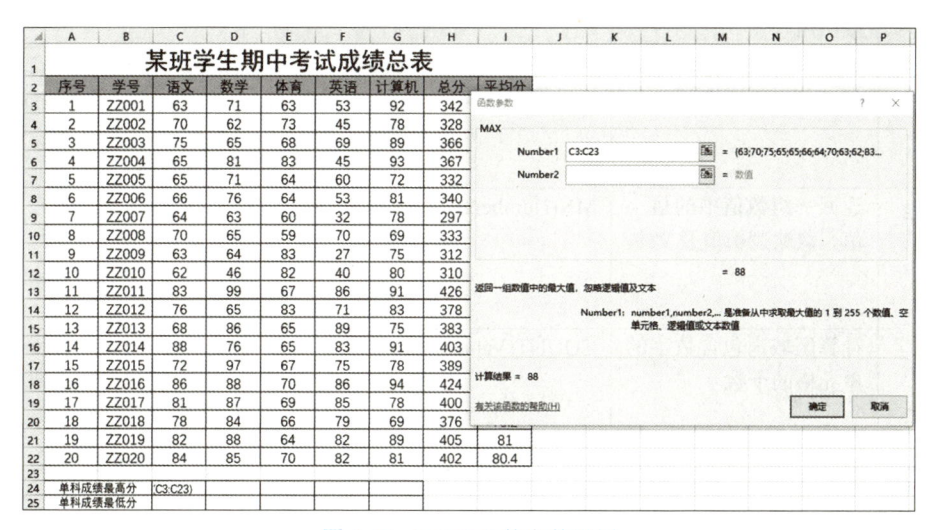

图 4.68　MAX 函数参数设置

（4）计算最低分。

①选定C25单元格，单击"插入函数"按钮，在弹出的"插入函数"对话框中选择"全部"分类中的MIN函数，单击"确定"按钮，在弹出的"函数参数"对话框中按图4.69所示进行设置。

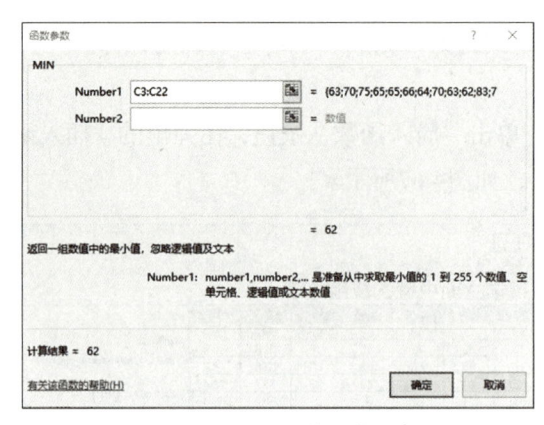

图 4.69　MIN 函数参数设置

②拖动填充柄向右复制公式，即可完成"单科成绩最低分"列的计算。

Excel 2016中常用的基本函数（见表4.9）。

表 4.9　Excel2016 中常用的基本函数数

函 数 名	功能描述	格　　式	参数描述
SUM	计算单元格区域中所有数值的和	SUM(Number1,Number2,…)	Number1，Number2，…1 到 255 个待求和的数值。单元格中的逻辑值和文本将被忽略
AVERAGE	返回其参数的算术平均值：参数可以是数值或包含数值的名称、数组或引用	AVERAGE(Numberl,Number2,…)	Number1,Number2,…是用于计算平均值1到255个数值参数
MAX	返回一组数值中的最大值，忽略逻辑值及文本	MAX(Number1,Number2,…)	Number1，Number2，…是准备从中求取最大值的1到255个数值、空单元格、逻辑值或文本数值
MIN	返回一组数值中的最小值，忽略逻辑值及文本	MN(Number1,Number2,…)	Number1，Number2，…是准备从中求取最小的 1 到 255个数值、空单元格、逻辑值或文本数值
COUNT	计算区域内包含数字的单元格的个数	COUNT(Value1,Value2,…)	Value1，Value2，…是 1 到 255个参数，可以包含或引用各种不同类型的数据，但只对数字型数据进行计数

模拟练习一　运动会成绩统计表

● 操作要求：

1. 对Sheet1工作表中的"某运动会成绩统计表"（如图4.70所示）完成如下计算。

（1）使用SUM函数计算各队获得的奖牌总数。

（2）利用公式计算"总积分"列的内容（金牌获5分，银牌获3分，铜牌获2分）。

2. 对Sheet2工作表中"各分店钢笔销售情况表"（如图4.71所示）完成如下计算。

图 4.70　某运动会成绩统计表

图 4.71　"各分店钢笔销售情况表"完成效果

（1）计算各分店的"一季度平均值"（H3:H5）和"二季度平均值"（I3:I5）（均为数值型，保留小数点后1位）。

（2）计算1月至6月各分店钢笔销量的最高值和最低值，分别置于B6:G6和B7:G7单元格区域。

- 完成效果（见图4.72和图4.73）：

图 4.72　"某运动会成绩统计表"完成效果　　图 4.73　"各分店钢笔销售情况表"完成效果

模拟练习二　学校师资情况表

- 操作要求：

1. 对Sheet1作表中的"某学校师资情况表"（如图4.74所示），计算学历占总人数的比例（百分比，保留小数点后2位）。

2. 对Sheet2工作表中的"GM公司2020年3月员工销售业绩表"（如图4.75所示）完成如下计算。

图 4.74　"某学校师资情况表"完成效果　图 4.75　"GM 公司 2020 年 3 月员工销售业绩表"完成效果

— 147 —

（1）计算各员工电视机、一空调、冰箱三种家电的销售额（每种产品的单价见H3:I6单元格内容），置于销售额列的E3:E12单元格区域。

（2）按照15%的提成比例，计算每名员工的销售提成，置于F3:F12单元格区域（数值型，保留小数点2位）。

● 完成效果（见图4.76和图4.77）

	A	B	C
1	某学校师资情况表		
2	学历	人数	学历占总人数比例
3	博士	23	3.03%
4	硕士	156	20.55%
5	本科	562	74.04%
6	专科	18	2.37%

图 4.76 “某学校师资情况表”完成效果

	A	B	C	D	E	F	G	H	I
1	GM公司2020年3月员工销售业绩表								
2	员工编号	电视机销量	空调销量	冰箱销量	销售额	销售提成			
3	GM001	60	48	20	504500	75675.00		产品单品价格表	
4	GM002	81	46	15	527939	79190.85		产品名称	单价
5	GM003	58	54	95	832002	124800.30		电视机	2599
6	GM004	60	60	47	679376	101906.40		空调	5600
7	GM005	22	81	52	718154	107723.10		冰箱	3988
8	GM006	48	93	99	1040364	156054.60			
9	GM007	35	10	17	214761	32214.15			
10	GM008	98	59	77	892178	133826.70			
11	GM009	72	58	33	643532	96529.80			
12	GM010	20	49	16	390188	58528.20			

图 4.77 “GM 公司 2020 年 3 月员工销售业绩表”完成效果

项目二 高级函数

● 操作要求：

1. 对Sheet1工作表中的“学生成绩统计表”（见图4.78）完成以下操作。

学生成绩统计表											
学号	班级	语文	数学	英语	平均成绩	成绩排名	备注				
ZX001	一班	83	75	80	79.3						
ZX002	一班	78	85	98	87.0						
ZX003	二班	75	77	88	80.0				班级	学生人数	数学平均成绩
ZX004	一班	78	70	96	81.3				一班		
ZX005	三班	71	79	94	81.3				二班		
ZX006	一班	70	50	70	63.3				三班		
ZX007	二班	75	62	60	65.7						
ZX008	一班	80	60	60	66.7						
ZX009	二班	69	82	84	78.3						
ZX010	一班	77	60	98	78.3						
ZX011	三班	71	72	88	77.0						
ZX012	一班	69	55	74	66.0						
ZX013	三班	69	53	88	70.0						
ZX014	一班	75	60	88	74.3						
ZX015	二班	74	50	96	73.3						
ZX016	三班	76	55	100	77.0						
ZX017	二班	78	65	92	78.3						
ZX018	一班	77	60	92	76.3						
ZX019	二班	76	60	92	76.0						
ZX020	二班	72	70	100	80.7						
ZX021	三班	82	70	92	81.3						
ZX022	二班	55	50	74	59.7						
ZX023	三班	72	65	62	66.3						

图 4.78 学生成绩统计表（部分）

（1）按平均成绩递减次序计算学生的成绩排名（利用RANK函数）。

（2）利用IF函数计算“备注”列（H3:H32），如果学生平均成绩大于或等于80，则输入“A”，否则输入“B”。

（3）利用COUNTIF函数统计各班学生人数，并置于K6:K8单元格区域。

（4）利用AVERAGEIF函数分别计算一班、二班、三班的数学平均成绩（数值型，保留小数点后0位）。

2. 对Sheet2工作表中的“每日门店销售统计表”（见图4.79）完成以下操作。

（1）利用“销售日期”列的数值和TEXT.函数，计算出“年份”列的内容（将年份显示为四位数字）和“月份”列的内容（将月份显示为不带前导零的数字）。

某商店每日销售情况统计表

年份	月份	销售日期	商品名称	售价	数量	成本价	收入	利润	业绩表现
2019	1	2019/1/26		18.9	4	11.3	75.6	30.4	
2019	4	2019/4/29		169	8	101.4	1352	540.8	
2019	2	2019/2/18		29.9	6	17.9	179.4	72.0	
2019	6	2019/6/22		39.6	9	23.8	356.4	142.2	
2019	4	2019/4/24		59.5	4	35.7	238	95.2	
2018	12	2018/12/11		19.9	2	11.9	39.8	16.0	
2018	9	2018/9/11		24.3	7	14.6	170.1	67.9	
2019	3	2019/3/28		49	1	29.4	49	19.6	
2019	1	2019/1/12		26.5	5	15.9	132.5	53.0	
2019	3	2019/3/2		16.6	6	10	99.6	39.6	
2019	7	2019/7/23		19.8	9	11.9	178.2	71.1	
2018	9	2018/9/9		88	9	52.8	792	316.8	
2019	6	2019/6/20		37.9	5	22.7	189.5	76.0	
2019	3	2019/3/8		57.9	6	34.7	347.4	139.2	
2019	7	2019/7/7		25.6	1	15.4	25.6	10.2	
2018	6	2018/6/28		31.7	2	19	63.4	25.4	
2018	9	2018/9/10		12.9	6	7.7	77.4	31.2	
2018	9	2018/9/22		125	4	75	500	200.0	
2019	7	2019/7/6		64.9	8	38.9	519.2	208.0	
2018	10	2018/10/9		12.9	2	7.7	25.8	10.4	
2019	4	2019/4/10		15.9	2	9.5	31.8	12.8	
2019	4	2019/4/1		79.9	7	47.9	559.3	224.0	
2018	1	2018/1/28		129.9	10	77.9	1299	520.0	
2018	7	2018/7/22		6.9	10	4.1	69	28.0	
2018	2	2018/2/25		30.25	2	18.2	60.5	24.1	
2019	5	2019/5/17		9.9	6	5.9	59.4	24.0	
2019	6	2019/6/18		39.9	9	23.9	359.1	144.0	
2018	11	2018/11/24		71.22	1	42.7	71.22	28.5	

年份	销售统计
2018年	
2019年	

图 4.79　某商店每日销售情况统计表（部分）

（2）利用IF函数给出“业绩表现”列的内容：如果利润大于等于300，则在相应单元格中输入“优秀”；如果利润大于等于100，则在相应单元格中输入“良好”；如果利润大于等于50，则在相应单元格中输入“合格”，否则在相应单元格中输入“差”。

（3）利用“收入”列的数值和SUMIF函数，分别计算出2018年和2019年销售统计，并置于M4和M5单元格中（货币型，保留小数点后2位）。

- 完成效果：

完成后的效果如图4.80和图4.81所示。

学生成绩统计表

学号	班级	语文	数学	英语	平均成绩	成绩排名	备注
ZX001	一班	83	75	80	79.3	7	B
ZX002	一班	78	85	98	87.0	1	A
ZX003	二班	75	77	88	80.0	6	A
ZX004	一班	78	70	96	81.3	2	A
ZX005	三班	71	79	94	81.3	2	A
ZX006	一班	70	50	70	63.3	22	B
ZX007	二班	75	62	60	65.7	21	B
ZX008	一班	80	60	60	66.7	18	B
ZX009	二班	69	82	84	78.3	8	B
ZX010	一班	77	60	98	78.3	8	B
ZX011	三班	71	72	88	77.0	11	B
ZX012	一班	69	55	74	66.0	20	B
ZX013	三班	69	53	88	70.0	17	B
ZX014	一班	75	60	88	74.3	15	B
ZX015	二班	74	50	96	73.3	16	B
ZX016	三班	76	55	100	77.0	11	B
ZX017	二班	78	65	92	78.3	8	B
ZX018	一班	77	60	92	76.3	13	B
ZX019	二班	76	60	92	76.0	14	B
ZX020	二班	72	70	100	80.7	5	A
ZX021	三班	82	70	92	81.3	2	A
ZX022	二班	55	50	74	59.7	23	B
ZX023	三班	72	65	62	66.3	19	B

班级	学生人数	数学平均成绩
一班	9	76
二班	9	72
三班	6	74

图 4.80　学生成绩统计表完成效果（部分）

图 4.81 某商店每日销售统计表完成效果（部分）

- 操作步骤：

1．学生成绩统计表

（1）计算"成绩排名"列。

①选定G3单元格，单击"插入函数"按钮，在弹出的"插入函数"对话框中选择"全部"分类中的RANK函数，如图4.82所示。

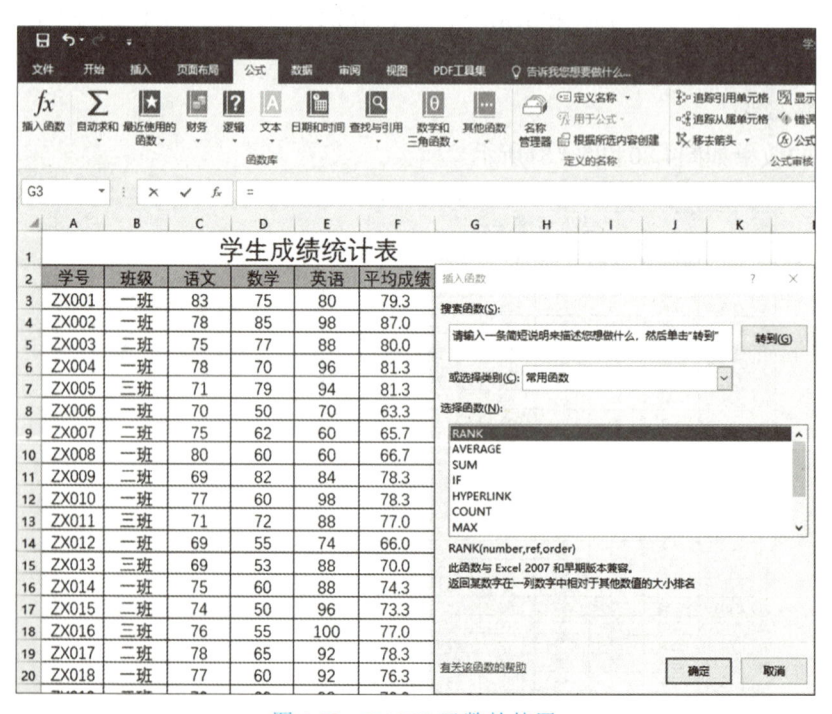

图 4.82 RANK 函数的使用

②在弹出的"函数参数"对话框中按图4.83所示进行参数设置。

图4.83　RNAK函数的参数设置

③拖动填充柄复制公式，完成"成绩排名"列的计算。

（2）利用IF函数计算"备注"列。

①选定H3单元格，单击"插入函数"按钮，在弹出的"插入函数"对话框中选择"常用函数"分类中的IF函数，如图4.84所示。

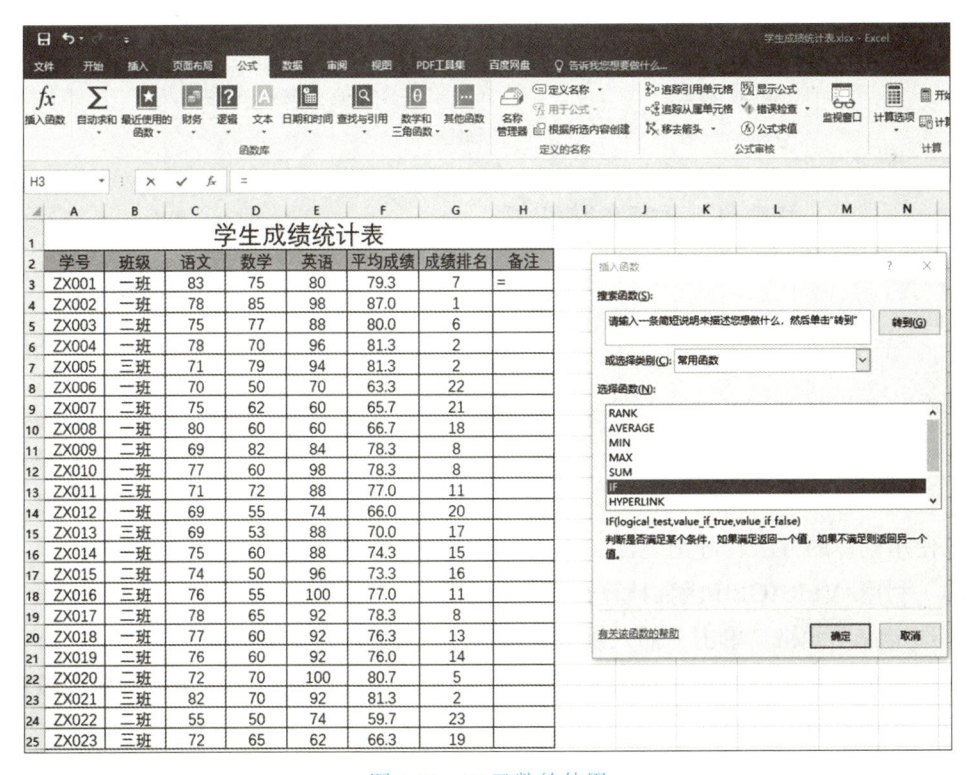

图4.84　IF函数的使用

②在弹出的"函数参数"对话框中按图4.85所示进行参数设置。

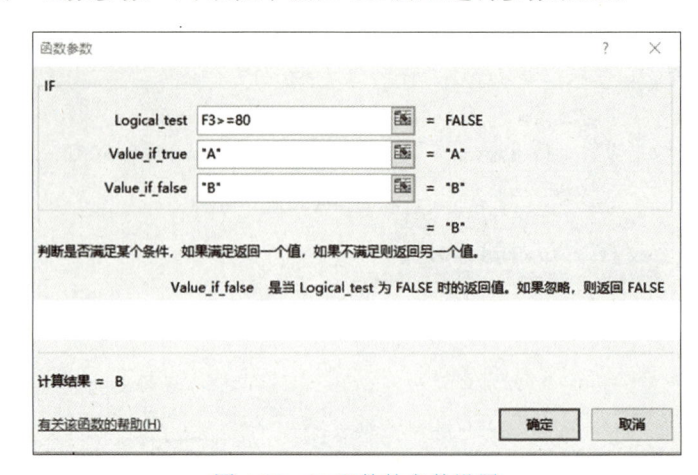

图4.85　IF函数的参数设置

③拖动填充柄复制公式,完成"备注"列的计算。
(3)利用COUNTIF函数统计各班学生人数。
①选定K6单元格,单击"插入函数"按钮,选择COUNTIF函数。
②在弹出的"函数参数"对话框中按图4.86所示进行参数设置。

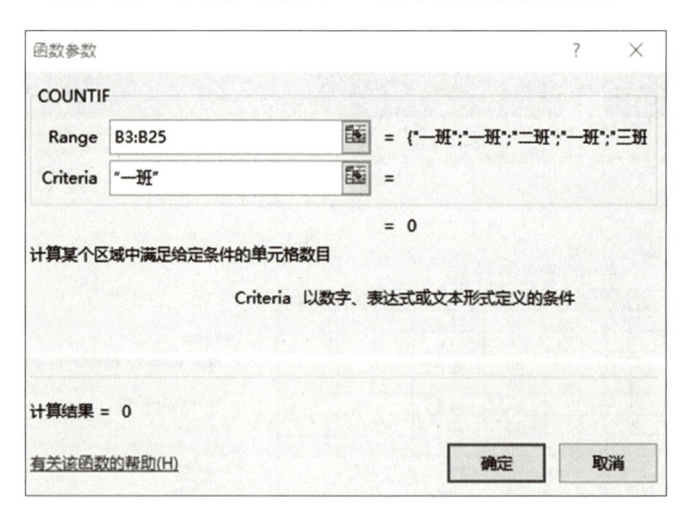

图4.86　COUNTIF函数的参数设置

③使用同样的方法,分别统计二班、三班的学生人数。
(4)利用AVERAGEIF函数计算数学平均成绩。
①选定L6单元格,单击"插入函数"按钮,选择AVERAGEIF函数。
②在弹出的"函数参数"对话框中按图4.87所示进行设置后,单击"确定"按钮,完成"数学平均成绩"的计算。

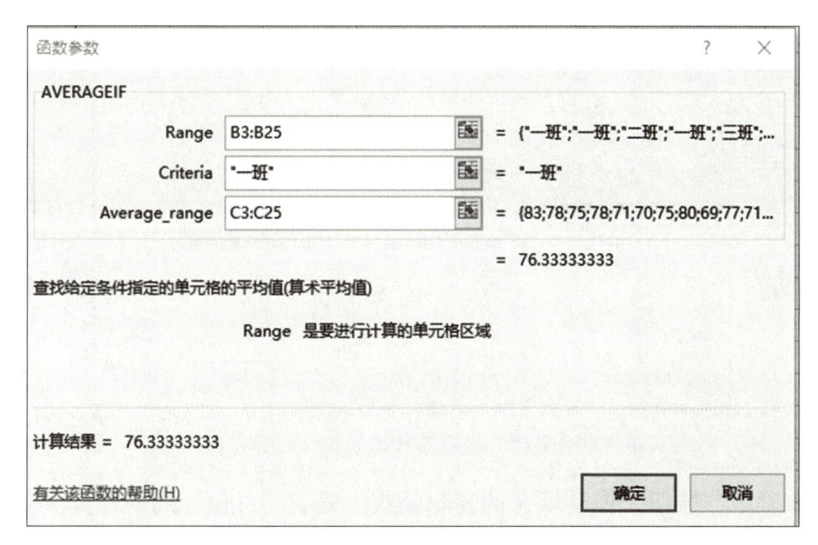

图 4.87　AVERAGEIF 函数的参数设置

③使用同样的方法，完成二班、三班的数学平均成绩的计算。

④选定L6:L8单元格区域，设置数值格式，小数位数0位。

2. 每日门店销售统计表

（1）计算"年份"列和"月份"列。

①选定A3单元格，单击"插入函数"按钮，在弹出的"插入函数"对话框中选择TEXT函数。

②打开"函数参数"对话框，按图4.88所示方式进行设置后，单击"确定"按钮，然后拖动填充柄复制公式，完成"年份"列的计算。

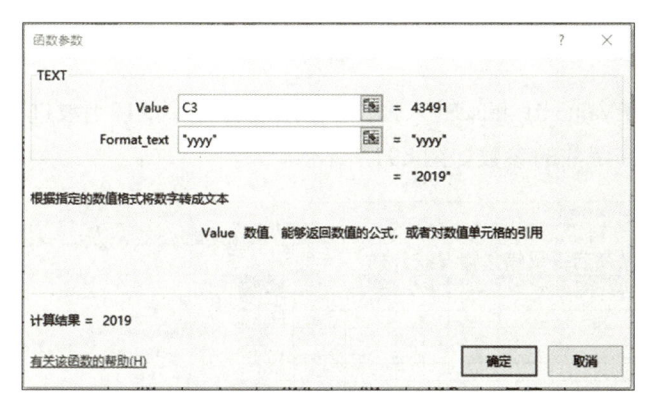

图 4.88　TEXT 函数的参数设置（计算年份）

③选定B3单元格，单击"插入函数"按钮，在弹出的"插入函数"对话框中选择TEXT函数，设置函数参数，如图4.89所示。

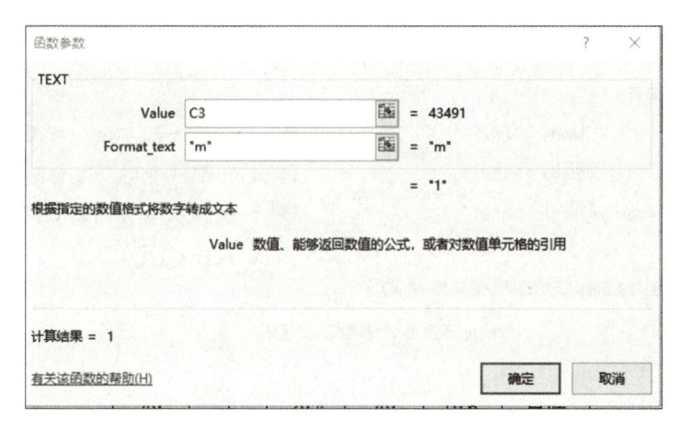

图4.89　TEXT函数的参数设置（计算月份）

④单击"确定"按钮，拖动填充柄复制公式，完成"月份"列的计算。

（2）计算"业绩表现"列的内容。

①选定J3单元格，选择"插入函数"按钮，在弹出的"插入函数"对话框中选择IF函数，对IF函数进行嵌套，相关的参数设置如图4.90所示。

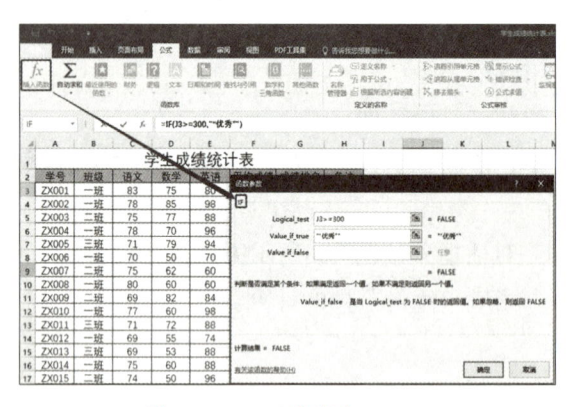

图4.90　IF函数嵌套（一）

②将光标定位在Value_if_false输入框中，单击名称框中的IF函数进行IF函数的嵌套（如图4.95所示），此时IF函数的参数如图4.91所示。

图4.91　IF函数嵌套（二）

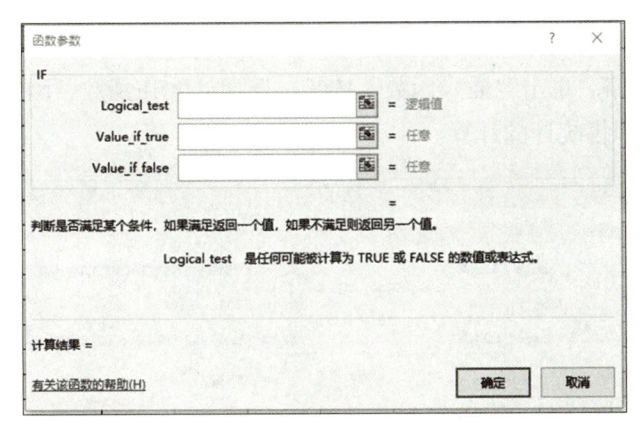

图 4.92　IF 函数嵌套（三）

③按图4.93所示设置参数。

④重复步骤②，再次进行IF函数的嵌套，按图4.94所示设置函数参数。

⑤单击"确定"按钮，完成IF函数的输入，拖动填充柄复制公式，完成"业绩表现"列的计算。

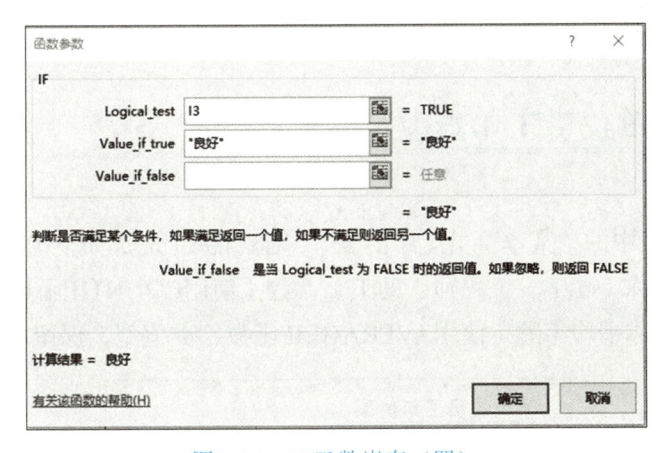

图 4.93　IF 函数嵌套（四）

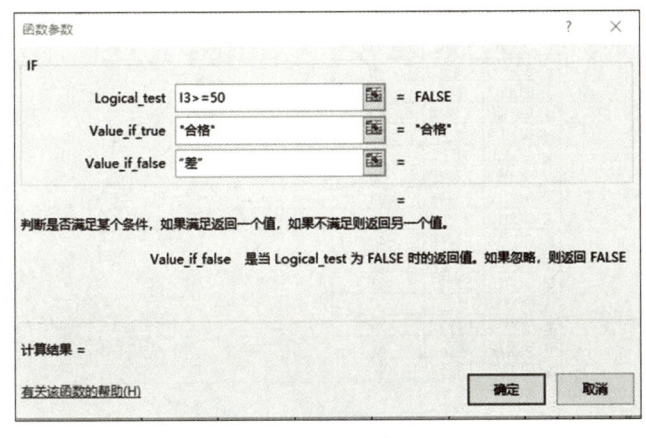

图 4.94　IF 函数嵌套（五）

（3）计算2018年和2019年销售统计。

①选定M4单元格，单击"插入函数"按钮，选择SUMIF函数，函数参数设置如图4.95所示，完成2019年销售统计的计算。

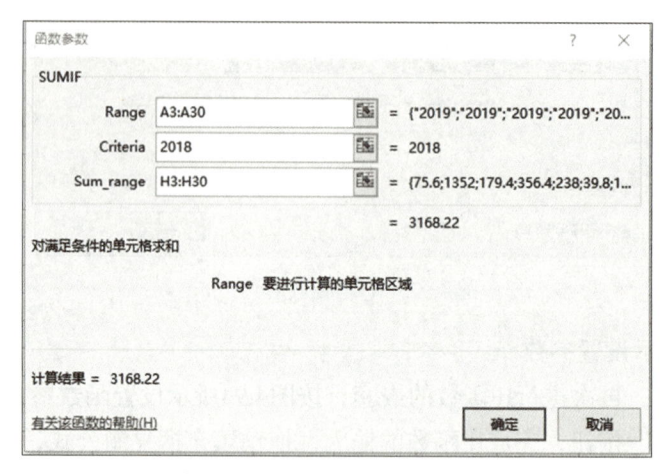

图 4.95　SUMIF 函数的参数设置

②使用同样的方法完成2019年销售统计的计算。

模拟练习三　单位员工年龄表

- 操作要求：

对Sheet1工作表中的"某单位员工年龄表"（见图4.96）完成如下操作。

（1）计算各职称（高工、工程师、助工）人数（使用COUNTIF函数）。

（2）计算各职称平均年龄（使用AVERAGEIF函数，数值型，保留小数点后0位）。

图 4.96　某单位员工年龄表

2. 对Sheet2工作表"产品第一季度销售情况表"（见图4.97）完成如下操作。

（1）计算"第一季度销售额"列的内容。

（2）计算各产品的销售额排序（利用RANK.EQ函数，降序），置于H3:H14单元格区域。

（3）利用SUMIF函数计算各类别产品的销售额，置于J5:J7单元格区域。

（4）计算各类别产品占总销售额的比例，置于"所占比例"列（百分比型，保留小数点后2位）。

	A	B	C	D	E	F	G	H	I	J	K	L
1	产品第一季度销售情况表											
2	产品型号	类别	1月销售量	2月销售量	3月销售量	单价	第一季度销售额	销售排名				
3	A001	A	680	885	418	65				类别	销售额	所占比例
4	B001	B	615	429	895	78				A		
5	A002	A	29	631	586	30				B		
6	C001	C	922	179	655	96				C		
7	C002	C	318	397	866	23						
8	A003	A	69	931	940	50						
9	A004	A	929	939	443	17						
10	B002	B	136	651	604	77						
11	C003	C	842	707	378	56						
12	B003	B	919	247	890	19						
13	C004	C	135	560	334	22						
14	B004	B	869	424	795	30						

图 4.97　产品第一季度销售情况表

● 完成效果（见图4.98和图4.99）：

	A	B	C	D	E	F	G
1	某单位员工年龄表						
2	职工号	职称	年龄				
3	GD001	高工	40				
4	GD002	工程师	35		职称	人数	平均年龄
5	GD003	高工	36		高工	8	44
6	GD004	高工	55		工程师	9	37
7	GD005	工程师	37		助工	3	41
8	GD006	高工	45				
9	GD007	高工	59				
10	GD008	工程师	49				
11	GD009	助工	38				
12	GD010	助工	58				
13	GD011	工程师	30				
14	GD012	工程师	23				
15	GD013	高工	46				
16	GD014	工程师	46				
17	GD015	高工	22				
18	GD016	工程师	31				
19	GD017	助工	28				
20	GD018	工程师	34				
21	GD019	高工	47				
22	GD020	工程师	49				

图 4.98　某单位员工年龄表完成效果

图 4.99　产品第一季度销售情况表完成效果

全国计算机等级考试（一级）考纲中的Excel函数（高级函数）见表4.10。

表 4.10　全国计算机等级考试（一级）考纲中的 Excel 函数（高级函数）

函数名	功能描述	格　　式	参数描述
COUNTIF	计算某个区域中满足给定条件的单元格数目	COUNTIF(Range,Criteria)	Range：要计算其中非空单元格数目的区域；Criteria：以数字、表达式或文本形式定义的条件
IF	判断是否满足某个条件，如果满足返回一个值，如果不满足则返回另一个值	IF(Logical_test, Value_if_true, Value_if_false)	Logical_test：任何可能被计算为 TRUE 或 FALSE 的数值或表达式 Value_if_true：是 Logical_test 为 TRUE 时的返回值。如果忽略，则返回 TRUE Value_if_falsc：是 Logical_test 为 FALSE 时的返回值。如果忽略，则返回 FALSB 注意：IF 函数多可七层
RANK	返回某数字在一列数字中相对于其他数值的大小排名	RANK(Number,Ref,Order)	Number：是要查找排名的数字 Ref：是一组数或对一个数据列表的引用。非数字值将被忽略 Order：是在列表中排名的数字。如果为 0 或忽略，降序；非零值，升序
RANK.EQ	返回某数字在一列数字中相对于其他数值的大小排名；如果多个数值排名相同，则返回该组数值的最值排名	RANK(Number,Ref,Order)	Number：是要资排名的数字 Ref：是一组数或对一个数据列表的引用。非数字值将被忽略 Order：是在列表中排名的数字，如果为 0 或忽略，降序；非零值，升序
SUMIF	对满足条件的单元格求和	SUMIF(Range,Criteria,Sum_range)	Range：要进行计算的单元格区域 Criteria：以数字、表达式或文本形式定义的条件 Sum_range：用于和计算的实际单元格。如省略，将使用区域中的单元格

（续表）

函 数 名	功能描述	格　　式	参数描述
AVERAGEIF	查找给定条件指定的单元格的平均值（算术平均值）	AVERAGEIF(Range,Criteria.Average_range)	Range：要进行计算的单元格区域 Criteria：是数字、表达式或文本形式定义的条件，它定义了用于查找平均值的单元格范围 Average_range：是用于查询平均值的实际单元格。如果省略，将使用区域中的单元格
AND	检查是否所有参数均为 TRUE，如果所有参数均为 TRUE，则返回 TRUE	AND(Logicall,Logical2,…)	1 到 255 个结果为 TRUE 或 FALSE 的检测条件，检测内容可以是逻辑值、数组或引用
OR	如果任一参数值为 TRUE，即返回 TRUE；只有当所有参数值均为 FALSE 时才返回 FALSE	OR(Logical1,Logical2,…)	1 到 255 个结果为 TRUE 或 FALSE 的检测条件
TEXT	根据指定的数值格式将数值转成文本	TEXT(Value,Format_text)	Value：数值、能够返回值的公式，或者对数值单元格的引用 Fommat_text：文本形式的数字格式，文字形式来自"单元格格式"对话框"数字"选项卡的"分类"框（不是"常规"选择项卡）
VLOOKUP	搜索表区域首列满足条件的元素，确定待检索单元格在区域中的行序号，再进一步返回选定单元格的值	VLOOKUP(Lookup_valuc,Table_array,Col_index_num,Range_lookup)	Lookup_valuc：需要在数据首列进行搜索的值，可以是数值、引用或字符串 Table_array：需在其中搜索数据的信息表，可以是对区域或区域名称的引用 Col_index_num：满足条件的单元格在数组区域 table_array 中的列序号。首列序号为 1 Range_lookup：指定在查找时是要求精确匹配，还是大致匹配。如果为 FALSE，为大致匹配。如为 TRUE 或忽略，为精确匹配

第四节 图 表

● 学习目标：

（1）明确图表的组成，包括坐标轴、数据系列、标题、图例、图表区、绘图区等。

（2）熟练掌握创建图表的方法。

（3）掌握如何对已创建的图表进行修改和格式设置。

（4）能够熟练运用图表对工作表中的数据进行分析和比较。

项目一 学生成绩统计图

● 操作要求：

对“学生成绩表”表（图4.100）完成如下操作。

	A	B	C	D
1	学生成绩表			
2	姓名	语文	数学	英语
3	李长廷	83	63	59
4	安宇航	58	63	74
5	张雪峰	66	90	94
6	王洪	70	80	85
7	赵天明	92	91	51
8	张军	83	76	89

图 4.100 学生成绩表

1. 选取“学生成绩表”的A2:D8单元格区域，创建“簇状柱形图”，在图表上方显示标题“学生成绩统计图”，图例显示在右侧。

2. 设置主要横坐标标题为“姓名”，主要纵坐标标题为“成绩”。

3. 设置图表数据系列“语文”为纯色填充“水绿色，个性色5，深色25%”，设置图表数据系列“数学”为渐变填充“深色变体，线性对角–左下到右上”，设置图表数据系列“英语”填充为绿色（自定义，RGB值：红色0，绿色176，蓝色80）。

4. 设置绘图区填充效果为“绿色大理石”的纹理填充栏并取消主轴主要水平网格线。

5. 设置图表区填充效果为“橙色，个性色6，淡色80%”。

6. 为数据系列数学添加数据标注，位置为数据标签内，并设置标签颜色为白色。为数据系列语文添加数据标注。

7. 为图表添加模拟运算表。

8. 将图表插入到当前工作表的A10:G25单元区域。

● 完成效果：

完成效果如图4.101所示。

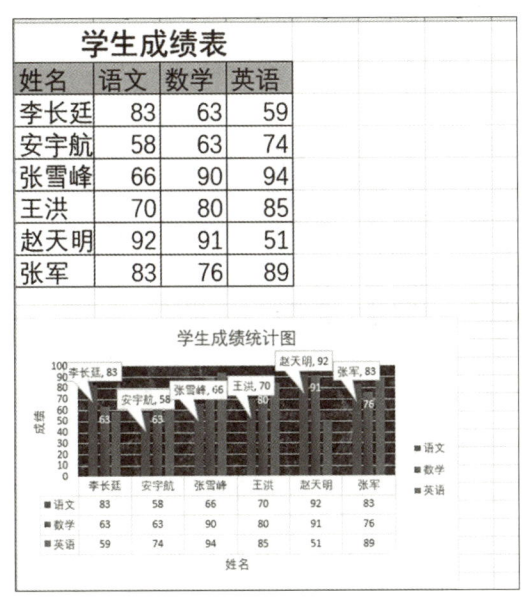

第四章　Excel 2016 电子表格

图 4.101　完成效果

● 操作步骤：

（1）选取"学生成绩表"的A2:D8单元格区域。

（2）单击"插入"→"图表"面板中右下角的按钮，弹出"插入图表"对话框，切换到"所有图表"选项卡，选择"柱形图"中的"簇状柱形图"，单击"确定"按钮，如图4.102所示，此时创建出如图4.103所示的图表。

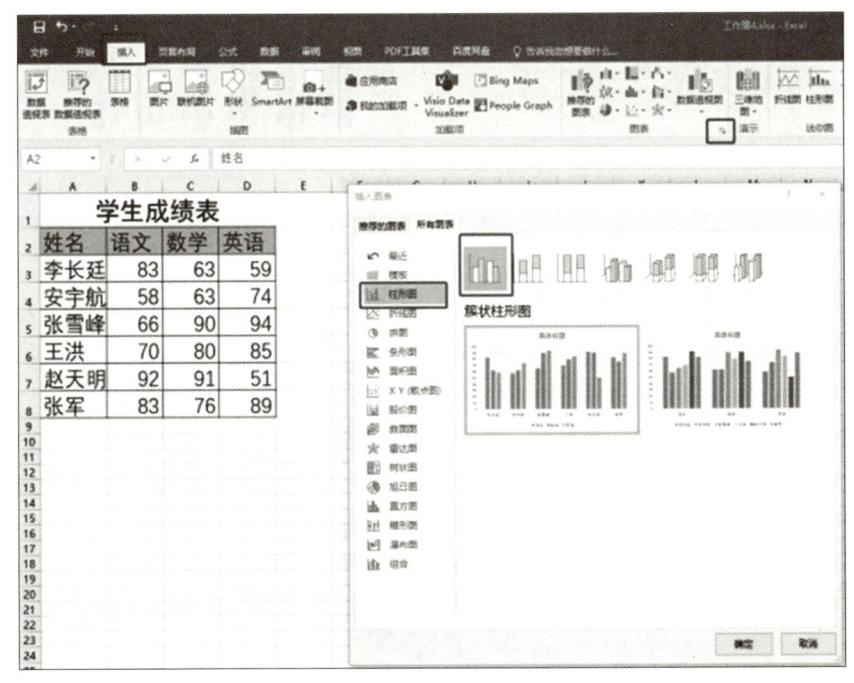

图 4.102　插入图表

— 161 —

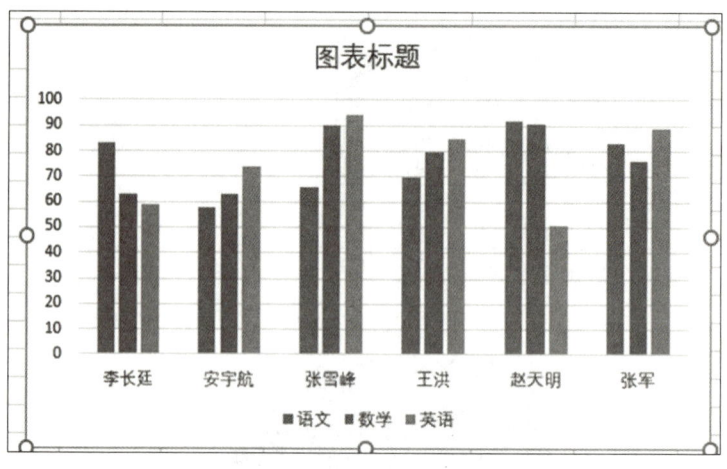

图 4.103　创建的图表效果

（3）单击图表，此时菜单栏会多出两个图表工具（分别是设计、格式），单击"设计"→"图表布局"面板中的"添加图表元素"，选择"图表标题"→"图表上方"，如图4.104所示，此时，直接将图表标题更改为"学生成绩统计图"，如图4.105所示。

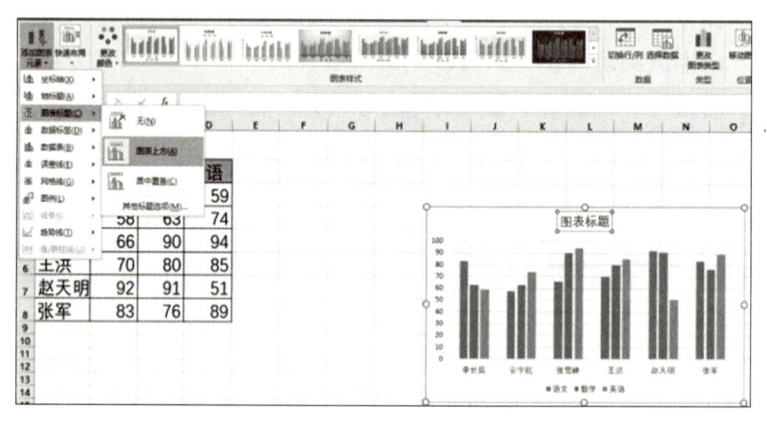

图 4.104　添加图表标题

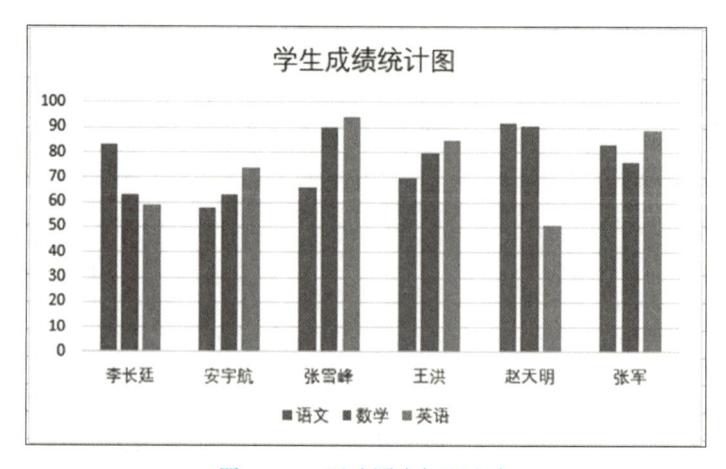

图 4.105　更改图表标题文字

（4）参考步骤（3）的方法，设置图例显示在右侧，如图4.106所示。

图4.106　设置图例

（5）单击"设计"→"图表布局"面板中的"添加图表元素"，选择"轴标题"→"主要横坐标轴"，此时图表横坐标轴位置出现"坐标轴标题"，直接将文字更改为"姓名"即可，如图4.107所示。以同样的方法设置主要纵坐标标题为"成绩"。

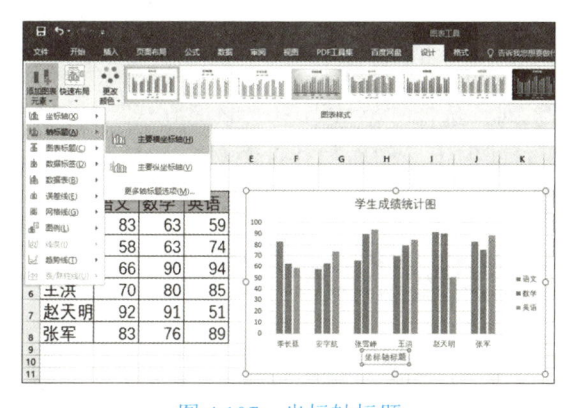

图4.107　坐标轴标题

（6）选定"语文"数据系列，单击"格式"→"形状填充"，选择颜色"绿色，个性色6，深色25%"，如图4.108所示。

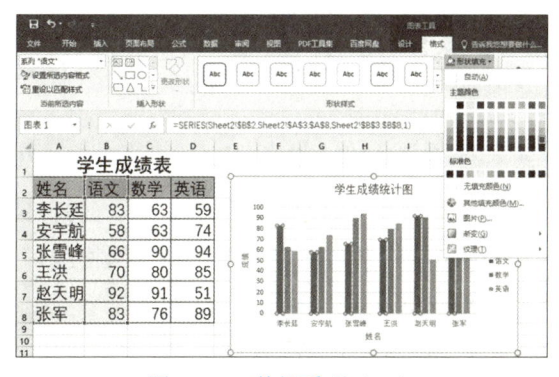

图4.108　数据系列（一）

— 163 —

选定"数学"数据系列,选择"格式"→"形状填充"→"渐变"→"深色变体"→"线性对角–左下到右上",如图4.109所示。

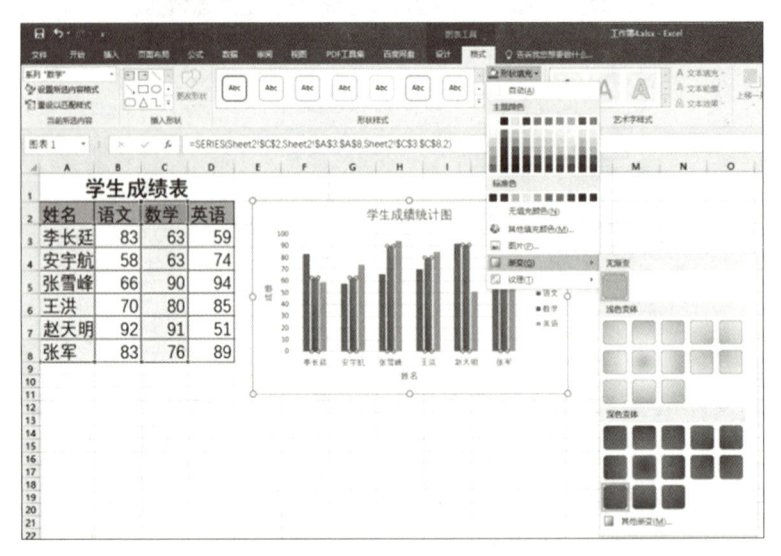

图 4.109 数据系列(二)

选定"英语"数据系列,选择"格式"→"形状填充"→"其他填色"(如图4.110所示),在弹出的"颜色"对话框中,切换到"自定义"选项卡,设置红色为0,绿色为176,蓝色为80,单击"确定"按钮,如4.111所示。

图 4.110 数据系列(三)　　　　图 4.111 自定义颜色

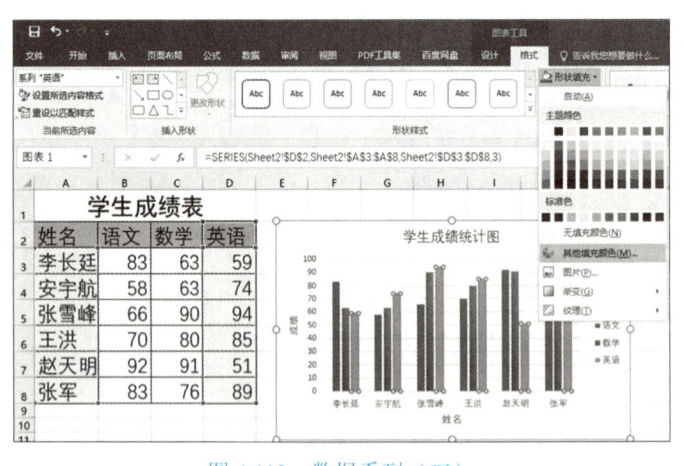

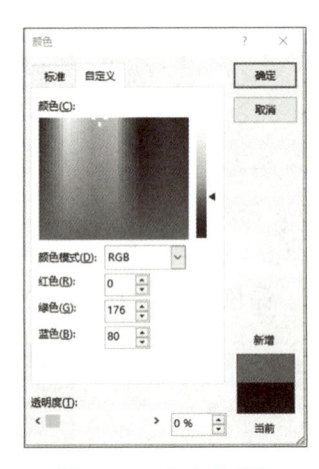

(7)选定"绘图区",选择"格式"→"形状填充"→"纹理/绿色大理石",如图4.112所示。选定图表,选择"设计"→"添加图表元素"→"网格线"→"主轴主要水平网格线",取消主轴主要水平网格线,如图4.113所示。

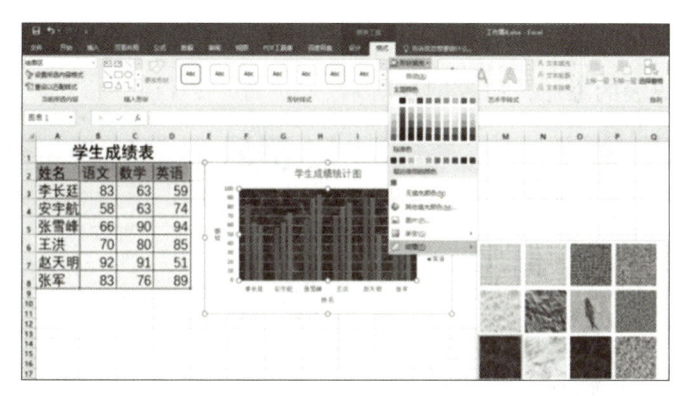

图 4.112　绘图区格式设置

（8）选定图表的"图表区"，选择"格式"→"形状填充"→"颜色"，设置颜色为"橙色，个性色2，淡色80%"，如图4.114所示。

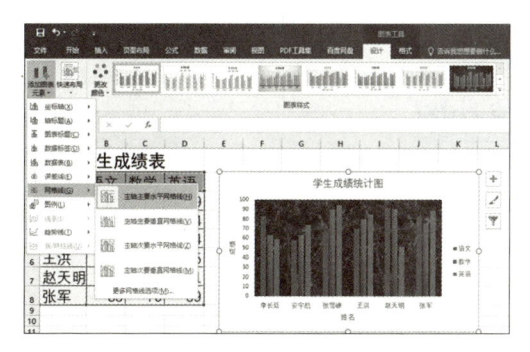

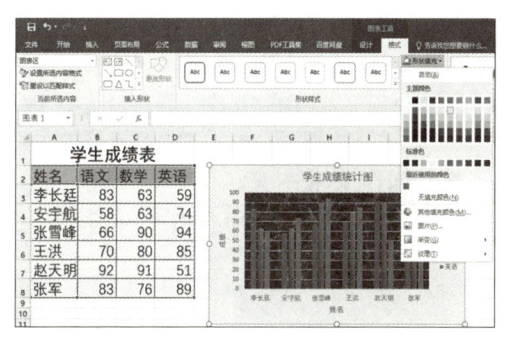

图 4.113　网络线设置　　　　图 4.114　图表区格式设置

（9）选定"数学"数据系列，选择"设计"→"添加图表元素"→"数据标签"→"数据标签"，为"数学"数据系列添加数据标注，如图4.115所示。选定数据标签，设置字体颜色为白色，如图4.116所示。

选定"语文"数据系列，选择"设计"→"添加图表元素"→"数据"→"数据标注"，为"语文"数据系列添加数据标注，如4.117所示。

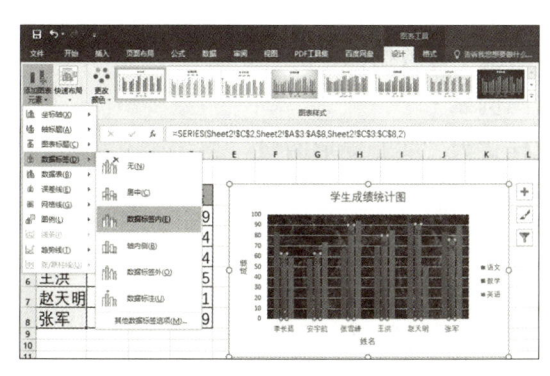

图 4.115　设置数据标签（一）　　　　图 4.116　设置数据标签（二）

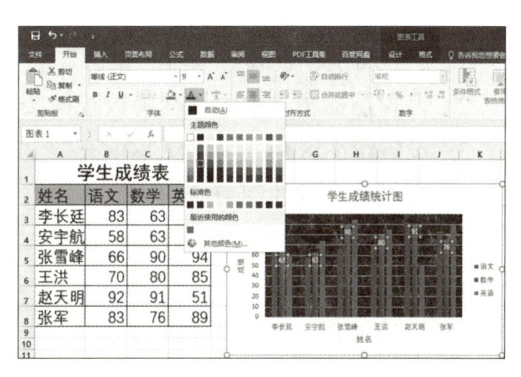

（10）选定图表，选择"设计"→"添加图表元素"→"数据表"→"显示图例项标示"，完成模拟运算表的添加，如图4.118所示。

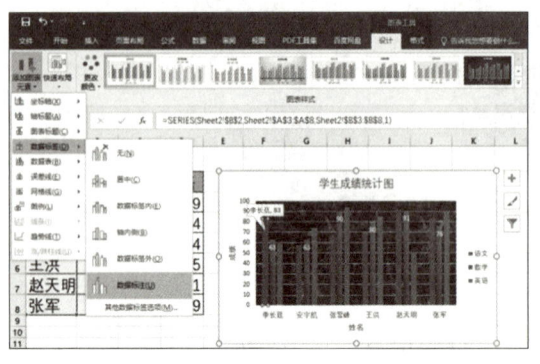

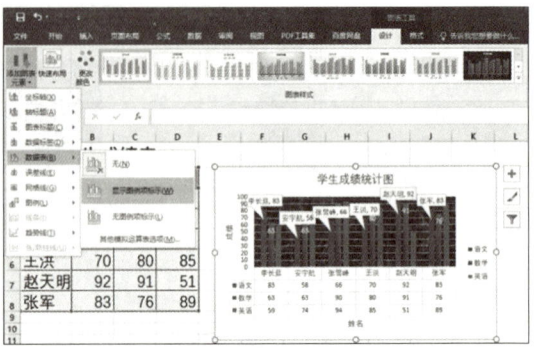

图 4.117　添加数据标注　　　　　图 4.118　添加模拟运算表

（11）将图表移动到A10:G25单元格区域，并适当调整图表大小。

模拟练习一　创建中国获得奖牌数统计图

- 操作要求：

为"中国在奥运会中获得奖牌数统计表"创建图表（如图4.119所示），具体要求如下。

届别	地点	金牌	银牌	铜牌	排名
23届	洛杉矶	15	8	9	4
24届	汉城	5	11	12	11
25届	巴塞罗那	16	22	16	4
26届	亚特兰大	16	22	12	4
27届	细腻	28	16	15	3
28届	雅典	32	17	14	2
29届	北京	51	21	28	1
30届	伦敦	38	27	23	2
31届	里约热内卢	26	18	26	3

图 4.119　中国在奥运会中获得奖牌数统计表

1. 在"届别、金牌、银牌、铜牌"4列中创建"带数据标记的折线图"。
2. 设置图标题"中国获奖牌数统计图"，图例靠上。
3. 设置绘图区格式为"图案填充"，填充样式为"实心菱形网格"。
4. 为创建完成的图表应用图表样式"样式9"。
5. 将图表插入当前的工作表的A13:F26单元格区域。

- 完成效果：

完成效果如图4.120所示。

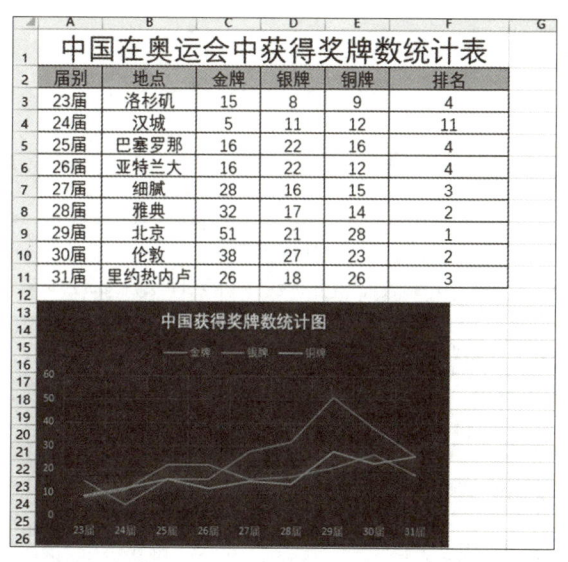

图 4.120　完成效果

模拟练习二　创建产品销量增长图

- 操作要求：

为"某产品销量情况表"创建图表（如图4.121所示），具体要求如下：

图 4.121　某产品销量情况表

1. 选取"某产品销量情况表"的月份列和"同比增长率"列，创建"三维簇状条形图"，图表标题为"产品销量增长图"，不显示图例。

2. 设置背景墙格式为"图案填充"，填充样式为"线网格"，前景色为"红色，个性色2，深色25%"。

3. 设置图表区格式为"纯色填充"，颜色为"红色，个性色2，淡色80%"。

4. 设置横坐标的坐标轴的主要刻度线为1，标签数字为百分比格式，小数位数为0位。

5. 为数据系列添加数据标注，显示类别名称和值。

— 167 —

6. 设置图表区边框线为标准色蓝色、双线、3磅。

7. 将图表插入当前工作表的A1&F36单元格区域。

● 完成效果：

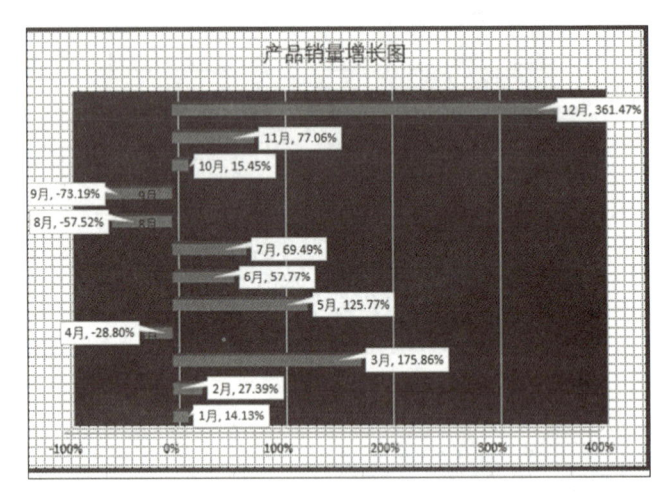

完成效果如图4.122所示。

图 4.122　完成效果

第五节　数 据 处 理

● 学习目标：

（1）掌握排序。

（2）掌握分类汇总。

（3）掌握数据透视表。

（4）掌握自动筛选。

（5）掌握高级筛选。

项目一　整理统计公司内部数据表

● 操作要求：

1. 打开"公司内部数据表_1.xlsx"工作簿文件，按照下列要求完成对此表格的排序操作并保存。

（1）选取"销售业绩表"工作表，对工作表中的数据清单，按主要关键字"销售团队"升序、次要关键字"销售排名"降序进行排序。

（2）选取"员工档案"工作表，对工作表中的数据清单，按主要关键字"职务"升序、次要关键字"入职时间"降序进行排序。

（3）选取"销售资料"工作表，对工作表中的数据清单，按主要关键字"销往地区"升序、次要关键字"商品类别"降序、第三关键字"订购数量"降序进行排序。

（4）选取"培训成绩单"工作表，对工作表中的数据清单，按主要关键字"部门"降序、次要关键字"年龄"升序进行排序。

2. 打开"公司内部数据表_2.xlsx"工作簿文件，按照下列要求完成对此表格的排序和分类汇总操作并保存。

（1）选取"销售业绩表"工作表，对工作表中的数据清单，按主要关键字"销售团队"升序、次要关键字"个人销售总计"降序进行排序；对排序后的表格完成各销售团队"个人销售总计"最大值的分类汇总，汇总结果显示在数据下方，并且只显示到2级。

（2）选取"员工档案"工作表，对工作表中的数据清单，按主要关键字"部门"升序、次要关键字"学历"降序进行排序；对排序后的表格完成各部门"工龄和签约月工资"平均值的分类汇总，汇总的平均值保留2位小数，汇总结果显示在数据下方，并且只显示到2级。

（3）选取"销售资料"工作表，对工作表中的数据清单，按主要关键字"商品类别"升序进行排序；对排序后的表格完成各商品"订购数量"总和的分类汇总，汇总结果显示在数据下方，并且只显示到2级。

（4）选取"培训成绩单"工作表，对工作表中的数据清单，按主要关键字"性别"降序、次要关键字"年龄"降序进行排序；对排序后的表格完成分类汇总，分类字段为性别，汇总方式为平均值，汇总项为五个科目，汇总的平均值保留2位小数，汇总结果显示在数据下方，并且只显示到2级。

3. 打开"公司内部数据表_3.xlsx"工作簿文件，按照下列要求完成对此表格的数据透视表操作并保存。

（1）选取"销售业绩表"工作表，对工作表中数据清单的内容建立数据透视表，按行标签为"销售团队七"、数据值为"一月份""二月份""三月份""四月份"求和布局，并置于工作表M4:Q8的单元格区域。

（2）选取"员工档案"工作表，对工作表中数据清单的内容建立数据透视表，数据透视表的位置在本工作表的I4:P13单元格，数据透视表的效果如下所示。

（3）选取"销售资料"工作表，对工作表中数据清单的内容建立数据透视表，按筛选为"销往地区"、行标签为"商品名称"、列标签为"销往国家"、数据值为"订购数量"求和布局，并置于工作表的J4单元格区域，数据透视表中销往地区选择"南美洲"。

（4）选取"培训成绩单"工作表，对工作表中数据清单的内容建立数据透视表，按行标签为"部门"，列标签为"性别"，数据值为"平均成绩"布局，保留2位小数，并置于工作表的M4:P12单元格区域。

- 样表（见图4.123~图4.125）：

销售业绩表

	A	B	C	D	E	F	G	H	I	J	K
1	员工编号	姓名	销售团队	一月份	二月份	三月份	四月份	五月份	六月份	个人销售总计	销售排名
2	XS31	张恬	销售1部	68000	97500	61000	57000	60000	85000	428500	41
3	XS13	杨鹏	销售2部	76000	63500	84000	81000	65000	62000	431500	38
4	XS34	张田	销售3部	56000	77500	85000	83000	74500	79000	455000	27
5	XS7	范俊秀	销售4部	75500	72500	75000	92000	86000	55000	456000	26
6	XS33	郝艳芬	销售5部	84500	78500	87500	64500	72000	76500	463500	24
7	XS2	彭立阳	销售6部	74000	72500	67000	94000	78000	90000	475500	19
8	XS19	马路刚	销售7部	77000	60500	66050	84000	98000	93000	478550	16
9	XS29	卢红艳	销售8部	84500	71000	99500	89500	84500	58000	487000	14
10	XS17	李佳	销售9部	87500	63500	67500	98500	78500	94000	489500	12
11	XS30	张成	销售10部	82500	78000	81000	96500	96500	57000	491500	11

员工档案

	A	B	C	D	E	F	G
1	工号	部门	职务	学历	入职时间	工龄	签约月工资
2	TPY007	管理	部门经理	硕士	2001年3月	14	10000
3	TPY092	财务	财务经理	本科	2004年12月	10	18000
4	TPY093	财务	财务总监	本科	2003年1月	12	25000
5	TPY097	财务	出纳	本科	2015年1月	0	6000
6	TPY096	财务	出纳	本科	2010年11月	4	6000
7	TPY066	行政	行政经理	本科	2010年2月	5	8500
8	TPY095	财务	会计	本科	2010年1月	5	6000
9	TPY094	财务	会计	本科	2008年1月	7	5700
10	TPY015	管理	人事经理	硕士	2006年12月	8	15000
11	TPY098	财务	税务	本科	2011年4月	4	6000

销售资料

	A	B	C	D	E	F	G	H
1	标识符	日期	客户编号	销往地区	销往国家	商品类别	商品名称	订购数量
2	2185352	2013.3.4	117	北美洲	加拿大	自行车配件	马鞍包	1067
3	2185379	2014.10.3	119	北美洲	墨西哥	自行车配件	车头灯	1066
4	2185424	2015.12.12	105	北美洲	加拿大	自行车配件	携车袋	1022
5	2185454	2016.9.9	112	北美洲	美国	自行车配件	后视镜	1014
6	2185429	2016.2.29	110	北美洲	加拿大	自行车配件	自行车坐垫包	803
7	2185405	2015.8.15	102	北美洲	美国	自行车配件	车锁	799
8	2185393	2015.3.13	108	北美洲	美国	自行车配件	后视镜	733
9	2185458	2016.10.13	104	北美洲	美国	自行车配件	车头灯	721
10	2185400	2015.6.26	113	北美洲	加拿大	自行车款	儿童车	494

培训成绩单

	A	B	C	D	E	F	G	H	I	J	K
1	员工编号	姓名	性别	年龄	部门	Word	Excel	PowerPoint	Outlook	Visio	平均成绩
2	30	冯佳慧Feng Jia Hui	女	24	研发部	67	83	94	63	79	77.2
3	265	杨美涵Yang Mei Han	女	24	研发部	80	92	75	92	76	83
4	260	闫舒雯Yan Shu Wen	女	25	研发部	95	81	90	99	95	92
5	334	朱姿Zhu Zi	女	25	研发部	89	83	84	99	74	85.8
6	188	宋奕暄Song Yi Xuan	女	26	研发部	63	69	87	78	81	75.6
7	189	苏畅Su Chang	女	26	研发部	70	70	88	88	71	77.4
8	229	王怡琳Wang Yi Lin	女	26	研发部	89	86	79	66	100	84
9	66	胡玮鑫Hu Wei Xin	男	28	研发部	81	67	100	71	64	76.6
10	156	买休休Mai Yi Yi	女	29	研发部	95	67	70	72	74.8
11	236	王紫怡Wang Zi Yi	女	30	研发部	76	89	67	91	96	83.8

图 4.123　公司内部数据表 1（样表）

	A	B	C	D	E	F	G	H	I	J	K
1	员工编号	姓名	销售团队	一月份	二月份	三月份	四月份	五月份	六月份	个人销售总计	销售排名
14											
15											
16			销售1部最大值							537000	
17			销售2部最大值							514000	
18			销售3部最大值							501000	
19			总计最大值							537000	

— 170 —

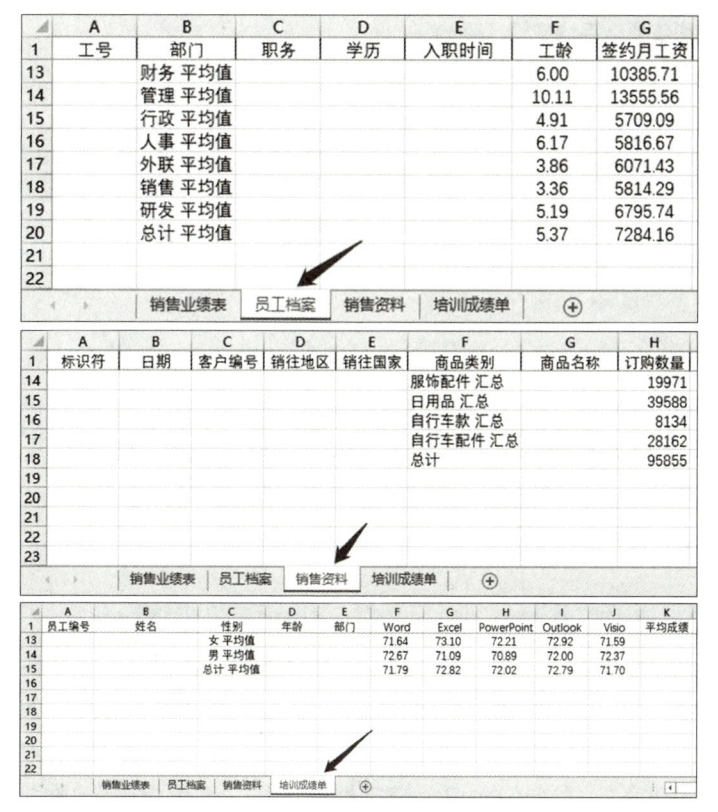

图 4.124　公司内部数据表 2（样表）

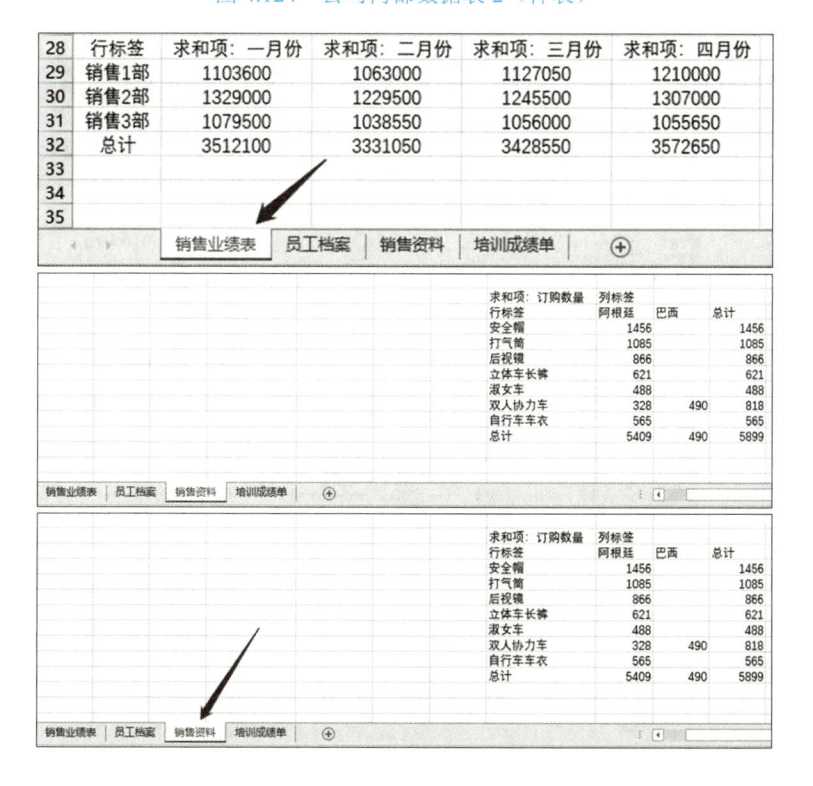

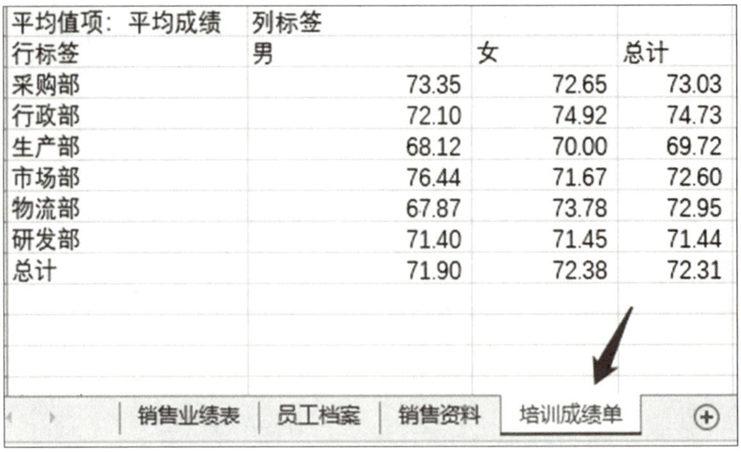

平均值项：平均成绩	列标签		
行标签	男	女	总计
采购部	73.35	72.65	73.03
行政部	72.10	74.92	74.73
生产部	68.12	70.00	69.72
市场部	76.44	71.67	72.60
物流部	67.87	73.78	72.95
研发部	71.40	71.45	71.44
总计	71.90	72.38	72.31

图 4.125　公司内部数据表 3（样表）

- 操作步骤：

1. 打开"公司内部数据表_1.xlsx"文件，对4个工作表进行排序。

（1）单击"销售业绩表"工作表，选择A1:K23区域，选择"数据"→"排序和筛选"面板中的→"排序"命令，在弹出的对话框中，勾选"数据包含标题"复选框，单击"添加条件"按钮，在列的主要关键字框中选择"销售团队"，在排序依据框中选择"数值"，在次序框中选择"升序"；在列的次要关键字框中选择"销售排名"，在排序依据框中选择"数值"，在次序框中选择"降序"。具体操作如图4.126所示，完成效果如图4.127所示。

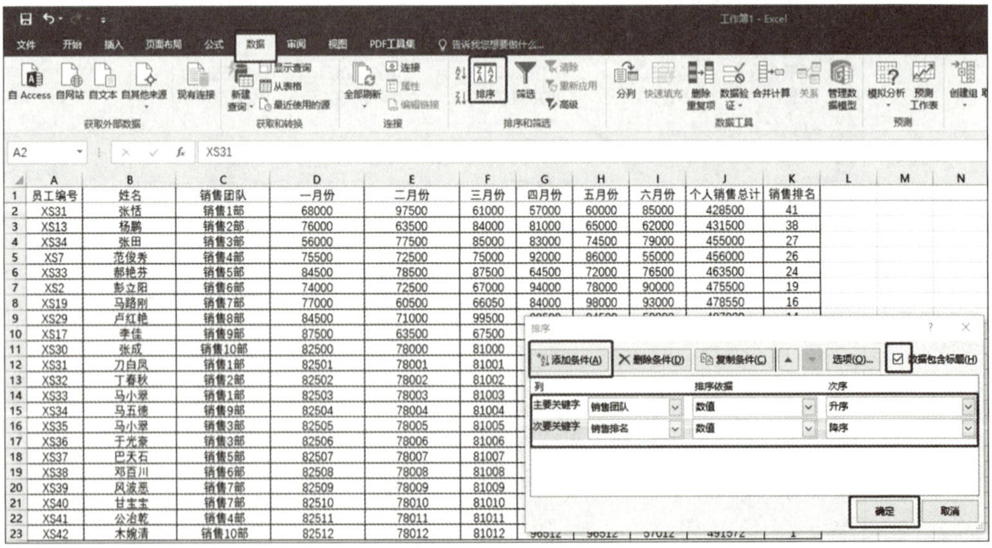

图 4.126　设置排序参数

	A	B	C	D	E	F	G	H	I	J	K
1	员工编号	姓名	销售团队	一月份	二月份	三月份	四月份	五月份	六月份	个人销售总计	销售排名
2	XS31	张恬	销售1部	68000	97500	61000	57000	60000	85000	428500	41
3	XS31	刀白凤	销售1部	82501	78001	81001	96501	96501	57001	491506	10
4	XS33	马小翠	销售1部	82503	78003	81003	96503	96503	57003	491518	8
5	XS13	杨鹏	销售2部	76000	63500	84000	81000	65000	62000	431500	38
6	XS32	丁春秋	销售2部	82502	78002	81002	96502	96502	57002	491512	9
7	XS34	张田	销售3部	56000	77500	85000	83000	74500	79000	455000	27
8	XS35	马小翠	销售3部	82505	78005	81005	96505	96505	57005	491530	6
9	XS36	于光豪	销售3部	82506	78006	81006	96506	96506	57006	491536	5
10	XS7	范俊秀	销售4部	75500	72500	75000	92000	86000	55000	456000	26
11	XS41	公冶乾	销售4部	82511	78011	81011	96511	96511	57011	491566	1
12	XS33	郝艳芬	销售5部	84500	78500	87500	64500	72000	76500	463500	24
13	XS37	巴天石	销售5部	82507	78007	81007	96507	96507	57007	491542	4
14	XS2	彭立阳	销售6部	74000	72500	67000	94000	78000	90000	475500	19
15	XS38	邓百川	销售6部	82508	78008	81008	96508	96508	57008	491548	3
16	XS19	马路刚	销售7部	77000	60500	66050	84000	98000	93000	478550	16
17	XS39	风波恶	销售7部	82509	78009	81009	96509	96509	57009	491554	2
18	XS40	甘宝宝	销售7部	82510	78010	81010	96510	96510	57010	491560	1
19	XS29	卢红艳	销售8部	84500	71000	99500	89500	84500	58000	487000	14
20	XS17	李佳	销售9部	87500	63500	67500	98500	78500	94000	489500	12
21	XS30	张成	销售9部	82500	78000	81000	96500	96500	57000	491500	11
22	XS34	马五德	销售9部	82504	78004	81004	96504	96504	57004	491524	7
23	XS42	木婉清	销售9部	82512	78012	81012	96512	96512	57012	491572	1

图 4.127 完成效果

小知识

当数据表比较庞大时，选择区域用鼠标拖动的方法比较慢，可以采用以下方法进行快捷选定区域：

①单击第一个单元格，按住Shift键，单击表格最后一个单元格，可以全选表格。
②单击任一个单元格，按Ctrl+A组合键，可以全选表格。
③单击第一个单元格，按住Shift+Ctrl+方向键，可以选择向右方向的一行。
④单击第一个单元格，按住Shift+Ctrl+方向键↓，可以选择向下方向的一列。

（2）单击"员工档案"工作表，选择A1:G11区域，选择"数据"→"排序和筛选"→"排序"命令，在弹出的对话框中，勾选"数据包含标题"复选框，单击"添加条件"按钮，在列的主要关键字框中选择"职务"，在排序依据框中选择"数值"，在次序框中选择"升序七在列的次要关键字框中选择"入职时间"，在排序依据框中选择"数值"，在次序框中选择"降序"，具体操作如图4.128所示，完成效果如图4.129所示。

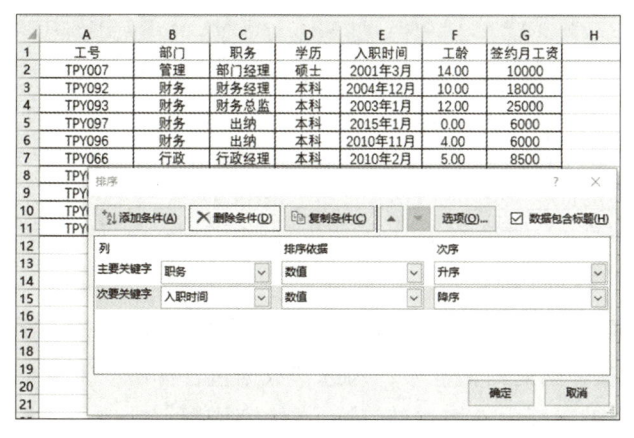

图 4.128 设置排序参数

	A	B	C	D	E	F	G
1	工号	部门	职务	学历	入职时间	工龄	签约月工资
2	TPY007	管理	部门经理	硕士	2001年3月	14.00	10000
3	TPY092	财务	财务经理	本科	2004年12月	10.00	18000
4	TPY093	财务	财务总监	本科	2003年1月	12.00	25000
5	TPY097	财务	出纳	本科	2015年1月	0.00	6000
6	TPY096	财务	出纳	本科	2010年11月	4.00	6000
7	TPY095	财务	会计	本科	2010年1月	5.00	6000
8	TPY094	财务	会计	本科	2008年1月	7.00	5700
9	TPY015	管理	人事经理	硕士	2006年12月	8.00	15000
10	TPY098	财务	税务	本科	2011年4月	4.00	6000
11	TPY066	行政	行政经理	本科	2010年2月	5.00	8500

图 4.129　完成效果

（3）单击"销售资料"工作表，选择A1:H10区域，选择"数据"→"排序和筛选"→"排序"命令，在弹出的对话框中，勾选"数据包含标题"复选框，单击"添加条件"按钮两次，在列的主要关键字框中选择"销往地区"，在排序依据框中选择"数值"，在次序框中选择"升序"；在第一个次要关键字框中选择"商品类别"，在排序依据框中选择"数值"，在次序框中选择"降序"；在第二个次要关键字框中选择"订购数量"，在排序依据框中选择"数值"，在次序框中选择"降序"，具体操作如图4.130所示，完成效果如图4.131所示。

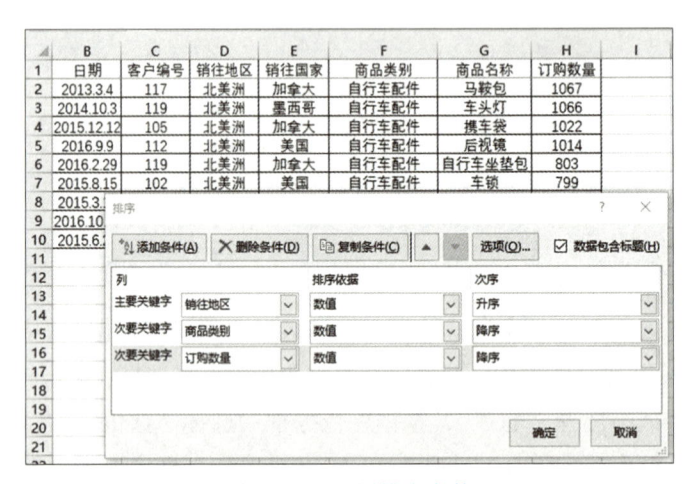

图 4.130　设置排序参数

图 4.131　完成效果

（4）单击"培训成绩单"工作表，选择A1:K11区域，选择"数据"→"排序和筛选"→"排序"，命令，在弹出的对话框中，勾选"数据包含标题"复选框，单击"添加条件"按钮，在列的主要关键字框中选择"部门"，在排序依据框中选择"数值"，在次序框中选择"降序"；在列的次要关键字框中选择"年龄"，在排序依据框中选择"数值"，在次序框中选择“升序”。具体操作如图4.132所示，完成效果如图4.133所示。

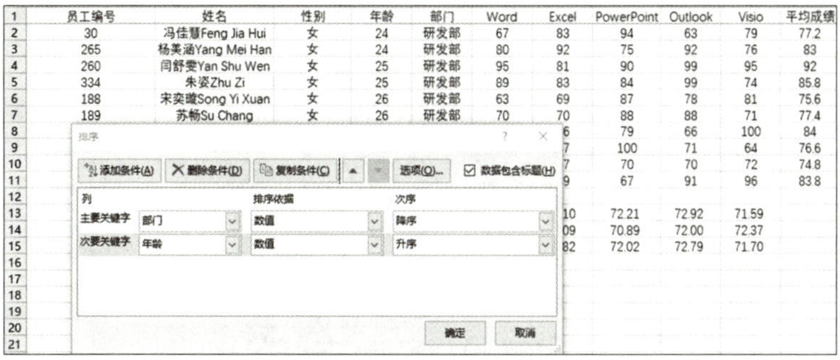

图 4.132　排序参数设置

	A	B	C	D	E	F	G	H	I	J	K
1	员工编号	姓名	性别	年龄	部门	Word	Excel	PowerPoint	Outlook	Visio	平均成绩
2	30	冯佳慧Feng Jia Hui	女	24	研发部	67	83	94	63	79	77.2
3	265	杨美涵Yang Mei Han	女	24	研发部	80	92	75	92	76	83
4	260	闫舒雯Yan Shu Wen	女	25	研发部	95	81	90	99	95	92
5	334	朱姿Zhu Zi	女	25	研发部	89	83	84	99	74	85.8
6	188	宋奕璇Song Yi Xuan	女	26	研发部	63	69	87	78	81	75.6
7	189	苏畅Su Chang	女	26	研发部	70	70	88	88	71	77.4
8	229	王怡琳Wang Yi Lin	女	26	研发部	89	86	79	66	100	84
9	66	胡玮鑫Hu Wei Xin	男	29	研发部	81	67	100	71	64	76.6
10	156	买依依Mai Yi Yi	女	29	研发部	95	67	70	70	72	74.8
11	236	王紫怡Wang Zi Yi	女	30	研发部	76	89	67	91	96	83.8

图 4.133　完成效果

2. 打开“公司内部数据表_2.xlsx”文件，对4个工作表进行排序和分类汇总。

（1）单击“销售业绩表”工作表，选择A1:K23区域，选择“数据”→“排序和筛选”→“排序”命令，在弹出的对话框中，在列的主要关键字框中选择“销售团队”，在次序框中选择“升序”；在列的次要关键字框中选择“个人销售总计”，在次序框中选择“降序”，具体操作如图4.134所示。选择“数据”→“分级显示”→“分类汇总”命令，在弹出的对话框中，分类字段框选择“销售团队”，汇总方式框选择“最大值”，选定汇总项框选择“个人销售总计”，勾选“汇总结果显示在数据下方”复选框，然后单击“确定”按钮，最后单击页面左侧分级显示第“2”级。具体操作如图4.135所示，完成效果如图4.136所示。

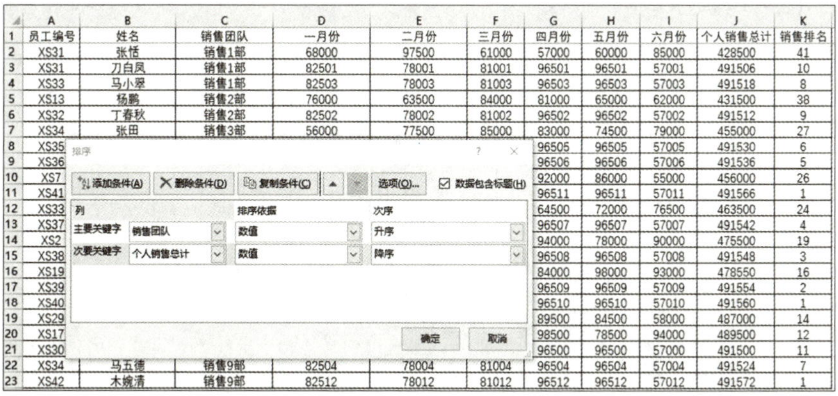

图 4.134　排序参数设置

图 4.135　分类汇总参数设置

图 4.136　完成效果

（2）单击"员工档案"工作表，选择A1:G10区域，选择"数据"→"排序和筛选"→"排序"命令，在弹出的对话框中，在列的主要关键字框中选择"部门"，在次序框中选择"升序"；在列的次要关键字框中选择"学历"，在次序框中选择"降序"，具体操作如图4.137所示。选择"数据"→"分级显示"→"分类汇总"命令，在弹出的对话框中，分类字段框选择"部门"，汇总方式框选择"平均值"，选定汇总项框选择"工龄、签约月工资"，勾选"汇总结果显示在数据下方"复选框，然后单击"确定"按钮，最后单击页面左侧分级显示第"2"级。再选择数据区域，选择"开始"→"数字"→"数字格式"→"数值"命令，具体操作如图4.138和图4.139所示。

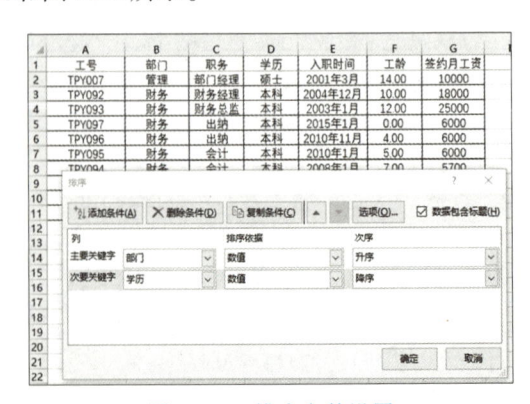

图 4.137　排序参数设置

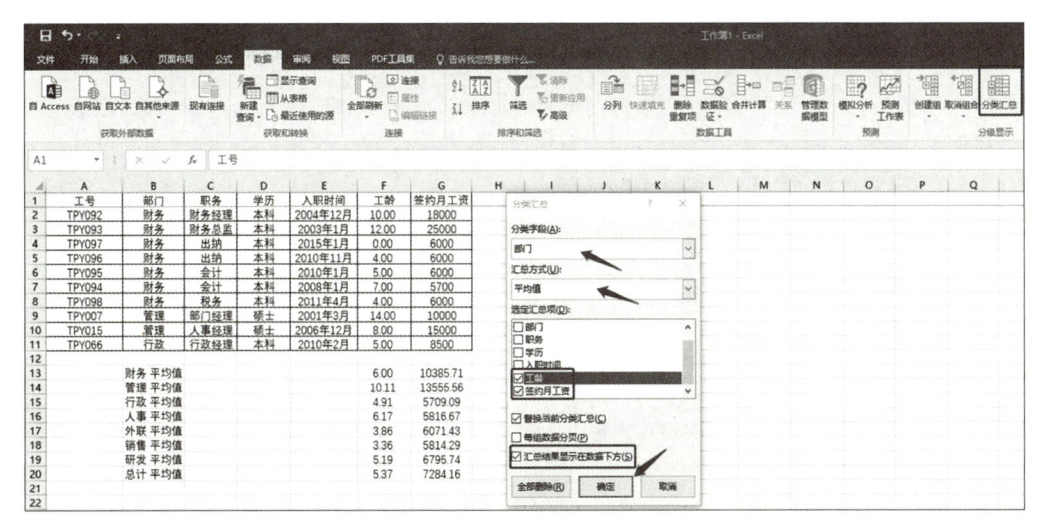

图 4.138　分类汇总参数设置

图 4.139　分类汇总

（3）单击"销售资料"工作表，选择A1:H11区域，选择"数据"→"排序和筛选"→"排序"命令，在弹出的对话框中，勾选"数据包含标题"复选框，单击"添加条件"按钮，在列的主要关键字框中选择"商品类别"，在次序框中选择"升序"，具体操作如图4.140所示。选择"数据"→"分级显示"→"分类汇总"命令，在弹出的对话框中，分类字段框选择"商品类别"，汇总方式框选择"求和"，选定汇总项框选择"订购数量"，勾选"汇总结果显示在数据下方"复选框，然后单击"确定"按钮，最后单击页面左侧分级显示第"2"级，具体操作如图4.141和图4.142所示。

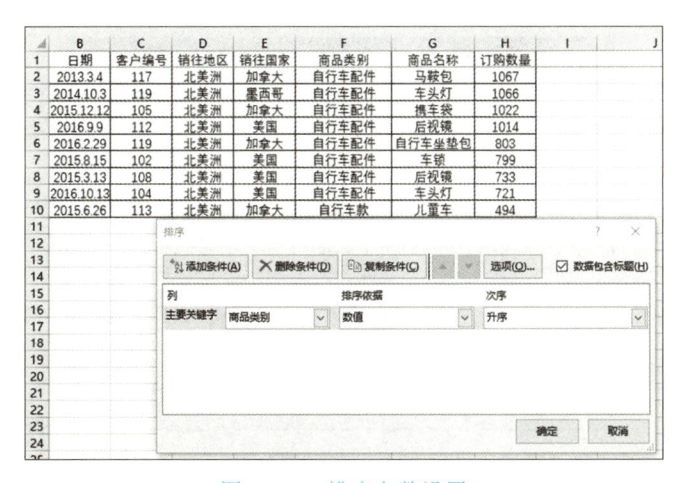

图 4.140　排序参数设置

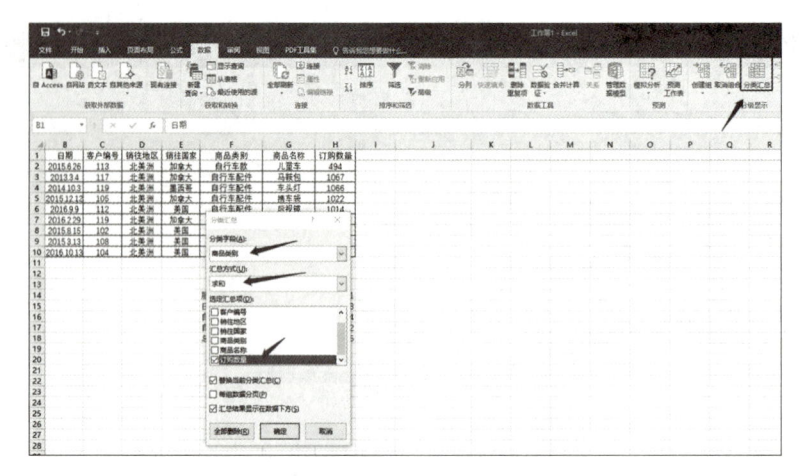

图 4.141　分类汇总参数设置

图 4.142　分类汇总

（4）单击"培训成绩单"工作表，选择A1:K11区域，选择"数据"→"排序和筛选"→"排序"命令，在弹出的对话框中，在列的主要关键字框中选择"性别"，在次序框中选择"降序"；在列的次要关键字框中选择"年龄"，在次序框中选择"降序"，具体操作如图4.143所示。选择"数据"→"分级显示"→"分类汇总"命令，在弹出的对话框中，分类字段框选择"性别"，汇总方式框选择"平均值"，选定汇总项框选择"Word、Excel、PowerPoint、Outlook、Visio"，勾选"汇总结果显示在数据下方"复选框，然后单击"确定"按钮，最后单击页面左侧分级显示第"2"级，选择数据区域，再选择"开始"→"数字"→"数字格式"→"数值"命令，具体操作如图4.144和图4.145所示。

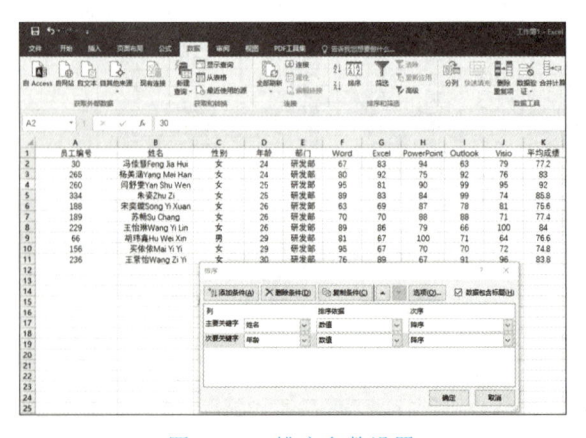

图 4.143　排序参数设置

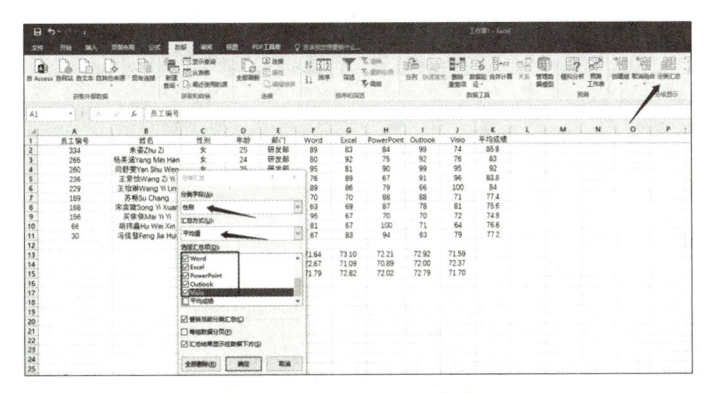

图 4.144　分类汇总参数设置

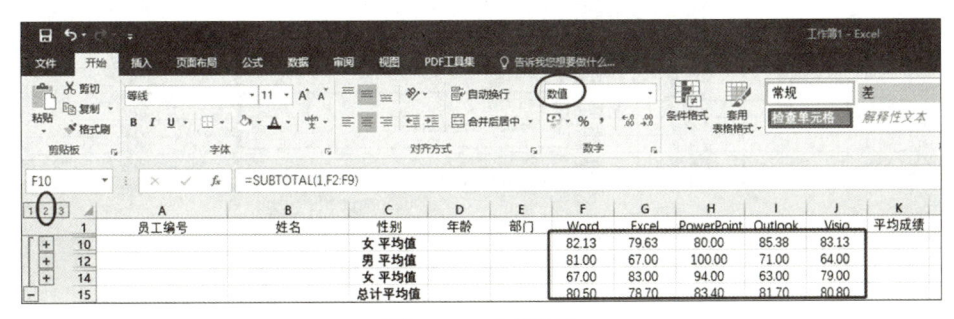

图 4.145　分类汇总

3. 打开"公司内部数据表_3.xlsx"文件，对4个工作表建立数据透视表。

（1）单击"销售业绩表"工作表，选择A1:K45区域，选择"插入"→"表格"→"数据透视表"命令，在弹出的"创建数据透视表"对话框中，选中"选择一个表或区域"单选按钮，然后在"表/区域"框中选择销售业绩表中的A1:K45区域；再选中"选择放置数据透视表的位置"选项组中的"现有工作表"单选按钮，在"位置"列表框中选择"销售业绩表"中的M4单元格，然后单击"确定"按钮，具体操作如图4.146所示；在数据透视表字段框中，将"销售团队"字段拖动到"行"框，将"一月份""二月份""三月份""四月份"字段拖动到"值"框，具体操作如图4.147所示。

图 4.146　创建数据透视表

图 4.147　设置数据透视表字段

（2）单击"员工档案"工作表，选择A1:G11区域，选择"插入"→"表格"→"数据透视表"命令，在弹出的"创建数据透视表"对话框中，选中"请选择要分析的数据"选项组中的"选择一个表或区域"单选按钮，然后在"表/区域"框中选择"员工档案"中的A1:G11区域；再选中"选择放置数据透视表的位置"选项组中的"现有工作表"单选按钮，在"位置"框中选择"员工档案"中的I4单元格，然后单击"确定"按钮，具体操作如图4.148所示；在数据透视表字段框中，将"部门"字段拖动到"行"框，将"学历"字段拖动到"列"框，将"工号"字段拖动到"值"框，具体操作如图4.149所示。

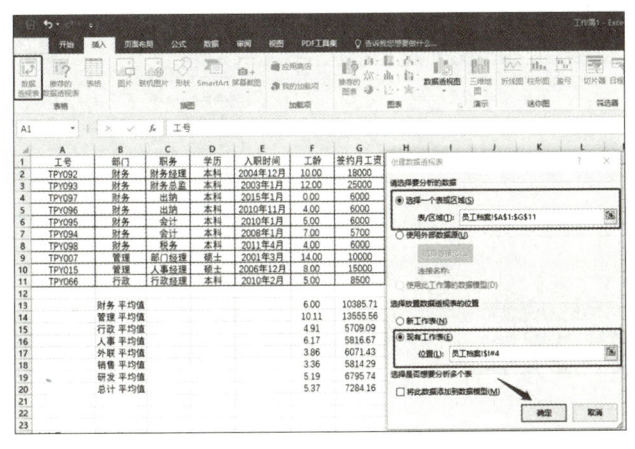

图 4.148　创建数据透视表

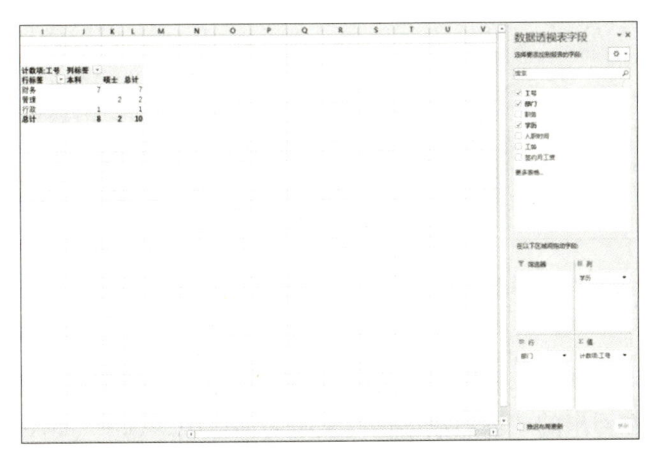

图 4.149　设置数据透视表字段

（3）单击"销售资料"工作表，选择A1:H10区域，选择"插入"→"表格"→"数据透视表"命令，在弹出的"创建数据透视表"对话框中，选中"请选择要分析的数据"选项组中的"选择一个表或区域"单选按钮，然后在"表/区域"框中选择"销售资料"中的A1:H10区域；再选中"选择放置数据透视表的位置"选项组中的"现有工作表"单选按钮，在"位置"框中选择"销售资料"中的J4单元格，然后单击"确定"按钮，具体操作如图4.150所示；在数据透视表字段框中，将"销往地区"字段拖动到"筛选器"框，将"商品名称"字段拖动到"行"框,将"销往国家"字段拖动到"列"框,将"订购数量"字段拖动到"值"框。单击"销往地区"下拉按钮,选择"南美洲",具体操作如图4.151所示。

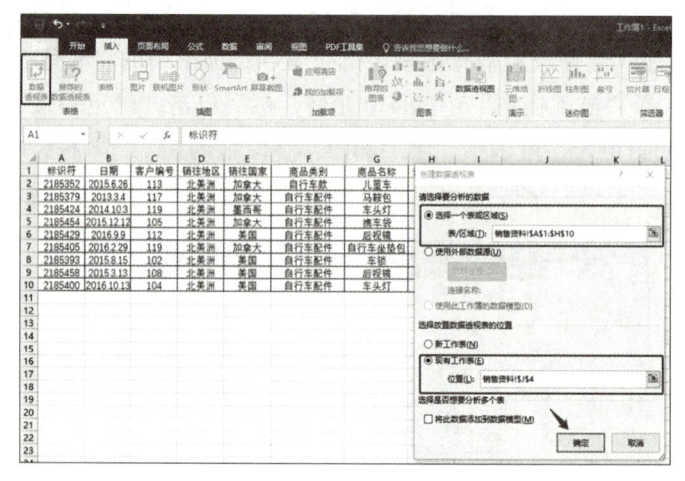

图 4.150　创建数据透视表

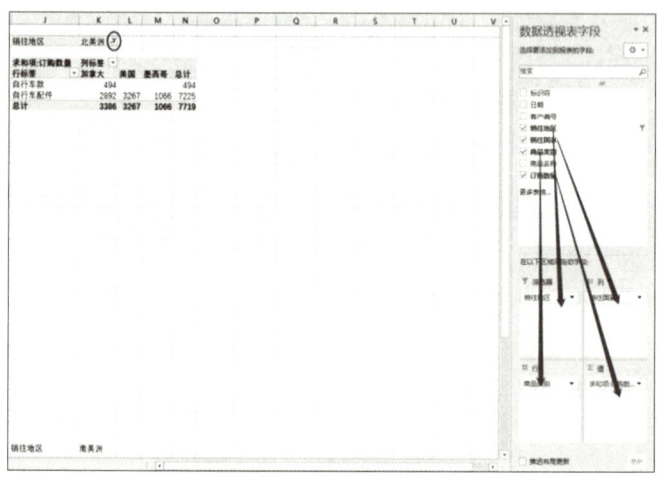

图 4.151　设置数据透视表字段

（4）单击"培训成绩单"工作表,选择A1:K11区域,选择"插入"→"表格"→"数据透视表"命令,在弹出的"创建数据透视表"对话框中,选中"请选择要分析的数据"选项组中的"选择一个表或区域"单选按钮,然后在"表/区域"框中选择"培训成绩单"中的A1:K11区域；然后再选中"选择放置数据透视表的位置"选项组中的"现有工作表"单选按钮,在"位置"框中选择"培训成绩单"中的M4单元格,然后单击"确定"按钮,具体操作如图4.152所示；在数据透视表字段框中,将"部门"字段拖动到"行"框,将"性别"字段拖动到"列"框,将"平均成绩"字段拖动到"值"框,具体操作如图4.153所示。单击"平均成绩"下拉按钮,在"计算类型"下拉列表框中选择"平均值"命令,具体操作如图4.154所示；选择透视表中的数据区域,选择"开始"→"数字"→"数字格式"→"数值"命令,具体操作如图4.155所示。

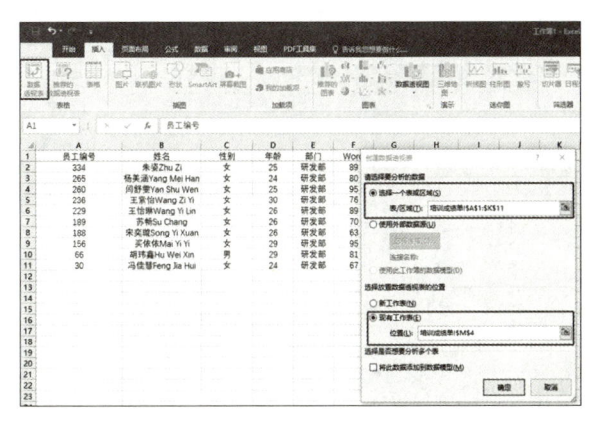

图 4.152　创建数据透视表

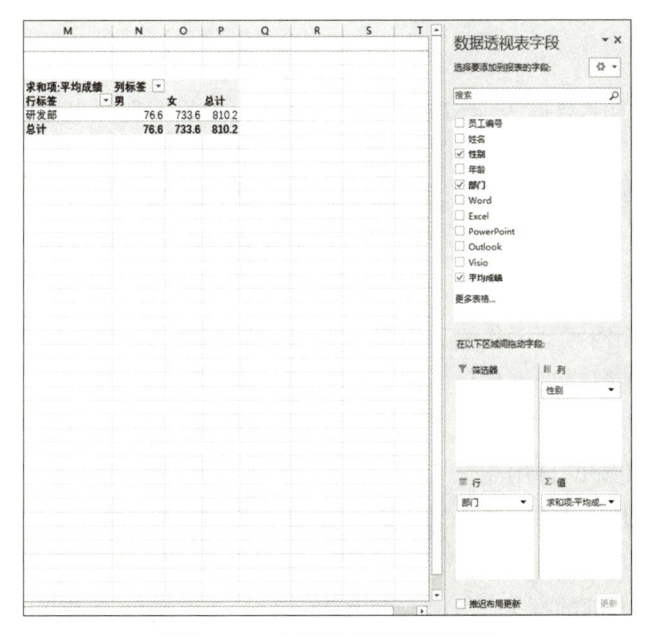

图 4.153　设置数据透视表字段

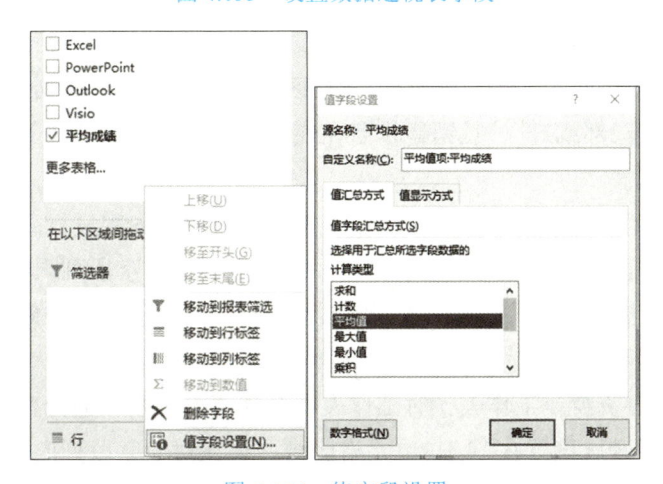

图 4.154　值字段设置

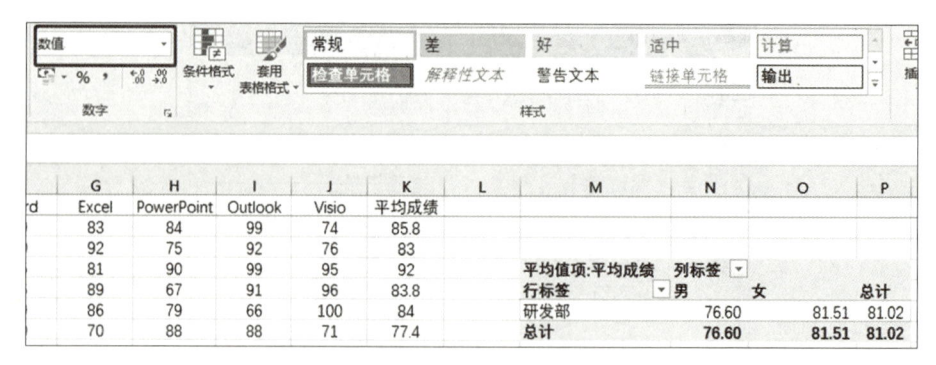

图 4.155　分类汇总结果

项目二　筛选数据

● 操作要求：

1．打开"公司内部数据表_4.xlsx"工作簿文件，按照下列要求完成自动筛选操作并保存。

（1）选取"销售业绩表"工作表，对工作表中数据清单的内容进行筛选，条件为"销售团队为销售L部，且销售排名在前十名（小于或等于10）"，筛选后的结果显示在原有区域，工作表名不变。

（2）选取"员工档案"工作表，对工作表中数据清单的内容进行备选，条件为"学历为本科，且签约月工资高于平均值"。

（3）选取"销售资料"工作表，对工作表中数据清单的内容进行筛选，条件为"销往地区为南美洲或北美洲的日用品"。

（4）选取"培训成绩单"工作表，对工作表中数据清单的内容进行筛选，条件为"五科成绩均大于80分"。

2．打开"公司内部数据表_5.xlsx"工作簿文件，按照下列要求完成高级筛选操作并保存。

（1）选取"销售业绩表"工作表，对工作表中数据清单的内容进行高级筛选（在数据清单前插入4行，条件区域设置在A1:K3单元格区域，请在对应字段列内输入条件），条件是"销售团队为销售2部或3部，且销售排名在前十名（小于或等于10）"，筛选后的结果显示在原有区域。

（2）选取"员工档案"工作表，对工作表中数据清单的内容进行高级筛选（在数据清单前插入4行，条件区域设置在A1:G2单元格区域，请在对应字段列内输入条件），条件是"研发部门，职务为员工，且入职时间在5年以上（>5）"；筛选后的结果显示在以I5为左上角的区域内。

（3）选取"销售资料"工作表，对工作表中数据清单的内容进行高级筛选（在数据清单前插入4行，条件区域设置在A1:H3单元格区域，请在对应字段列内输入条件），条件是"销往国家为加拿大或日本，且订购数量大于1000"；筛选后的结果显示在原有区域。

（4）选取"培训成绩单"工作表，对工作表中数据清单的内容进行高级筛选（在数据清单前插入4行，条件区域设置在A1:K2单元格区域，请在对应字段列内输入条件），条件是"行政部年龄50岁以下的女性，且平均成绩大于80分"；筛选后的结果显示在原有区域。

- 样图（见图4.156和图4.157）：

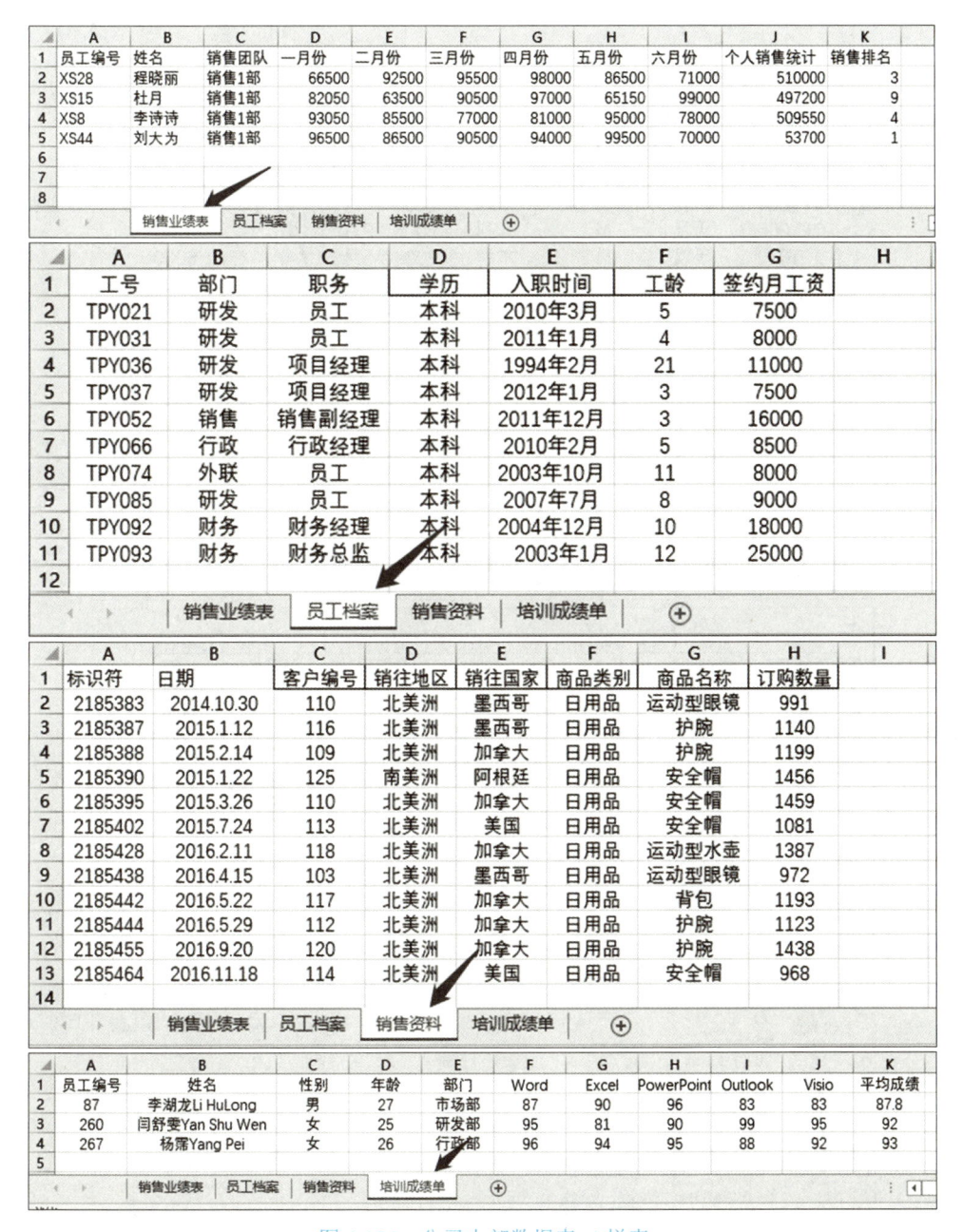

图4.156 公司内部数据表_4 样表

销售业绩表

	A	B	C	D	E	F	G	H	I	J	K
1	员工编号	姓名	销售团队	一月份	二月份	三月份	四月份	五月份	六月份	个人销售总计	销售排名
2	XS6	杜乐	销售2部	96000	72500	100000	86000	62000	87500	504000	6
3	SC39	李成	销售2部	92000	64000	97000	93000	75000	93000	514000	2
4	XS1	刘丽	销售2部	79500	98500	68000	100000	96000	66000	508000	5
5	XS38	唐艳霞	销售2部	97500	76000	72000	92500	84500	78000	500500	8
6	XS26	张红军	销售3部	80000	71500	92000	96500	87000	61000	501000	7
7	XS7	张艳	销售3部	73500	91500	64500	93500	84000	87000	494000	10

员工档案

	A	B	C	D	E	F	G
1	工号	部门	职务	学历	入职时间	工龄	签约月工资
2	TPY004	研发	员工	本科	2003年7月	12	7000
3	TPY006	研发	员工	本科	2005年9月	10	5500
4	TPY010	研发	员工	本科	2009年5月	6	6000
5	TPY043	研发	员工	硕士	2009年1月	6	6000
6	TPY082	研发	员工	本科	2001年6月	14	7000
7	TPY085	研发	员工	本科	2007年7月	8	9000

销售资料

	A	B	C	D	E	F	G	H
1	标识符	日期	客户编号	销往地区	销往国家	商品类别	商品名称	订购数量
2	2185352	2014.3.4	117	北美洲	加拿大	自行车配件	马鞍包	1067
3	2185388	2015.2.14	109	北美洲	加拿大	日用品	护腕	1199
4	2185395	2015.3.26	110	北美洲	加拿大	日用品	安全帽	1459
5	2185408	2015.8.21	137	亚洲	日本	自行车配件	打气筒	1051
6	2185424	2015.12.12	105	北美洲	加拿大	自行车配件	携车袋	1022
7	2185428	2016.2.11	118	北美洲	加拿大	日用品	运动型水壶	1387
8	2185442	2016.5.22	117	北美洲	加拿大	日用品	背包	1193
9	2185444	2016.5.29	112	北美洲	加拿大	日用品	护腕	1123
10	2185445	2016.6.30	142	亚洲	日本	日用品	背包	1128
11	2185449	2016.8.8	137	亚洲	日本	日用品	运动型眼镜	1137
12	2185455	2016.9.20	120	北美洲	加拿大	日用品	护腕	1438

培训成绩单

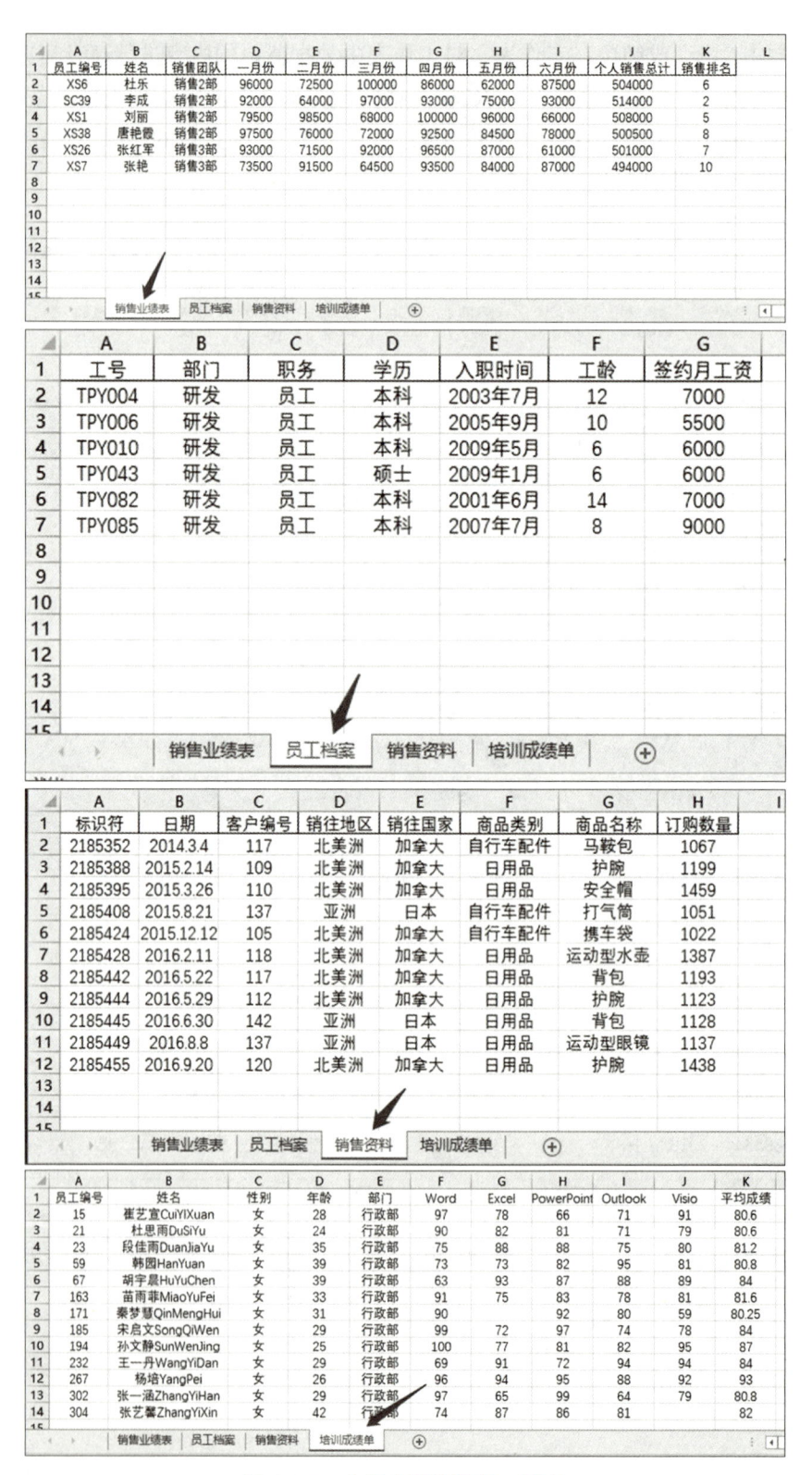

	A	B	C	D	E	F	G	H	I	J	K
1	员工编号	姓名	性别	年龄	部门	Word	Excel	PowerPoint	Outlook	Visio	平均成绩
2	15	崔艺宣CuiYiXuan	女	28	行政部	97	78	66	71	91	80.6
3	21	杜思雨DuSiYu	女	24	行政部	90	82	81	71	79	80.6
4	23	段佳雨DuanJiaYu	女	35	行政部	75	88	88	75	80	81.2
5	59	韩园HanYuan	女	39	行政部	73	73	82	95	81	80.8
6	67	胡宇晨HuYuChen	女	39	行政部	63	93	87	88	89	84
7	163	苗雨菲MiaoYuFei	女	33	行政部	91	75	83	78	81	81.6
8	171	秦梦慧QinMengHui	女	31	行政部	90		92	80	59	80.25
9	185	宋启文SongQiWen	女	29	行政部	99	72	97	74	78	84
10	194	孙文静SunWenJing	女	25	行政部	100	77	81	92	95	87
11	232	王一丹WangYiDan	女	29	行政部	69	91	72	94	94	84
12	267	杨培YangPei	女	26	行政部	96	94	95	88	92	93
13	302	张一涵ZhangYiHan	女	27	行政部	97	65	99	64	79	80.8
14	304	张艺馨ZhangYiXin	女	42	行政部	74	87	86	81		82

图 4.157　公司内部数据表_5 样表

- 操作步骤：

1. 打开"公司内部数据表_4.xlsx"文件，对4个工作表的内容进行自动筛选。

（1）单击"销售业绩表"工作表，选择A1:K45区域，选择"数据"→"排序和筛选"→"筛选"命令，在第一行各字段名单元格右边均出现一个筛选的下拉按钮，如图4.158所示；单击"销售团队"单元格的下拉按钮，在弹出的下拉菜单中勾选"销售1部"复选框，然后单击"确定"按钮；再单击"销售排名"单元格的下拉按钮，在弹出的下拉菜单中选择"数字筛选"→"小于或等于"命令，在弹出的对话框中输入"10"，然后单击"确定"按钮，完成两个条件的筛选，具体操作如图4.159所示，筛选结果如图4.160所示。

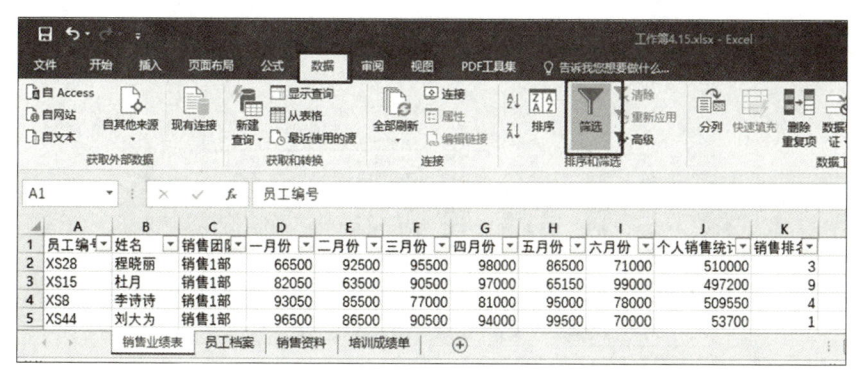

图 4.158　自定义自动筛选

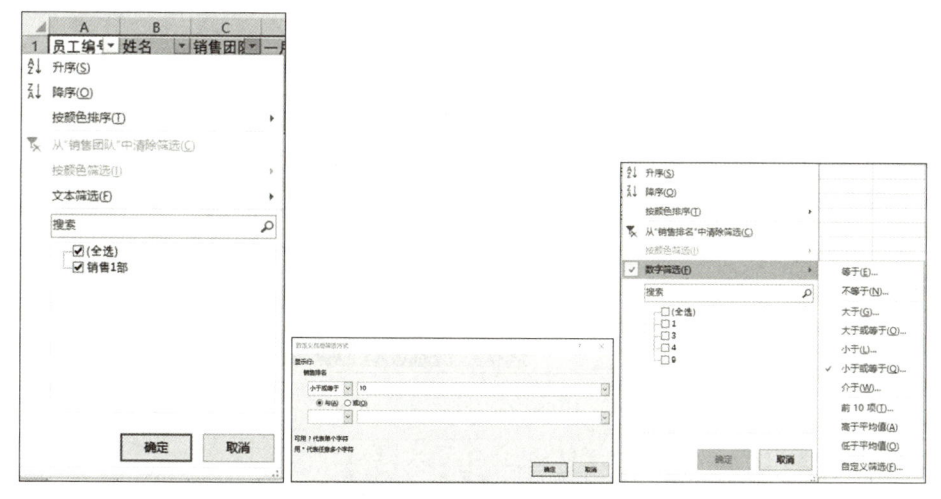

图 4.159　排序和筛选

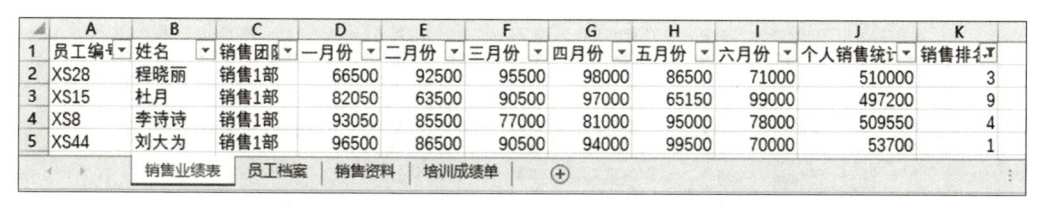

图 4.160　筛选结果

（2）单击"员工档案"工作表，选择A1:G102区域，选择"数据"→"排序和筛选"→"筛选"命令，在第一行各字段名单元格右边均出现一个筛选的下拉按钮，单击"学历"单元格的下拉按钮，在弹出的下拉菜单中勾选"本科"复选框，然后单击"确定"按钮；再单击"签约月工资"单元格的下拉按钮，在弹出的下拉菜单中选择"数字筛选"→"高于平均值"命令，然后单击"确定"按钮，完成两个条件的筛选，具体操作如图4.161和图4.162所示，筛选结果如图4.163所示。

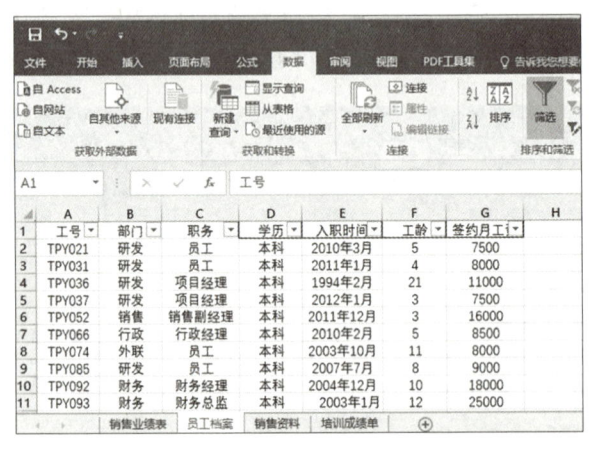

图4.161 筛选操作1

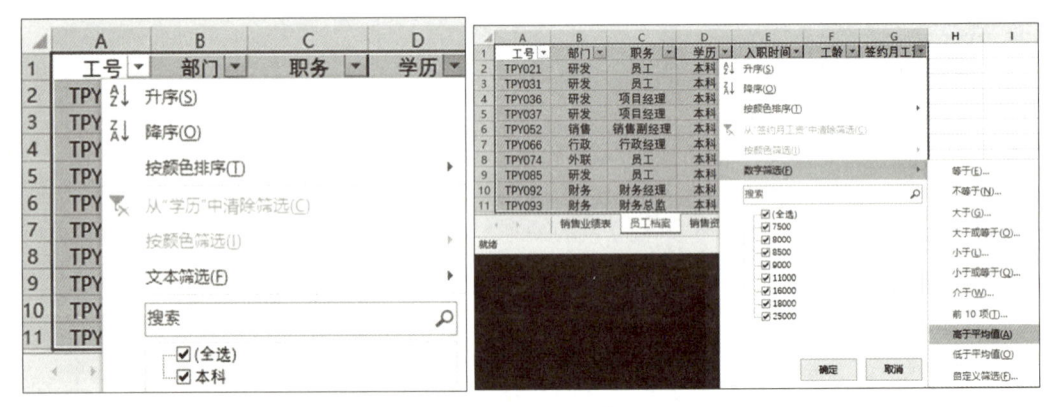

图4.162 筛选操作2

图4.163 筛选结果

（3）单击"销售资料"工作表，选择A1:H117区域，选择"数据"→"排序和筛选"→"筛选"命令，在第一行各字段各单元格右边均出现一个筛选的下拉按钮，单击"销往地区"单元格的下拉按钮，在弹出的下拉菜单中勾选"南美洲""北美洲"复选框，然后单击"确定"按钮；再单击"商品类别"单元格的下拉按钮，在弹出的下拉菜单中勾选"日用品"，然后单击"确定"按钮，完成两个条件的筛选，具体操作如图4.164和图4.165所示，筛选结果如图4.166所示。

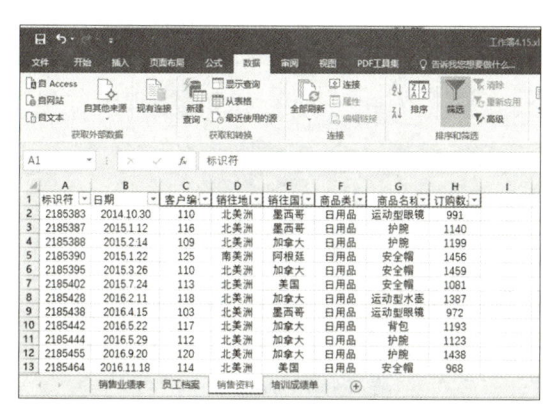

图 4.164　筛选操作 1

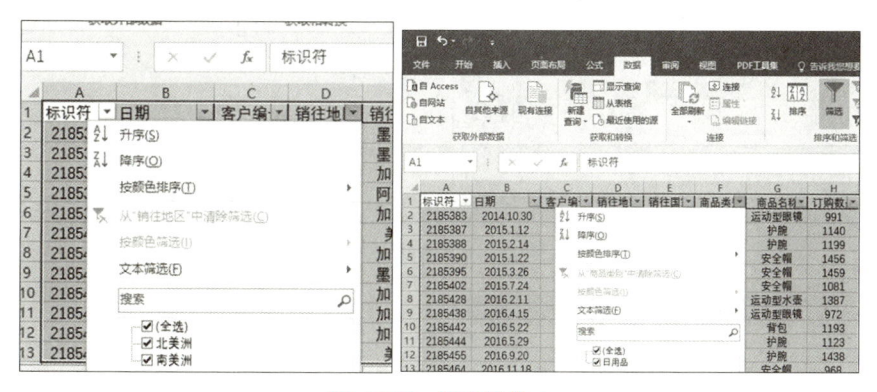

图 4.165　筛选操作 2

图 4.166　筛选结果

（4）单击"培训成绩单"工作表，选择A1:K335区域，选择"数据"→"排序和筛选"→"筛选"命令，在第一行各字段名单元格右边均出现一个筛选的下拉按钮，单击"Word"单元格的下拉按钮，在弹出的下拉菜单中选择"数字筛选"→"大于"命令，在弹出的对话框中输入"80"，然后单击"确定"按钮。用同样的方法，在"Excel""PowerPoint""Outlook""Visio"中筛选出大于80的数据，完成5个条件的筛选，具体操作如图4.167～图4.172所示，筛选结果如图4.173所示。

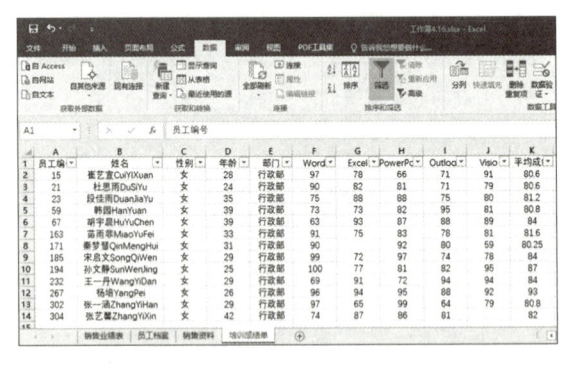

图4.167　筛选操作1

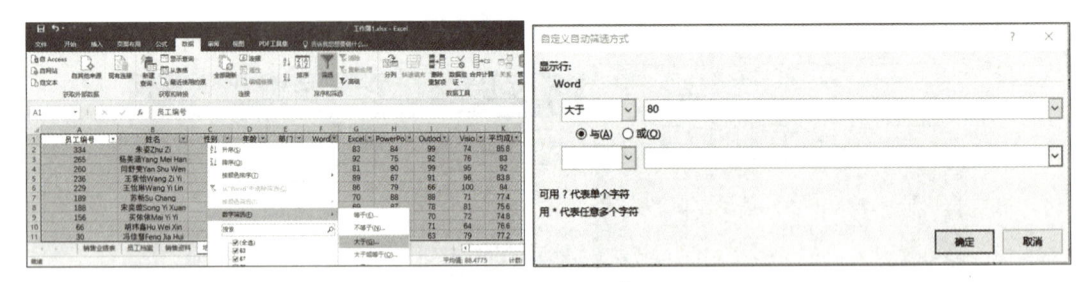

图4.168　筛选操作2

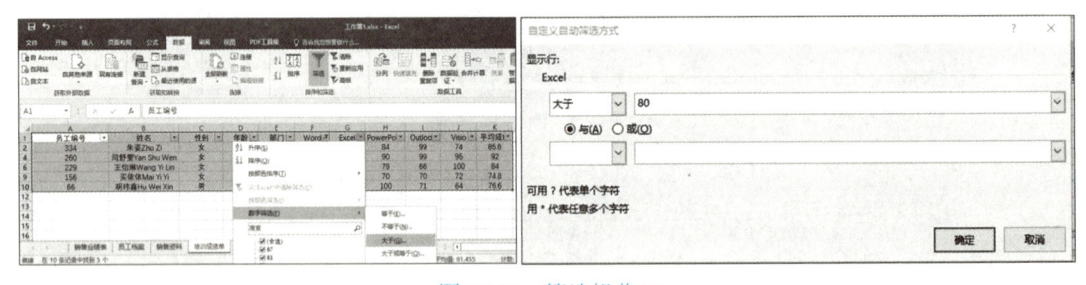

图4.169　筛选操作3

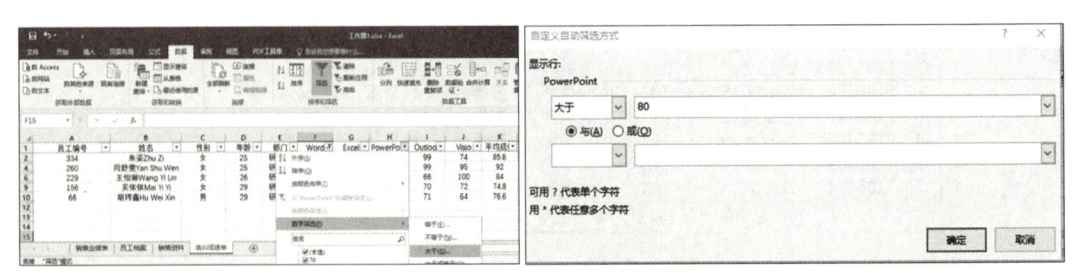

图4.170　筛选操作4

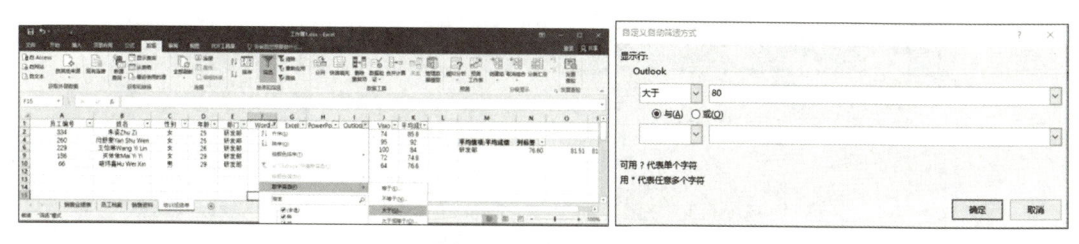

图 4.171 筛选操作 5

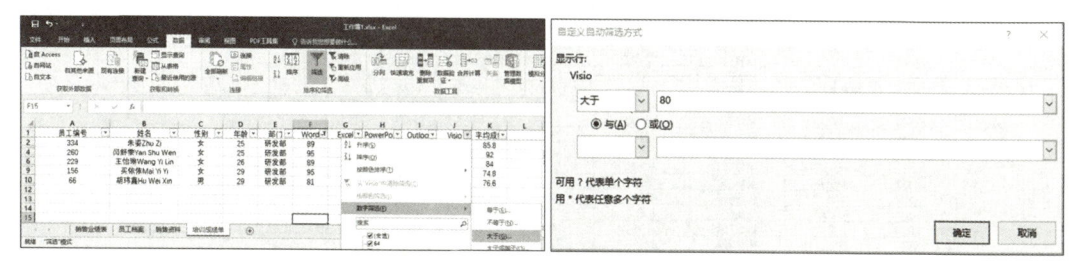

图 4.172 筛选操作 6

	A	B	C	D	E	F	G	H	I	J	K
1	员工编号	姓名	性别	年龄	部门	Word	Excel	PowerPoint	Outlook	Visio	平均成绩
2	87	李湖龙Li HuLong	男	27	市场部	87	90	96	83	83	87.8
3	260	闫舒雯Yan Shu Wen	女	25	研发部	95	81	90	99	95	92
4	267	杨霈Yang Pei	女	26	行政部	96	94	95	88	92	93

图 4.173 筛选结果

2．打开"公司内部数据表_5.xlsx"文件，对4个工作表的内容进行高级筛选。

（1）单击"销售业绩表"工作表，选择前4行（即A1:K4区域），选择"开始"→"单元格"→"插入"→"插入工作表行"命令，如图4.174所示，在第一行前插入4个空行；在A1:K3区域输入条件，如图4.175所示；选择原表格（即A5:K49区域），选择"数据"→"排序和筛选"→"高级"命令，在弹出的对话框中的"列表区域"框中选择原表（即A5:K49），在"条件区域"框中选择"A1:K3"，在"方式"选项组中选中"在原有区域显示筛选结果"单选按钮，最后单击"确定"按钮，完成筛选，具体操作如图4.176所示，筛选结果如图4.177所示。

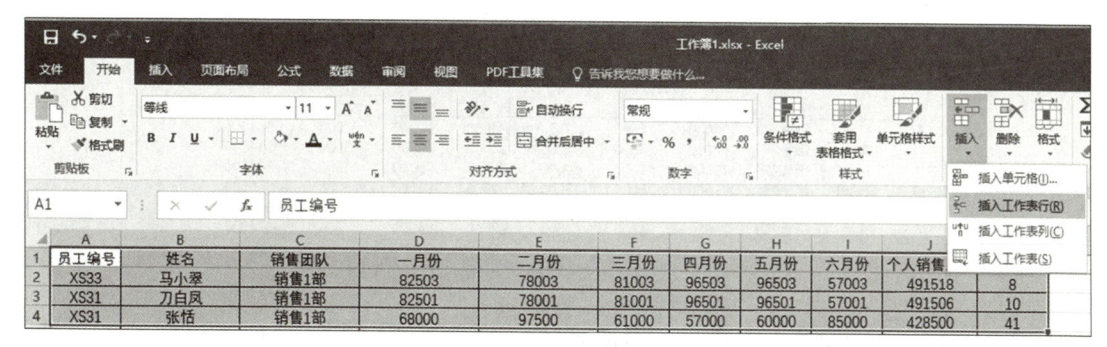

图 4.174 插入工作表行

— 191 —

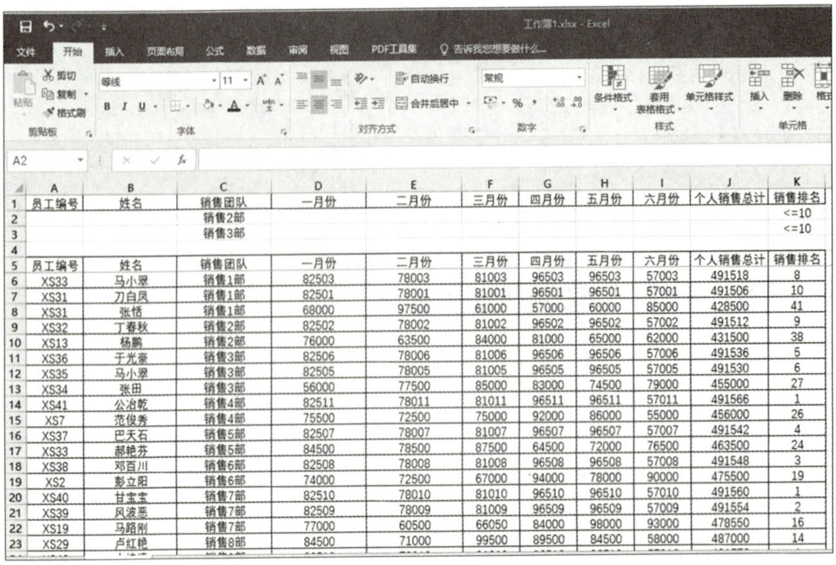

图 4.175　输入条件

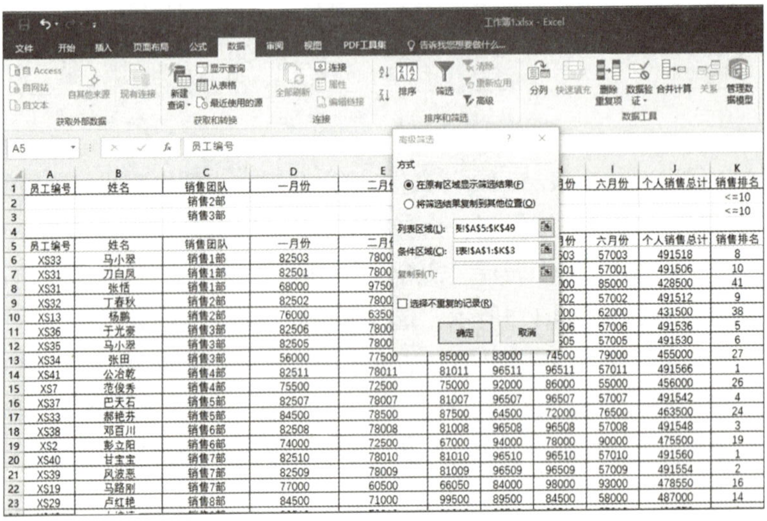

图 4.176　高级筛选参数设置

图 4.177　筛选结果

（2）单击"员工档案"工作表，选择前4行（即A1:G4区域），选择"开始"→"单元格"→"插入"→"插入工作表行"命令，如图4.178所示，在第一行前插入4个空行；在A1:G2区域输入条件，如图4.179所示；选择原表格（即A5:G106区域），选择"数据"→"排序和筛选"→"高级"命令，在弹出的对话框中的"列表区域"框中选择原表（即A5:G106），"条件区域"框中选择"A1:G2"，在"方式"选项组中选中"将筛选结果复制到其他位置"单选按钮，在"复制到"框中选择"I5"，最后单击"确定"按钮，完成筛选，具体操作如图4.180所示，筛选结果如图4.181所示。

图 4.178 插入工作表行

图 4.179 输入条件

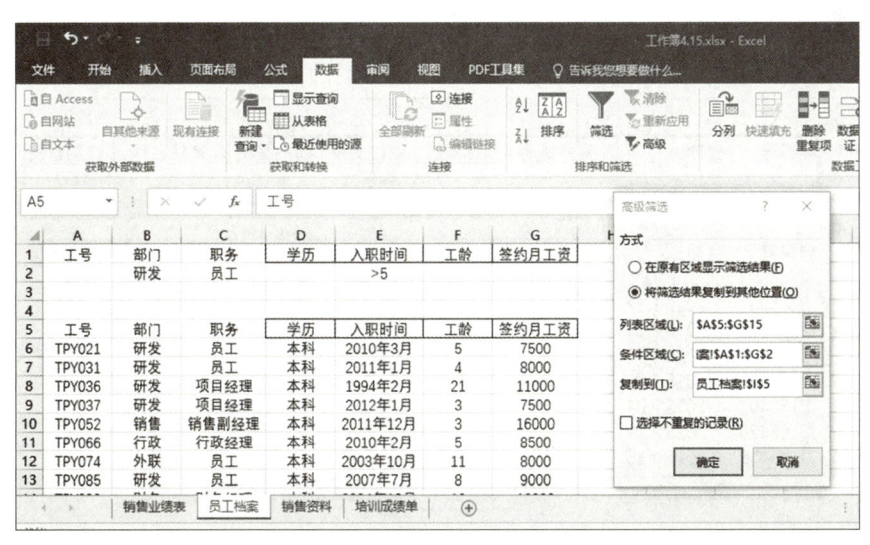

图 4.180 设置高级筛选参数

	A	B	C	D	E	F	G
1	工号	部门	职务	学历	入职时间	工龄	签约月工资
2	TPY004	研发	员工	本科	2003年7月	12	7000
3	TPY006	研发	员工	本科	2005年9月	10	5500
4	TPY010	研发	员工	本科	2009年5月	6	6000
5	TPY043	研发	员工	硕士	2009年1月	6	6000
6	TPY082	研发	员工	本科	2001年6月	14	7000
7	TPY085	研发	员工	本科	2007年7月	8	9000

图4.181　筛选结果

（3）单击"销售资料"工作表，选择前4行（即A1:H4区域），选择"开始"→"单元格"→"插入"→"插入工作表行"命令，如图4.182所示，在第一行前插入4个空行；在A1:H3区域输入条件，如图4.183所示；选择原表格（即A5:H121区域），选择"数据"→"排序和筛选"→"高级"命令，在弹出的对话框中的"列表区域"框中选择原表（即A5:H121），在"条件区域"框中选择"A1:H3"，在"方式"选项组中选中"在原有区域显示筛选结果"单选按钮，最后单击"确定"按钮，完成筛选，具体操作如图4.184所示，筛选结果如图4.185所示。

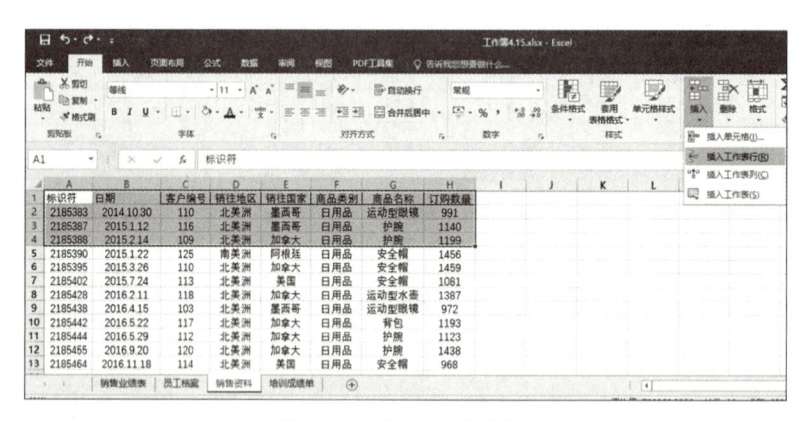

图4.182　插入工作表行

图4.183　输入条件

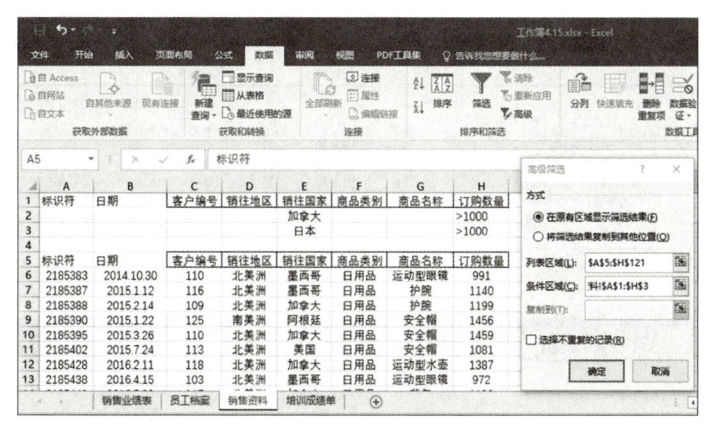

图4.184　设置高级筛选参数

图4.185　筛选结果

（4）单击"培训成绩单"工作表，选择前4行（即A1:K4区域），选择"开始"→"单元格"→"插入"→"插入工作表行"命令，如图4.186所示，在第一行前插入4个空行；在A1:K2区域输入条件，如图4.187所示；选择原表格（即A5:K339区域），选择"数据"—"排序和筛选"→"高级"命令，在弹出的对话框中的"列表区域"框中选择原表（即A5:K339），在"条件区域"框中选择"A1:K2"，在"方式"选项组中选中"在原有区域显示筛选结果"单选按钮，单击"确定"按钮，完成筛选，具体操作如图4.188所示，筛选结果如图4.189所示。

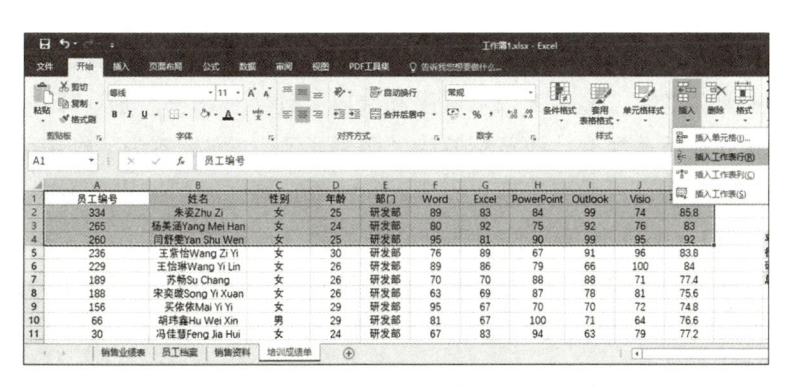

图4.186　插入工作表行

— 195 —

图4.187 输入条件

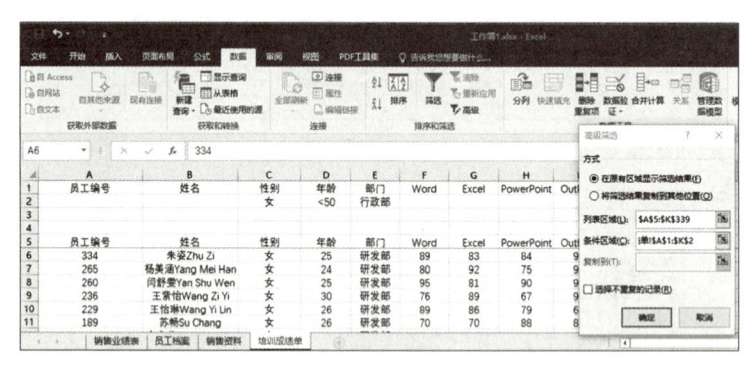

图4.188 设置高级筛选参数

图4.189 筛选结果

模拟练习一 排序、数据透视表、自动筛选

● 操作要求：

1. 打开EXCEL.xlsx工作簿文件，选择"图书销售统计表"工作表，对工作表内数据清单的内容按主要关键字"经销部门"升序和次要关键字"图书类别"降序进行排序；对排序后的数据建立数据透视表，按行标签为"图书类别"，列标签为"经销部门"，数值为"销售额（元）"求和布局，并置于现工作表I5:N11单元格区域，工作名不变，保存文件。

2. 打开EXCEL.xlsx工作簿文件，选择"产品销售情况表"工作表，对工作表内数据清单的内容进行筛选，条件为"销售额排名在前20（使用小于或等于20），分公司为所有南部的分公司"，将筛选后的数据按主要关键字"销售额排名"的升序，次要关键字"分公司"升序次序进行排序，工作表名不变，保存文件。

- 样表（见4.11表）：

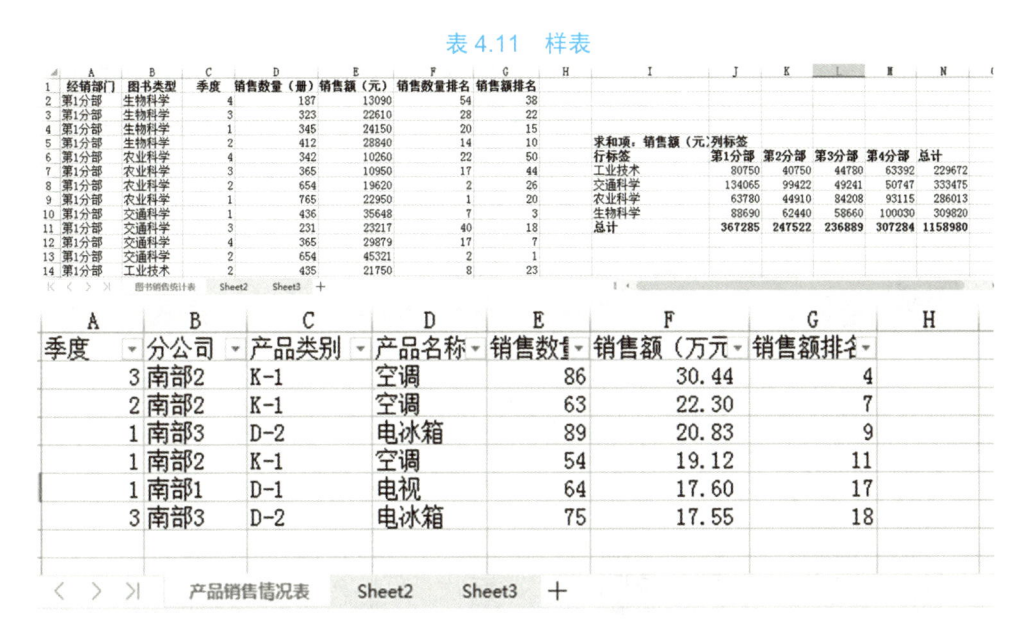

表 4.11　样表

模拟练习二　排序、分类汇总、高级筛选

- 操作要求：

1. 打开EXCEL.xlsx工作簿文件，选择"图书销售统计表"工作表，对工作表内数据清单的内容按主要关键字"图书类别"降序和次要关键字"经销部门"降序进行排序；完成对各类图书销售数量（册）总计的分类汇总（分类字段为"图书类别"，汇总方式为"求和"，选定汇总项为"数量（册）"），汇总结果显示在数据上方，工作名不变，保存文件。

2. 打开EXCEL.xlsx工作簿文件，选择"产品销售情况表"工作表，对工作表内数据清单的内容进行高级筛选（在数据清单前插入4行，条件区域设在A1:G3单元格区域，请在对应字段列内输入条件），条件是产品名称为"空调"或"电视"且销售额排名在前30（使用小于或等于30），工作表名不变，保存文件。

- 样表（见4.12表）：

表 4.12 样表

	A	B	C	D	E	F	G
1	某图书销售公司销售情况表						
2	经销部门	图书类别	季度	数量（册）	销售额（元）	销售量排名	
3		总计		13381			
4		社科类 汇总		3840			
19		少儿类 汇总		5115			
32		计算机类 汇总		4426			
49							
50							

图书销售情况表　Sheet2　Sheet3

	A	B	C	D	E	F	G	H
5	季度	分公司	产品类型	产品名称	销售数量	销售额（万元）	销售额排名	
6	1	西部1	D-1	电视	21	9.37	30	
11	2	西部1	D-1	电视	42	18.73	13	
13	3	东部2	K-1	空调	45	15.93	21	
15	3	南部1	D-1	电视	46	12.65	26	
19	1	南部2	K-1	空调	54	19.12	12	
20	2	东部1	D-1	电视	56	15.40	23	
24	2	南部2	K-1	空调	63	22.30	8	
25	3	北部1	D-1	电视	64	28.54	5	
27	3	东部1	D-1	电视	66	18.15	17	
28	1	东部1	D-1	电视	67	18.43	15	
30	2	北部1	D-1	电视	73	32.56	3	
32	3	西部1	D-1	电视	78	34.79	2	
34	东部2	K-1	空调	79	27.97	6		
35	3	西部2	K-1	空调	84	11.59	28	
36	1	北部1	D-1	电视	86	38.36	1	
38	3	南部2	K-1	空调	86	30.44	4	
43	1	西部2	K-1	空调	89	12.28	27	
49	1	北部2	K-1	空调	156	25.28	7	
50	1	南部1	D-1	电视	164	17.60	18	
53	2	东部3	S-1	手机	176	5.28	36	
54								

产品销售情况表　Sheet2　Sheet3

模拟练习三　排序、自动筛选

- 操作要求：

1. 打开EXCEL.xlsx工作簿文件，选择"选修课程成绩单"工作表，对工作表内数据清单的内容按主要关键字"成绩"降序进行排序；对完成排序的数据清单内容进行筛选，条件是"系别为'计算机'、课程名称为'计算机图形学'，成绩大于或等于60并且小于或等于80"，工作名不变，保存文件。

2. 打开EXCEL.xlsx工作簿文件，选择"产品销售情况表"工作表，对工作表内数据清单的内容进行筛选，条件是"所有东部和西部的分公司且销售额高于平均值"，工作表名不变，保存文件。

- 样表（见4.13表）：

表4.13　样表

	A	B	C	D	E	F
1	系别	学-	姓名	课程名称	成绩	
13	计算机	992032	王文辉	计算机图形学	79	
26	计算机	992005	扬海东	计算机图形学	67	
29	计算机	991025	张雨涵	计算机图形学	62	
30						

选修课程成绩单　Sheet2　Sheet3

	A	B	C	D	E	F	G	H
1	季度	分公司	产品类型	产品名称	销售数量	销售额（万元）	销售额排名	
7	2	西部1	D-1	电视	42	18.73	13	
9	3	东部2	K-1	空调	45	15.93	21	
16	2	东部1	D-1	电视	56	15.40	23	
18	3	西部3	D-2	电冰箱	57	18.30	16	
19	1	西部3	D-2	电冰箱	58	18.62	14	
22	2	东部3	D-2	电冰箱	65	15.21	24	
23	3	东部1	D-1	电视	66	18.15	17	
24	1	东部1	D-1	电视	67	18.43	15	
25	2	西部3	D-1	电冰箱	69	22.15	9	
28	3	西部1	D-1	电视	78	34.79	2	
30	2	东部2	K-1	空调	79	27.97	6	
33	1	东部3	D-2	电冰箱	86	20.12	11	
34								
35								

产品销售情况表　Sheet2　Sheet3

第五章　PowerPoint 2016 演示文稿

PowerPoint 2016简称PPT，是微软公司的演示文稿软件。PPT是Office办公软件中的一个组件，广泛应用于各个领域，例如：工作汇报、企业宣传、产品推介、婚礼庆典、项目竞标、管理咨询、教育培训等。

第一节　认识 PowerPoint 2016

- 学习目标：

（1）掌握PowerPoint 2016的启动及退出。
（2）了解PowerPoint 2016的窗口组成。
（3）掌握PowerPoint 2016的文件保存。

1. 启动PowerPoint 2016

（1）单击"开始"按钮，选择"PowerPoint 2016"命令，即可启动PowerPoint 2016，如图5.1所示。

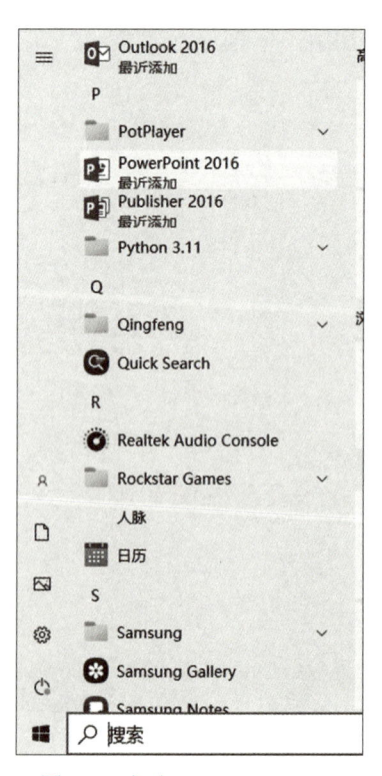

图 5.1　启动 PowerPoint 2016

（2）双击桌面上的快捷图标，也可以启动PowerPoint 2016。

（3）双击已有的"PowerPoint 2016文档"，也可以启动PowerPoint 2016。

2. 退出PowerPoint 2016

（1）单击PowerPoint操作窗口右上角的"关闭"按钮即可退出PowerPoint 2016。

（2）选择"文件"→"关闭"命令，可关闭所有的文档，退出PowerPoint 2016。

（3）按"Alt+F4"组合键，即可退出PowerPoint 2016。

（4）用鼠标右击"标题栏"，在弹出的快捷菜单中选择"关闭"命令即可退出PowerPoint 2016。

3. PowerPoint 2016 的窗口组成

启动PowerPoint 2016后，选择"空白演示文稿"，可以看到PowerPoint 2016窗口如图5.2所示。

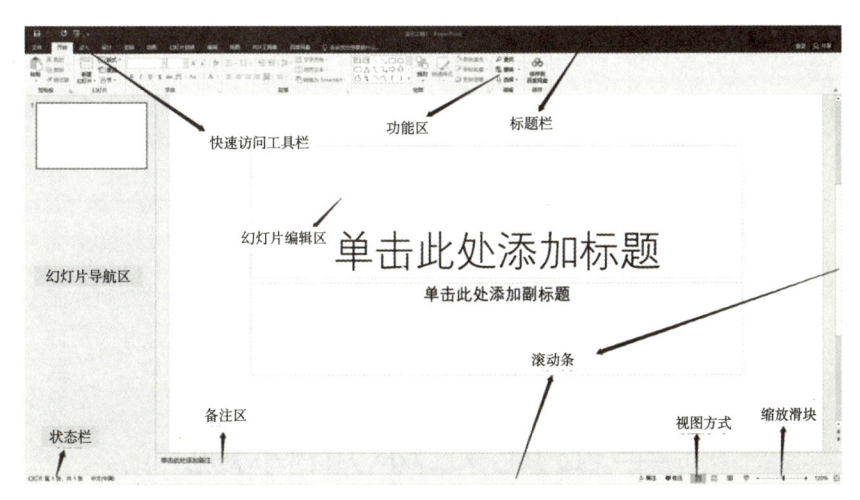

图 5.2　PowerPoint 2016 窗口组成

PowerPoint 2016的主界面由标题栏、功能区、幻灯片编辑区、幻灯片导航区、视图方式、备注区和状态栏等几个部分组成。下面分别进行介绍。

（1）快速访问工具栏。程序窗口左上角为"快速访问工具栏"，用于显示常用的工具。默认情况下，快速访问工具栏中包含"保存""撤销""恢复"和"从头开始"4个快捷按钮，用户还可以根据需要进行添加。单击某个按钮即可实现相应的功能。

（2）标题栏。主要由标题和窗口控制按钮组成。标题用于显示当前编辑的演示文稿名称。控制按钮由"最小化""最大化/还原"和"关闭"按钮组成，用于实现窗口的最小化、最大化、还原及关闭。

（3）功能区。PowerPoint 2016的功能区由多个选项卡组成，每个选项卡中包含了不同的工具按钮。选项卡位于标题栏下方，由"开始""插入""设计"等选项卡组成。选择各个选项卡名，即可切换到相应的选项卡。

（4）幻灯片编辑区。PowerPoint 2016窗口中间的白色区域为幻灯片编辑区，该部分是演示文稿的核心部分，主要用于显示和编辑当前显示的幻灯片。

（5）幻灯片导航区。位于幻灯片编辑区的左侧，用于显示演示文稿的幻灯片数量及位置。它会在该窗格中以缩略图的形式显示当前演示文稿中的所有幻灯片，以便查看幻灯片的设计效果。

（6）备注区。位于幻灯片编辑区的下方，通常用于为幻灯片添加注释说明，比如幻灯片的内容摘要等。新手注意将鼠标指针停放在备注区与幻灯片编辑区之间的窗格边界线上，拖动鼠标可调整窗格的大小。

（7）视图方式。PowerPoint 2016提供了4种视图方式，分别是普通视图、幻灯片浏览视图、阅读视图、幻灯片放映视图。其中普通视图是最常用的视图，为默认视图。

（8）状态栏。位于窗口底端，用于显示当前幻灯片的页面信息。状态栏右端为视图按钮和缩放比例按钮，用鼠标拖动状态栏右端的缩放比例滑块，可以调节幻灯片的显示比例。单击状态栏右侧的按钮，可以使幻灯片显示比例自动适应当前窗口的大小。

小知识

占位符：用虚线框住的地方叫占位符，如图5.3所示，只有在占位符中才能输入文字。

图 5.3　占位符

4. PowerPoint 2016 文件保存

演示文稿编辑完成后，必须进行保存。保存文稿的方法是单击快速访问工具栏中的"保存"按钮，或选择"文件"→"保存"命令。

如果是第1次保存，屏幕上会弹出"另存为"对话框。例如，将创建的空白文稿以"yswg2.pptx"为文件名保存在桌面上，如图5.4所示。

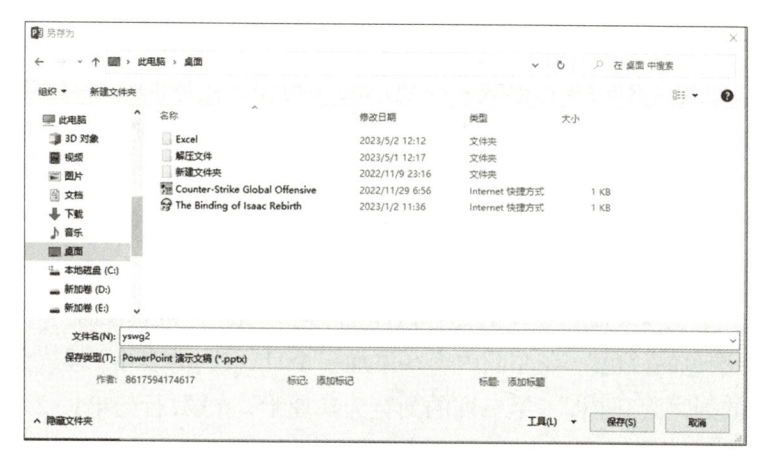

图 5.4 "另存为"对话框

单击"保存"按钮，保存文档后，PowerPoint窗口未关闭，还可以继续对文稿进行编辑。

提示：如果对文稿已进行过保存操作，则在单击"保存"按钮时，系统会直接保存，不会弹出"另存为"对话框；如果要将当前文稿保存为其他名字或保存在其他位置，则可以使用"文件"菜单下的"另存为"命令进行保存。

第二节　演示文稿的基本操作

● 学习目标：
1. 理解并掌握演示文稿的创建、编辑、保存操作。
2. 理解并掌握幻灯片的插入、版式设置、文字的格式设置等操作。
3. 理解并掌握幻灯片的背景设置。
4. 理解并掌握在幻灯片中插入对象（文字、艺术字、图片、表格）及格式设置。
5. 理解并掌握在幻灯片中为各种对象添加动画及属性设置。
6. 理解并掌握幻灯片的主题应用、切换方式、放映方式的设置。

项目一《文房四宝》

● 操作要求：
1. 新建文件：在桌面上新建一个演示文稿，文件名为"wfsb.pptx"。
2. 版式设置：在第1张幻灯片前面插入4张新幻灯片，第1张版式设置为内容与标题，第2张版式设置为两栏内容，将第3张的版式设置为标题幻灯片，第4张版式设置为两栏内容，第5张版式设置为空白。
3. 插入图片：在第1张幻灯片的右侧内容区添加素材文件夹中的文房四宝.jpg，设置图片样式为"圆形对角，白色"；图片效果为"橙色、11pt发光，个性色2"。
4. 插入文本：在第2张幻灯片的标题区输入文字"墨"，在左侧的内容区插入项目一中的墨.jpg图片，将笔墨纸砚.docx文档的第2段文字插入右侧的内容区。

— 203 —

5. 字体格式：在第3张幻灯片的主标题处输入文字"文房四宝"，并设置格式为"华文琥珀，63磅，红色（RGB颜色模式：红色250，绿色0，蓝色0）"，副标题处输入"文房四宝，是中国独有的书法绘画工具（书画用具），即笔、墨、纸、砚。"，并设置格式为"宋体，42磅，蓝色，个性色1，深色25%"。

6. 背景设置：将第2张幻灯片的背景设置为"渐变填充，顶部聚光灯，个性色4，隐藏背景图形"。

7. 插入表格：在第4张幻灯片的标题区添加文字"纸"，格式设置为"楷体，60磅，加粗，颜色为标准色的红色"，在左侧内容区添加一个11行2列的表格，样式为"浅色样式3，强调2，第一列的列宽为3厘米"，第二列的列宽为10厘米，在第1行的第1、2列分别输入"序号""宣纸的种类"，素材文件夹中的"笔墨纸砚.docx"文档的内容按从上到下的顺序将相应的内容输入表格，表格文字全部设置为"居中"和"垂直居中"。

8. 插入艺术字：在第5张幻灯片的位置（水平：6.73厘米，从左上角，垂直：1.06厘米，从左上角）插入样式为填充-橙色，着色2，轮廓-橙色，着色2的艺术字"5项重大原则"，艺术字的高度为3.58厘米，宽度为20厘米。文本效果为"转换-弯曲-波形1"。在艺术字的下面插入素材文件夹中的"砚.jpg"图片。

9. 动画设置：将第5张幻灯片中的图片动画设置为"强调/跷跷板"，艺术字动画设置为"进入/缩放"，在"效果选项"中选择"对象中心"，动画顺序为先文本后图片。

10. 幻灯片编辑：单击第1张幻灯片中的空白处，将"笔墨纸砚.docx"文档中关于笔的文字复制粘贴到此处，将"纸"图片移动到第4张幻灯片的右侧；将第3张移动到最前面作为第1张。

11. 主题设置：将全文应用"平面"主题。

12. 切换设置：全文切换方式为"立方体"，在"效果选项"中选择"自右侧"。

13. 放映设置：全文的放映方式为"观众自行浏览（窗口）。"

● 效果图：

完成后的效果如图5.5所示。

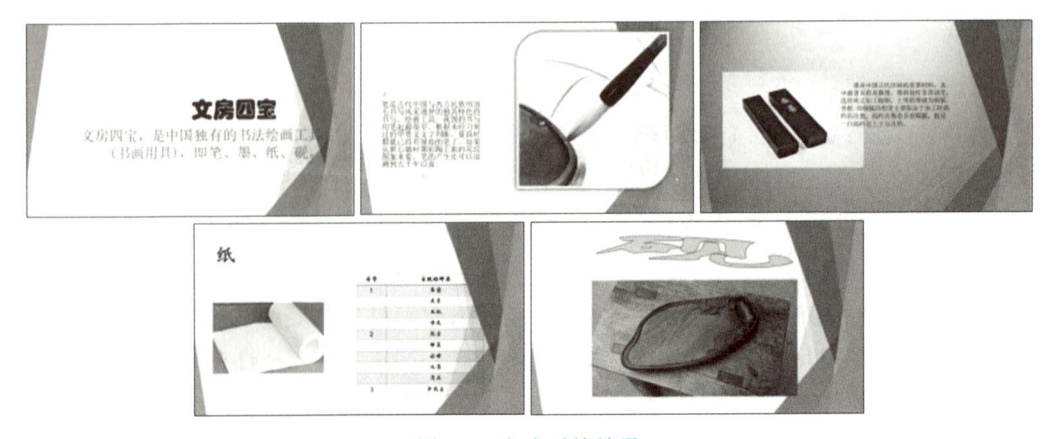

图5.5 完成后的效果

● 操作步骤：

1．新建文件：在桌面上新建一个演示文稿，文件名为"wfsb.pptx"。

（1）在桌面空白处右击鼠标，从弹出的快捷菜单中选择"新建"→"PPTX演示文稿"命令，如图5.6所示。

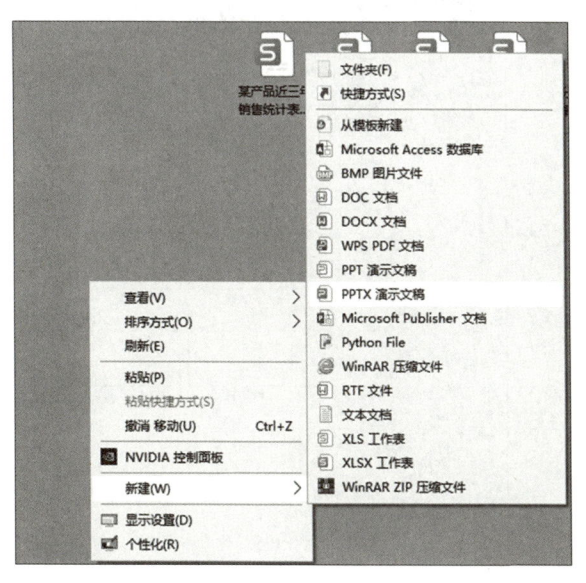

图 5.6　新建 PPTX 演示文稿

（2）将桌面上的"新建PPTX演示文稿.pptx"重命名为"wfsb.pptx"。

2．版式设置：在第1张幻灯片前插入4张新幻灯片，第1张的版式设置为内容与标题，第2张的版式设置为两栏内容，将第3张的版式设置为标题幻灯片，第4张的版式设置为两栏内容，第5张的版式设置为空白。

（1）双击桌面上的"wfsb.pptx"文件，单击幻灯片编辑区，即可进入幻灯片编辑状态，如图5.7所示。

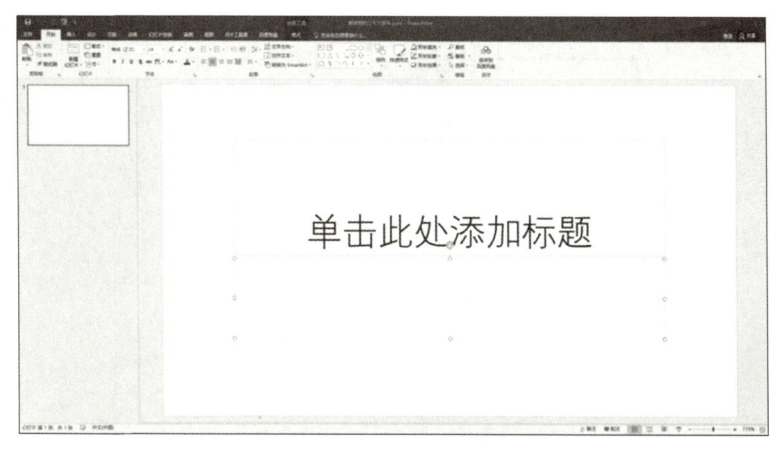

图 5.7　进入幻灯片编辑状态

（2）将光标放在第1张幻灯片的前面，从"开始"菜单中选择"幻灯片"面板中的"新建幻灯片"命令，即可插入一张新幻灯片，如图5.8所示。用同样的方法插入其他3张新幻灯片。

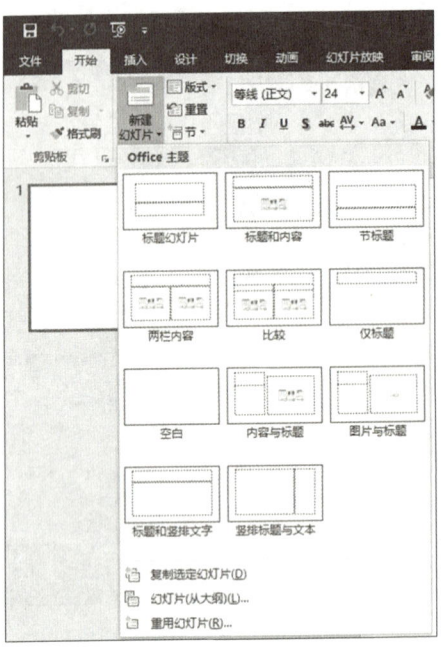

图 5.8　新建幻灯片

（3）选中第1张幻灯片，单击"版式"右侧的下三角形按钮，从打开的对话框中选择"内容与标题"，如图5.9所示。用同样的方法将其他4张幻灯片设置相应的版式。

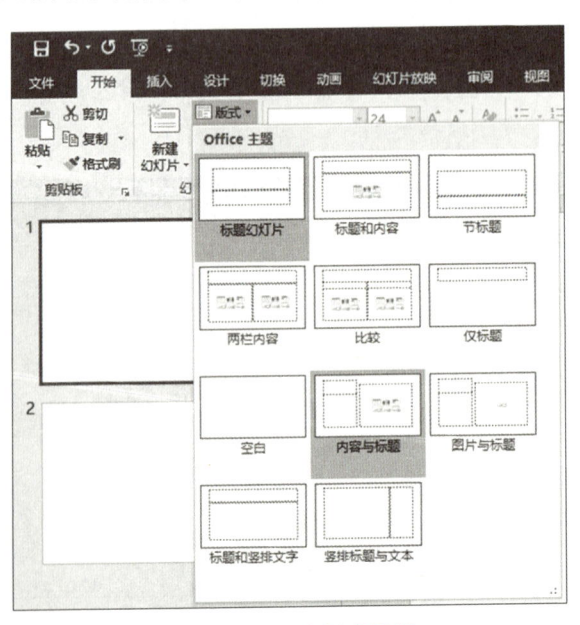

图 5.9　幻灯片版式设置

3. 插入图片：在第1张幻灯片的右侧内容区添加素材文件夹中的笔.png，设置图片样式为圆形对角，白色；图片效果为橙色、11pt发光，个性色2。

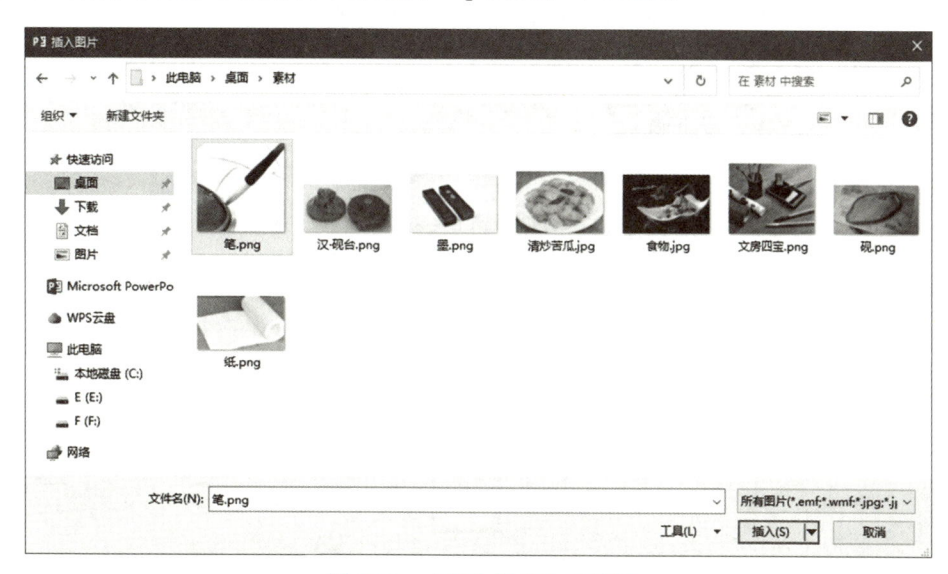

图 5.10　"插入图片"对话框

（1）选中图片，单击"图片工具格式"→"图片样式"面板中的→"圆形对角"，"白色样式"设置图片样式，如图5.11所示。

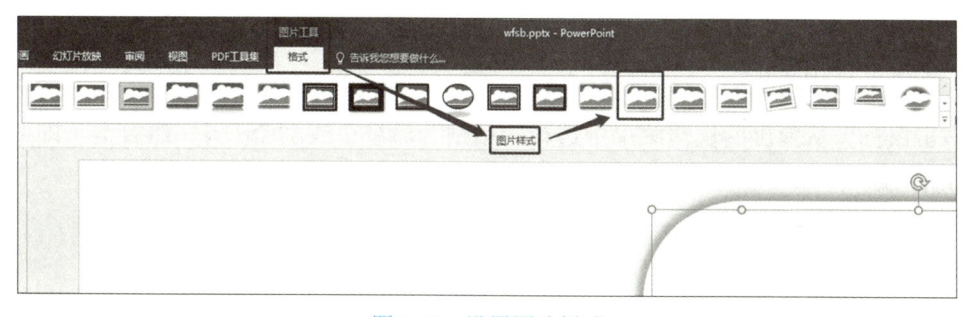

图 5.11　设置图片样式

（2）选中图片，单击"图片工具格式"→"图片样式"→"图片效果"→"发光"，选择"橙色，11pt发光，个性色2"设置图片的图片效果，如图5.12所示。

4. 插入文本：在第2张幻灯片的标题区输入文字"墨"，在左侧内容区插入素材文件夹中的"墨.jpg"图片，将"笔墨纸砚.docx"文档的第2段文字插入到右侧内容区。

（1）选择第2张幻灯片，单击标题区，输入文字"墨"。

（2）插入图片"墨.png"。

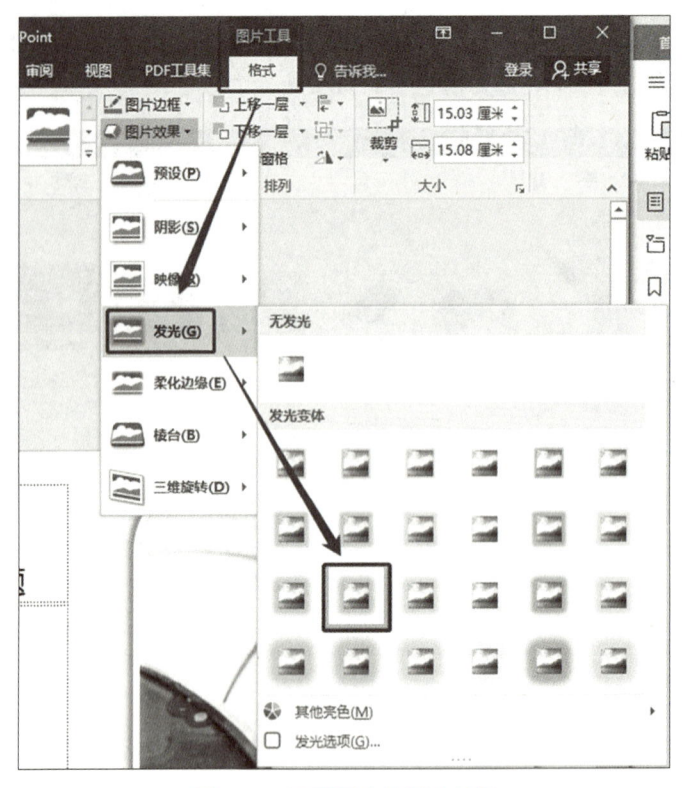

图 5.12　设置图片的图片效果

（3）打开素材文件夹，双击"笔墨纸砚.docx"文件，从打开的文件中选择文字，右击鼠标，从弹出的快捷菜单选择"复制"命令（或"Ctrl+C"组合键），单击幻灯片的右侧区域，右击鼠标，从弹出的快捷菜单中选择"粘贴"命令（或"Ctrl+V"组合键）即可，如图5.13所示。

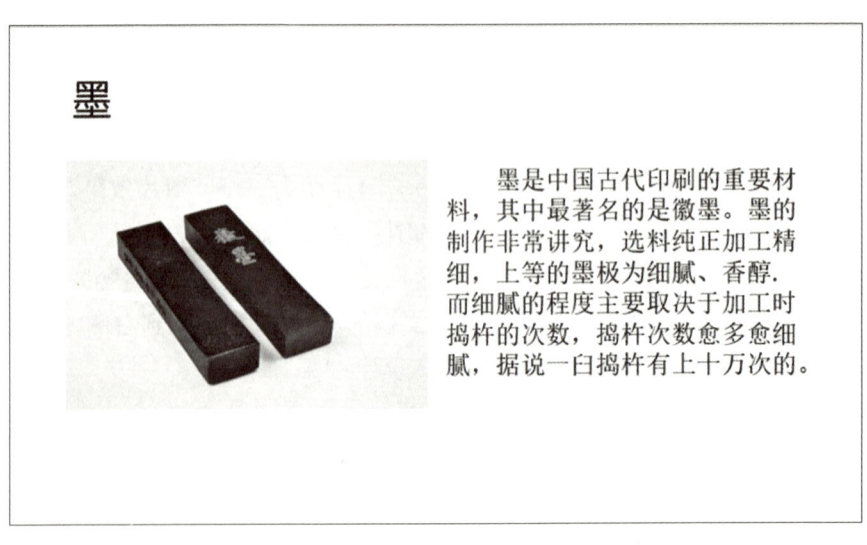

图 5.13　将文件中的内容复制到幻灯片中

5. 字体格式：在第3张幻灯片的主标题处输入文字"文房四宝"，并设置格式为"华文琥珀，63磅，红色（RGB颜色模式：红色250，绿色0，蓝色0）"，副标题处输入"文房四宝，是中国独有的书法绘画工具（书画用具），即笔、墨、纸、砚。"，并设置格式为"宋体，42磅，蓝色，个性色1，深色25%"。

（1）单击第3张幻灯片，在主标题区输入文字"文房四宝"。

（2）选中文字，在"字体"面板中设置字体为"华文琥珀，字号63磅"。从"字体"选项组中右边的下拉列表中选择"其他颜色"，从弹出的"颜色"对话框中选择"自定义"选项卡，"颜色模式"设置为RGB，"红色"设置为250，"绿色"设置为0，"蓝色"设置为0，单击"确定"按钮，如图5.14所示。

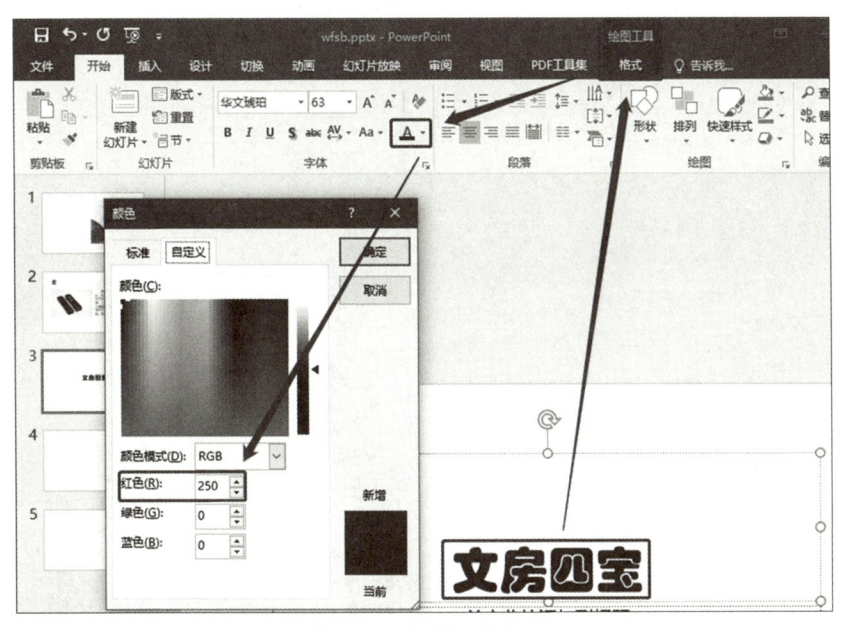

图5.14　设置字体格式

（3）在副标题区输入"文房四宝，是中国独有的书法绘画工具（书画用具），即笔、墨、纸、砚。"，在"字体"面板中设置格式为"宋体，42磅"。

（4）单击"字体颜色"右边的下三角按钮，从打开的"主题颜色"中选择"蓝色，个性色1，深色25%"，如图5.15所示。

6. 背景设置：将第2张幻灯片的背景设置为"渐变填充，顶部聚光灯，个性色4，隐藏背景图形"。

选中第2张幻灯片。在幻灯片编辑区空白的地方右击鼠标，从弹出的快捷菜单中选择"设置背景格式"命令，打开"设置背景格式"对话框。选择"渐变填充"→"预设渐变"→"顶部聚光灯，个性色4"即可，最后勾选"隐藏背景图形"复选框，如图5.16所示。

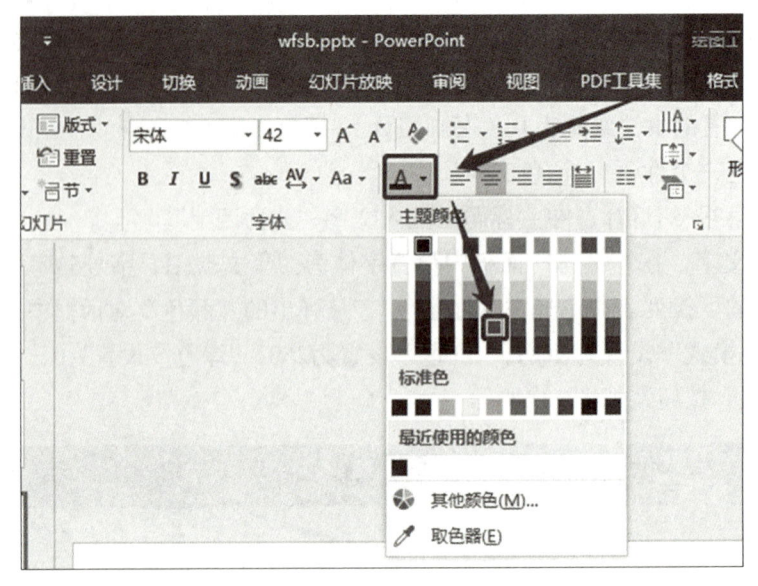

图 5.15 设置字体颜色

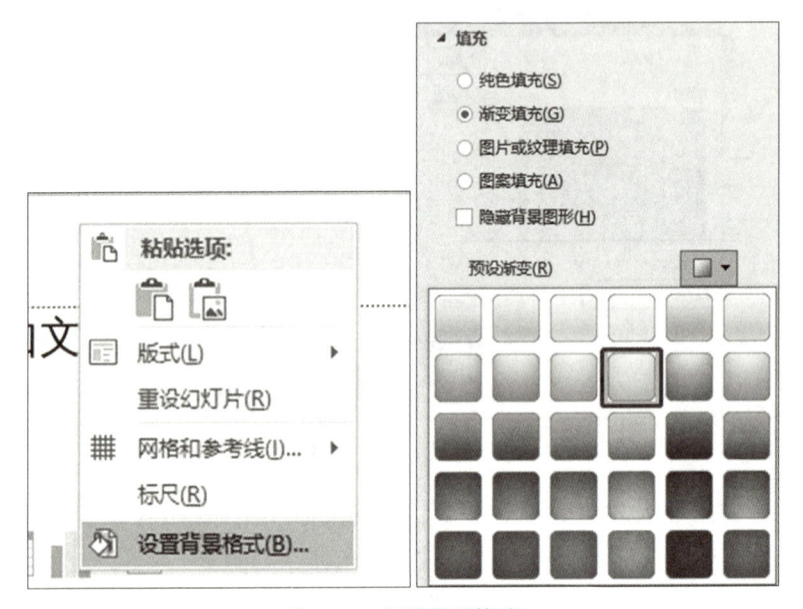

图 5.16 设置背景格式

7. 插入表格：在第4张幻灯片的标题区添加文字"纸"，设置格式为"楷体，60磅，加粗，颜色为标准色的红色"。在左侧内容区添加一个11行2列的表格，样式为"浅色样式3，强调2"，第1列的列宽为3厘米，第2列的列宽为10厘米，参考素材文件夹中的"笔墨纸砚.docx"文档的内容按从上到下的顺序将相应的内容输入表格，表格文字全部设置为"居中"和"垂直居中"。

（1）选中第4张幻灯片，在标题区输入文字"纸"，并设置格式为"楷体、60磅，加粗，颜色为标准色的红色"。

（2）将光标放在右侧框中，单击"插入"→"表格"右侧的下三角按钮，选择"插入表格"命令，在打开的对话框中设置"行数"为"11"，"列数"为"2"，单击"确定"按钮，如图5.17所示。

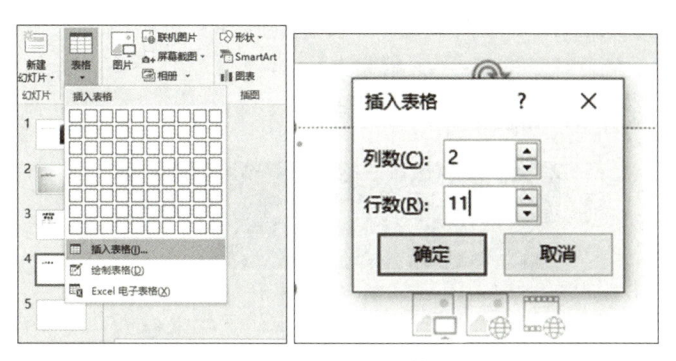

图 5.17　插入表格

（3）选中表格，选择"表格工具"→"设计"命令，在"表格样式"面板中选择"浅色样式3，强调2"，如图5.18所示。

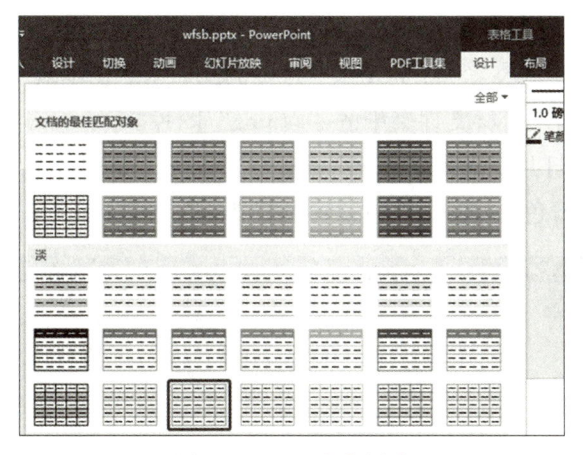

图 5.18　设置表格样式

（4）选中表格第1列，选择"表格工具"→"布局"命令，在"单元格大小"选项组中设置表格的宽度为3厘米，如图5.19所示。

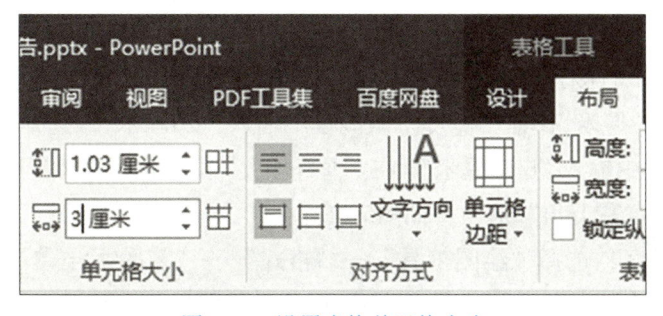

图 5.19　设置表格单元格大小

（5）用同样的方法设置第2列的宽度为10厘米。

（6）在表格第1行的第1、2列分别输入"序号""宣纸的种类"。

（7）打开素材文件夹中的"笔墨纸砚.docx"文件，将"宣纸的种类"部分的文字内容复制到表格中，其中数字输入"序号"列，文字复制到"宣纸的种类"列。

（8）选中表格中的文字，选择"表格工具"→"布局"命令，在"对齐方式"面板中选择居中按钮和垂直居中按钮，如图5.20所示。

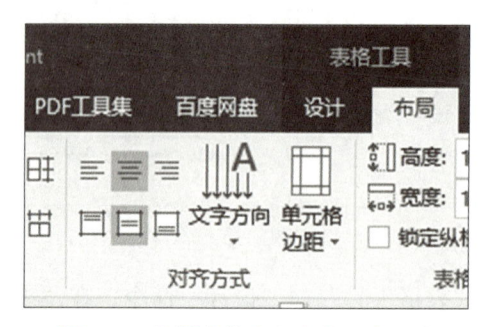

图 5.20　设置表格中文字的对齐方式

8. 插入艺术字：在第5张幻灯片插入样式为"填充-橙色，着色2，轮廓-橙色，着色2"的艺术字"砚"，艺术字的高度为3.58厘米，宽度为20厘米。文本效果为"转换–弯曲–波形1"。在艺术字的下面插入素材文件夹中的"砚.png"图片。

（1）选中第5张幻灯片，选择"插入"→"文本"→"艺术字"，从打开的下拉列表框中选择"填充-橙色，着色2，轮廓-橙色，着色2"样式，并输入文字"砚"，如图5.21所示。

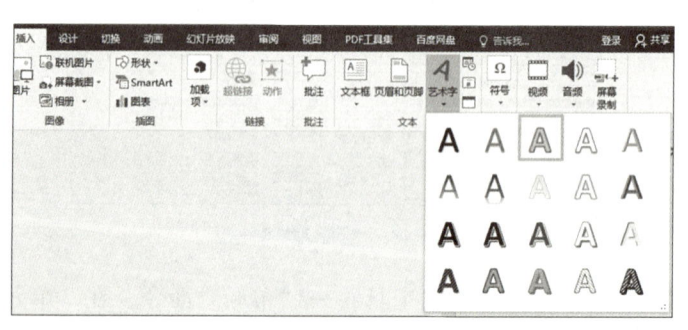

图 5.21　插入艺术

（2）选中艺术字，选择"绘图工具"→"格式"命令，单击"大小"面板的下三角按钮展开按钮，从窗口右侧打开的"设置形状格式"对话框中选择"大小"选项，在"高度"微调框中输入"3.58厘米"，在"宽度"微调框中输入"20厘米"，选择"位置"选项，在"水平位置"微调框中输入"6.73厘米"，在"垂直位置"微调框中输入"1.06厘米"，在"从"下拉列表框中选择"左上角"选项，如图5.22所示。

（3）选中艺术字，选择"绘图工具"→"格式"→"艺术字样式"→"文本效果"，从右侧下拉列表中选择"转换"→"弯曲–波形1"，如图5.23所示。

图 5.22　设置艺术字的大小及位置 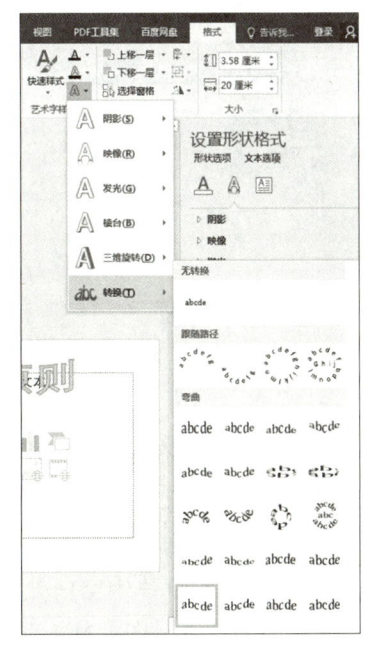　　　　图 5.23　设置艺术字的文本效果

9. 动画设置：将第5张幻灯片中的图片动画设置为"强调"→"跷跷板"，艺术字动画设置为"进入/缩放"，在"效果选项"中选择"对象中心"，动画顺序为先文本后图片。

（1）选中图片，选择"动画"→"高级动画"→"添加动画"，打开"进入"列表框，在其中，选择"强调"→"跷跷板"命令，如图5.24所示。

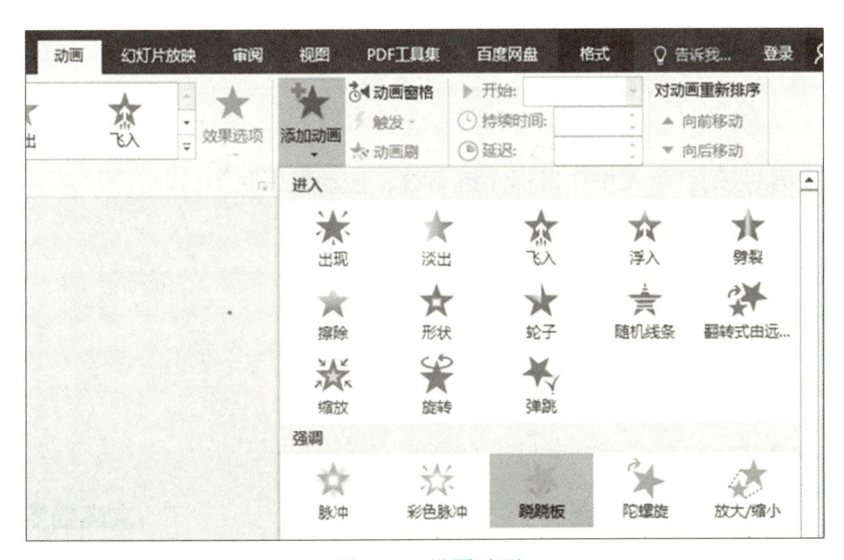

图 5.24　设置动画

（2）选中艺术字，用同样的方法设置艺术字动画为"进入"→"缩放"。

（3）单击"效果选项"下三角按钮，从中选择"对象中心"选项，如图5.25所示。

（4）单击"计时"面板中的"向前移动"按钮，即可调整播放顺序，如图5.26所示。

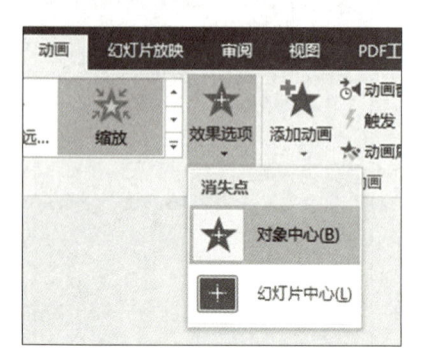

图5.25　设置动画效果

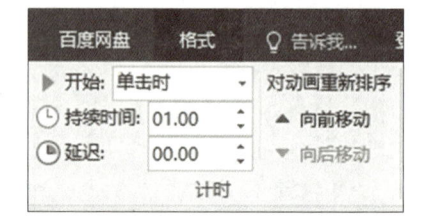

图5.26　调整播放顺序

10. 幻灯片编辑：在第1张幻灯片左侧添加"笔墨纸砚.docx"中关于笔的文字，将素材文件夹中的"纸"图片移动到第4张幻灯片的左侧；将第3张幻灯片移动到最前面作为第1张幻灯片。

（1）单击第1张幻灯片中空白处，粘贴复制后的"笔墨纸砚.docx"中关于笔的文字，将素材文件夹中的"纸"图片插入到第4张幻灯片的左侧，如图5.27所示。

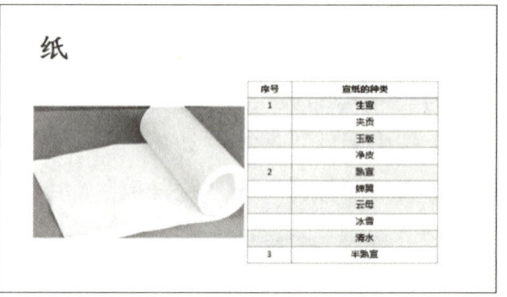

图5.27　文字与图片的插入

（2）选中第3张幻灯片，按住鼠标左键不放，拖动鼠标到第1张幻灯片前面，然后松开鼠标左键，如图5.28所示。

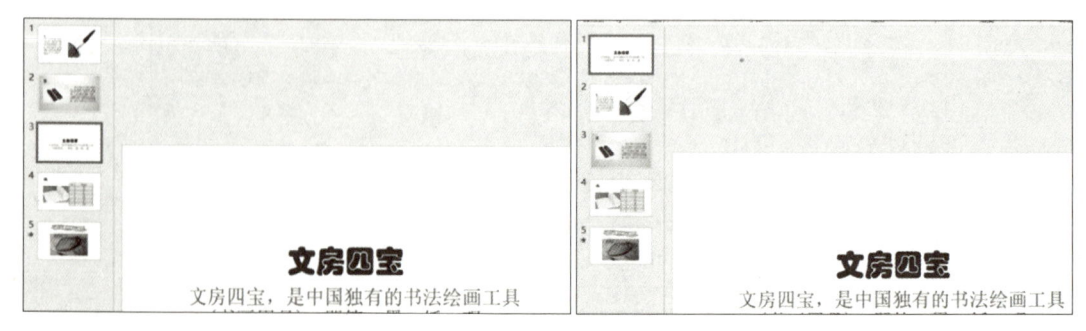

图5.28　删除幻灯片

11. 主题设置：将全文应用"平面"主题。

选择"设计"→"主题"→"平面"主题，如图5.29所示。

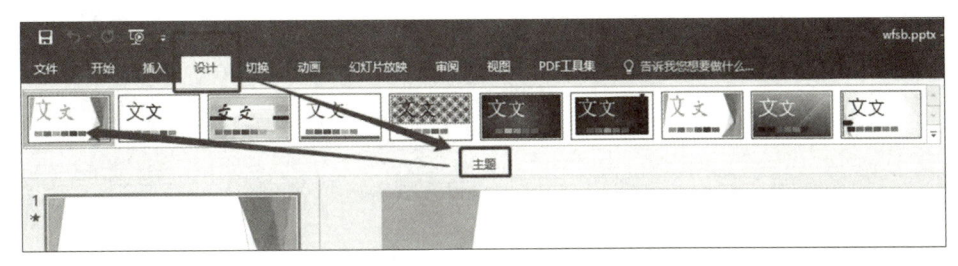

图 5.29　设置幻灯片主题

12. 切换设置：全文切换方式为"立方体"，在"效果选项"中选择"自左侧"。

（1）选择"切换"→"切换到此幻灯片"→"立方体"命令，如图5.30所示。

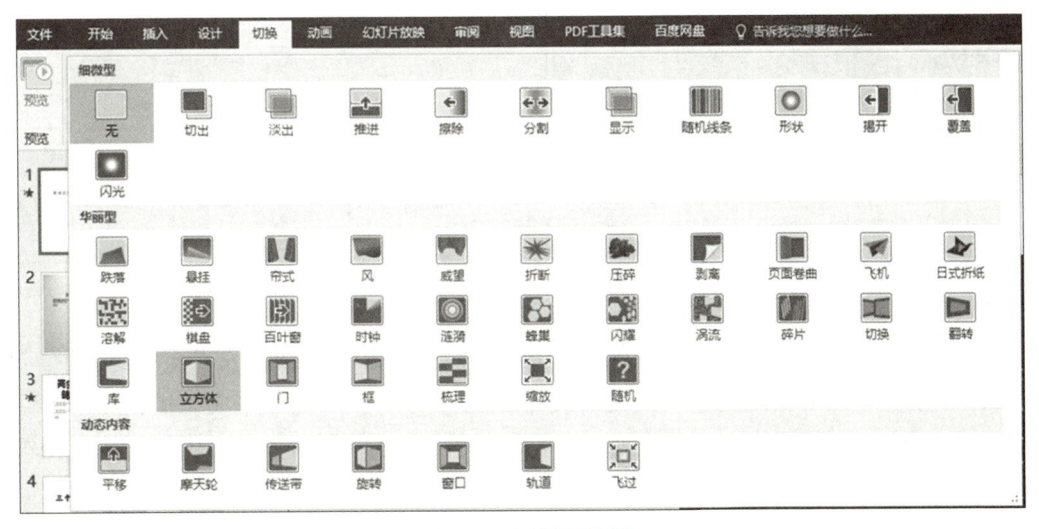

图 5.30　设置切效果

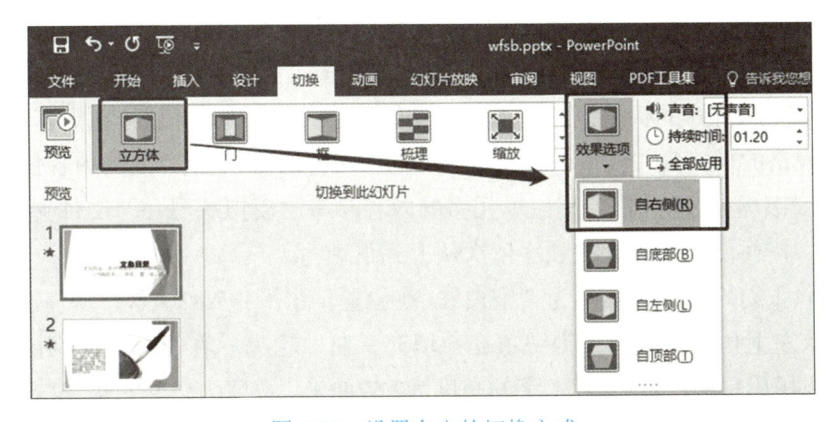

图 5.31　设置全文的切换方式

13. 放映设置：全文的放映方式为"观众自行浏览（窗口）"。

单击"幻灯片放映"菜单，在"设置"面板中选择"设置幻灯片放映"选项，从弹出的"设置幻灯片放映"对话框中选中"观众自行浏览（窗口）"单选按钮，再单击"确定"按钮即可，如图5.32所示。

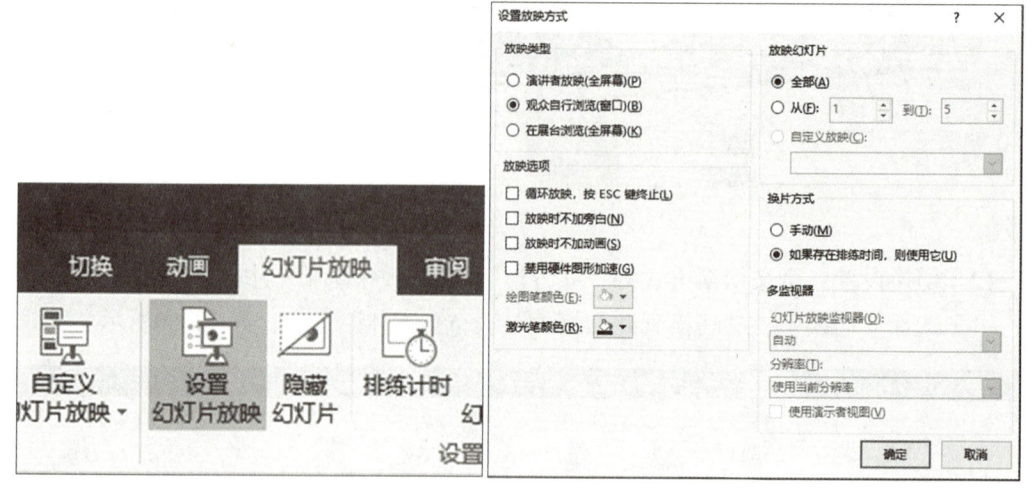

图 5.32　设置幻灯片放映方式

模拟练习一　《人民币收藏》

- 操作要求：

1. 新建一个演示文稿，按照下列要求修饰演示文稿并将其保存为"yswgl.pptx"。

2. 在主标题区中输入文字"人民币收藏"，设置字体格式为"华文行楷，65磅，颜色为标准色的红色"，在副标题处输入文字"经济发展的见证"，格式设置为"楷体，40磅，蓝色（RGB模式：红色为0，绿色为0，蓝色为255）"。

3. 在第1张幻灯片前面插入3张新幻灯片，将第1张幻灯片的版式改为"两栏内容"，将"模拟练习一"文件夹中的"pptl.jpg"插入到右侧内容区，图片样式设置为"映像圆角矩形，紧密映像：8pf偏移量"，设置动画为"进入"→"轮子"，在"效果选项"中选择4幅辐图案。

4. 在第2张幻灯片的标题区，输入文字"第一套人民币的价值"，在内容区插入11行3列的表格，表格的样式为"浅色样式3，强调4"，第1行的第1、2、3列的内容依次输入"名称""面值""市场参考价格"，其他单元格的内容参考"模拟练习一"文件夹中scl.docx文件中的内容，按面值从小到大的顺序依次从上到下填写。

5. 将第4张幻灯片的版式改为"空白"，在位置（水平：7.82厘米，从左上角，垂直：3.09厘米，从左上角）插入样式为"填充：填充－白，轮廓－着色2，清晰阴影，着色2"的艺术字"人民币精品收藏"，艺术字的高度为2.57厘米，宽度为15.9厘米。文本效果为"转换"→"跟随路径"→"上弯弧"并设置动画为"进入"→"飞入"，在"效果选项"中选择"自顶部"。将第1张幻灯片中的图片移动到艺术字的下面，并设置动画为"进入"→"弹跳"，动画顺序为先图片后文本。

6. 删除第1张幻灯片，将第3张幻灯片作为第1张幻灯片。

7. 将全文应用"回顾"主题，全文切换效果为"擦除"，在"效果选项"中选择自右上部，放映方式为"演讲者放映（全屏幕）。

- 效果图：

完成后的效果如图5.33所示。

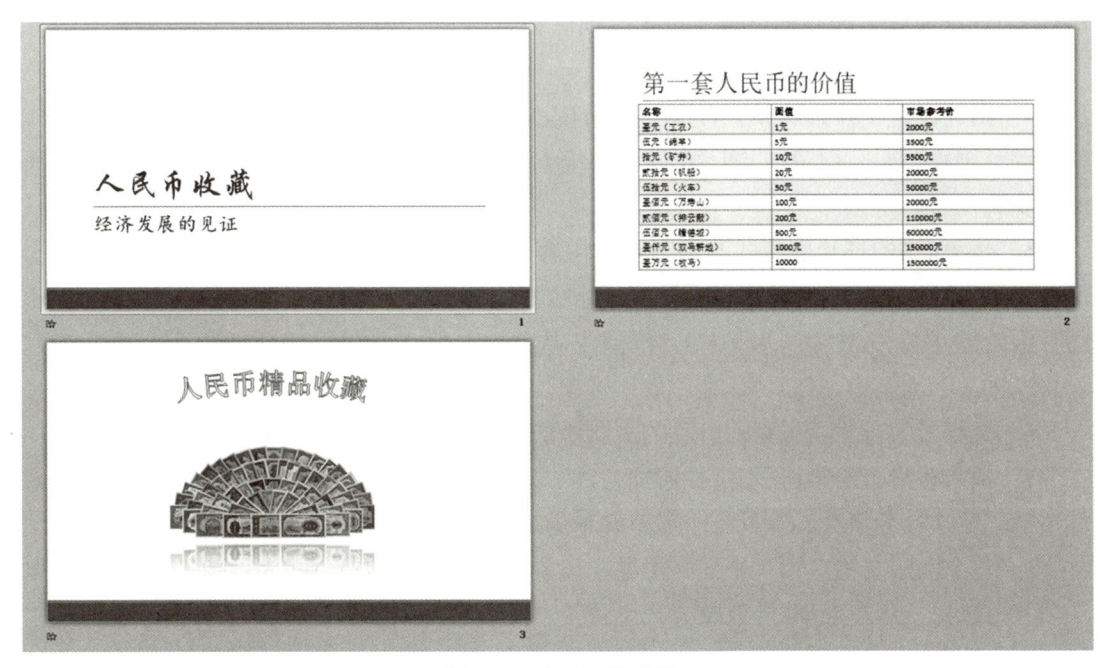

图 5.33　完成后的效果

第三节　演示文稿的综合应用

- 学习目标：

1. 理解并掌握幻灯片的大小设置。
2. 掌握在幻灯片中插入备注。
3. 掌握在幻灯片中插入页脚。
4. 理解幻灯片母版的作用并掌握其设置。
5. 理解并掌握在幻灯片中添加组织结构图。
6. 理解并掌握在幻灯片中为对象添加超链接。
7. 理解并掌握在幻灯片中插入图形、图表、SmartArt图形及格式设置。
8. 理解并掌握在幻灯片中将文字与SmartArt图形的互换及格式设置。

项目一　《诗歌》

- 操作要求：

1. 幻灯片大小：打开素材文件夹中的诗歌.pptx，设置幻灯片的大小为"宽屏（16:9）"。

2. SmartArt图形及超链接：在第1张幻灯片的内容区添加样式为"垂直图片重点列表"SmartArt图形，颜色为"彩色-个性色"。从上到下依次在文本框中输入"佚名""陶渊明""苏轼"并给文字添加相应的链接。在第2、3、4张幻灯片右下角添加一个动作按钮，并设置超链接到首页。

3. 动画设置：给图形设置"进入"动画为"浮入"，在"效果选项"中选择"上浮""逐个"。

4. 图片设置：在第2张幻灯片的左侧插入素材文件夹中的图片"诗经.jpg"，设置图片样式为"透视阴影，白色"，图片效果为"金色，11pt发光，个性色4"。设置"进入"动画为"弹跳"。

5. 将第4张幻灯片的版式改为"两栏内容"并在右侧插入"苏轼.jpg，图片样式为金属框架"，设置图片高度为"7.22厘米""缩放高度和宽度为60%""锁定纵横比""相对于图片原始尺寸"，位置为"水平：1.74厘米，从：左上角；垂直：6.05厘米，从：左上角"。设置"进入"动画为"飞入"，在"效果选项"中选择"自右上部"。

6. 页脚及编号：给每张幻灯片的页脚添加文字"诗歌"及添加编号。

7. 插入备注：给第1张幻灯片添加备注"诗歌是以凝练的语言，生动形象地表达作者的情感，反映社会生活，并具有一定节奏和韵律的文学体裁。"

8. 整个演示文稿应用"平面"主题，设置全体幻灯片切换方式为"覆盖"，在"效果选项"中选择"从左上部"，放映方式设置为"观众自行浏览（窗口）"。

● 原图：

原图如图5.34所示。

图5.34　原图

- 效果图：

完成后的效果如图5.35所示。

图 5.35　完成后的效果

- 操作步骤：

1．打开素材文件夹中的诗歌.pptx，设置幻灯片的大小为"全屏显示（16:9）。"

（1）双击"素材"文件夹中的"诗歌.pptx"文件，即可打开此文件。

（2）选择"设计"→"自定义"→"幻灯片大小"，从下拉列表中选择"宽屏（16:9）"选项，如图5.36所示。

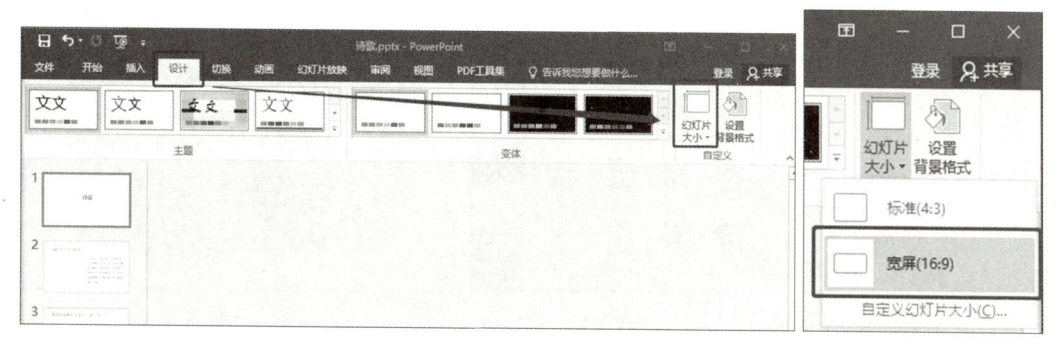

图 5.36　设置幻灯片大小

2．SmartArt图形及超链接：在第1张幻灯片的内容区添加样式为"垂直图片重点列表"SmartArt图形，颜色为"彩色–个性色"。从左到右依次在文本框中输入"佚名""陶渊明""苏轼"，并给文字添加相应的链接；在第2、3、4张幻灯片的右下角添加一个动作按钮，并设置超链接到首页。

（1）选中第1张幻灯片，选择"插入"→"插图"→"SmartArt"，从弹出的"选择SmartArt图形"对话框中选择"列表–垂直图片重点列表"，单击"确定"按钮，如图5.37所示。

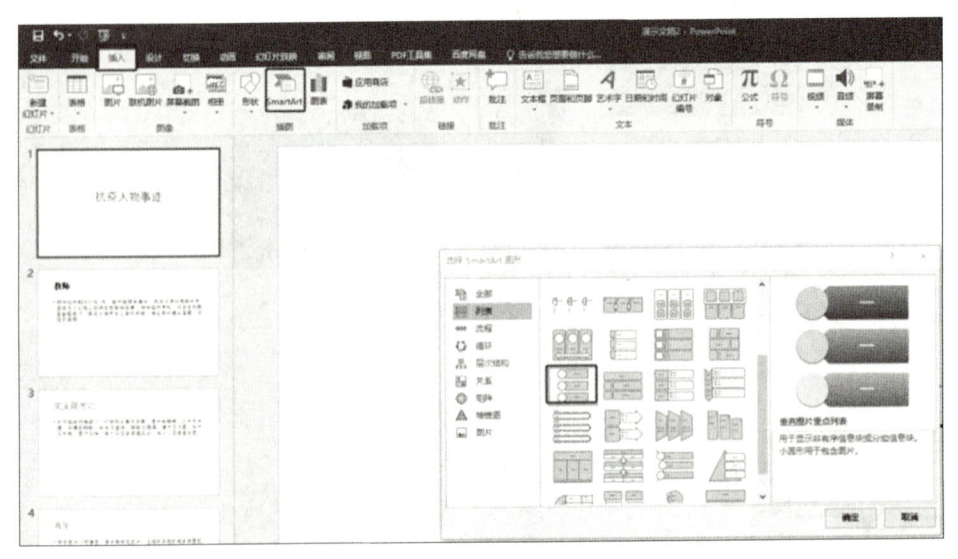

图 5.37　插入 SmartArt 图形

（2）从打开的"SmartArt工具"菜单中选择"设计"→"更改颜色"，在下拉列表中选择"彩色–个性色"，如图5.38所示。

（3）在各个文本框中依次输入"佚名""陶渊明""苏轼"，如图5.39所示。

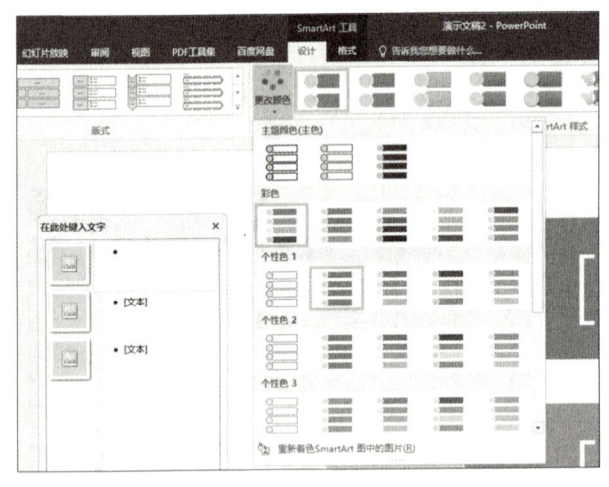

图 5.38　更改 SmartArt 图形颜色　　　　图 5.39　输入文字

（4）选中文字"佚名"，用鼠标右击，从弹出的快捷菜单中选择"超链接"命令，从弹出的"插入超链接"对话框中选择"本文档中的位置"→"诗经·卫风·伯兮"，单击"确定"按钮，如图5.40所示。用同样的方法设置"陶渊明"和"苏轼"的超链接。

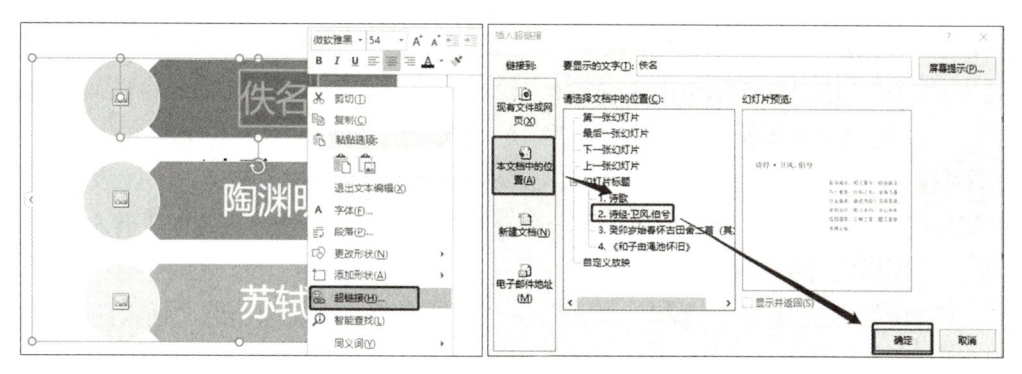

图 5.40　为"教师"设置超链接

（5）选中第2张幻灯片，单击"插入"→"插图"面板中的→"形状"按钮，从打开的对话框中选择"动作按钮"→"开始"，如图5.41所示。在幻灯片的右下角拖动鼠标画一个按钮。

（6）从打开的"操作设置"对话框中设置超链接到"第一张幻灯片"，单击"确定"按钮，如图5.42所示。用同样的方法将第3、4张幻灯片也链接到第1张幻灯片。

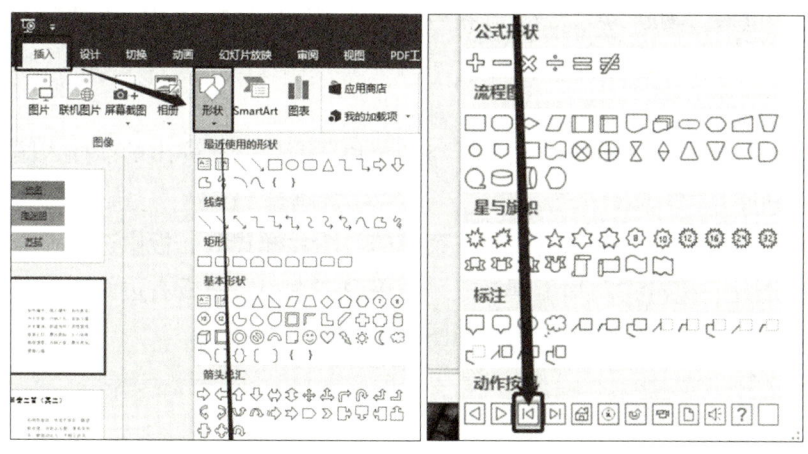

图 5.41　插入动作按钮

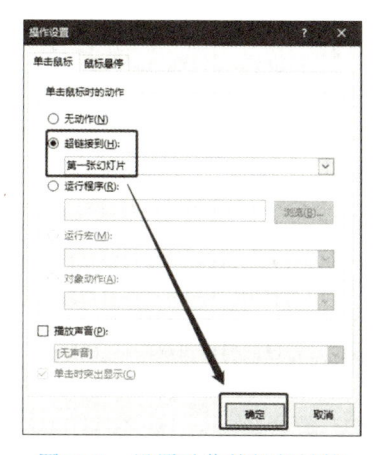

图 5.42　设置动作按钮超链接

3. 动画设置：给SmartArt图形设置"进入"动画为"浮入"，在"效果选项"中选择"上浮""逐个"。选中SmartArt图形，选择"动画"菜单，在"动画"面板中选择"进入"→"浮入"，在"效果选项"中选择"上浮"→"逐个"。

图片设置：在第2张幻灯片的左侧插入素材文件夹中的图片"诗经.jpg"，设置图片样式为"透视阴影，白色"，图片效果为"金色，11pt发光，个性色4"。设置"进入"动画为"弹跳"。用同样的方法为第3张幻灯片插入图片"陶渊明.jpg"。

（1）选中第2张幻灯片，选择"插入"→"图片"命令，从弹出的"插入图片"对话框中选择"诗经.jpg"。

（2）选中图片，在"图片工具格式"菜单中的"图片样式"面板中选择"透视阴影，白色"，选择"图片效果"→"发光"→"金色，11pt发光，个性色4"。

（3）选中图片，单击"动画"菜单，在"动画"面板中选择"进入"→"弹跳"。

4. 将第4张幻灯片的版式改为"两栏内容"，并在左侧插入"苏轼.jpg"，图片样式为"金属框架"，设置图片高度为"7.22厘米"，缩放高度和宽度均为"60%"，"锁定纵横比""相对于图片原始尺寸"，位置为"水平：1.74厘米，从：左上角；垂直：6.05厘米，从左上角"。设置"进入"动画为"飞入"，在"效果选项"中选择"自右上部"。

（1）选中第4张幻灯片，选择"开始"菜单，在"幻灯片"面板中选择"版式"→"两栏内容"。

（2）将光标放在左侧，选择"插入"→"图片"命令，从弹出的"插入图片"对话框中选择"苏轼.jpg"。

（3）选中图片，在"图片工具格式"菜单的"图片样式"面板中选择"金属框架"。

（4）选中图片，单击"图片工具格式"菜单中"大小"面板右边的下三角按钮，从弹出的对话框中设置图片的大小和位置，如图5.43所示。

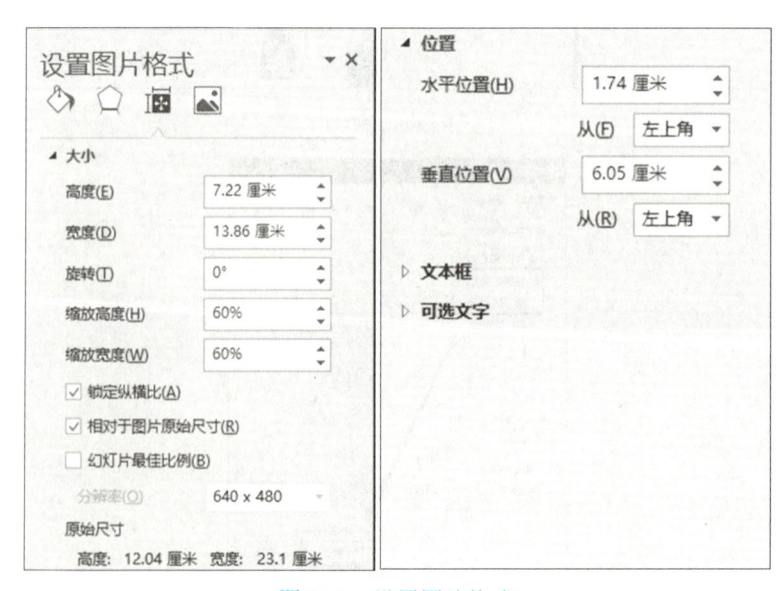

图 5.43　设置图片格式

（5）选中图片，单击"动画"→"动画"→"进入"→"飞入"按钮，效果选项为"自右上部"。

6. 页脚及编号：给每张幻灯片的页脚添加文字"诗歌"及添加编号。单击"插入"→"文本"→"幻灯片编号"按钮，在打开的"页眉和页脚"对话框中勾选"幻灯片编号""页脚"复选框，在文本框中输入"诗歌"，单击"全部应用"按钮，如图5.44所示。

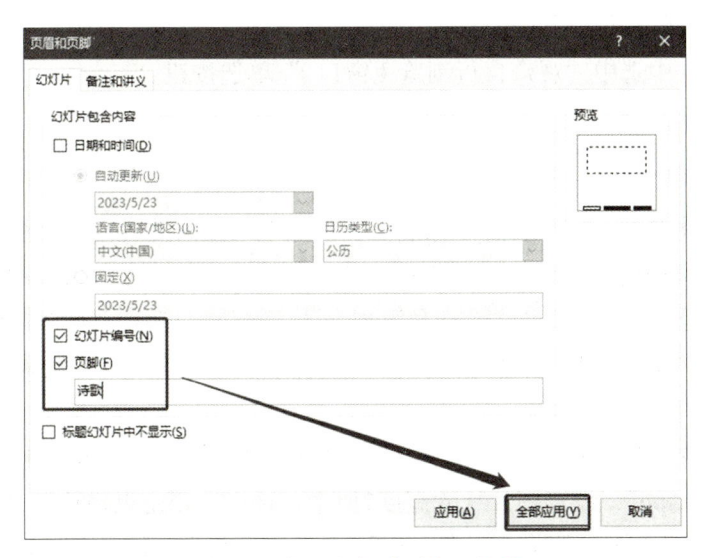

图 5.44　插入幻灯片页脚及编号

小知识

在"页眉页脚"对话框中如果单击"应用"按钮，则只对当前页有效；如果要对全部幻灯片有效，则必须单击"全部应用"按钮。

7. 插入备注：给第1张幻灯片添加备注"诗歌是以凝练的语言，生动形象地表达作者的情感，反映社会生活，并具有一定节奏和韵律的文学体裁。"

选中第1张幻灯片，在备注区输入文本"诗歌是以凝练的语言，生动形象地表达作者的情感，反映社会生活，并具有一定节奏和韵律的文学体裁。"，如图5.45所示。

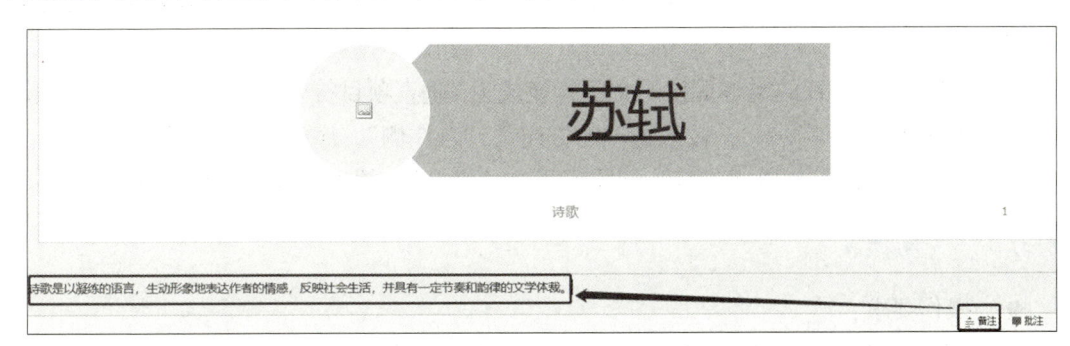

图 5.45　为幻灯片插入备注

8. 整个演示文稿应用"平面"主题，设置全体幻灯片的切换方式为"覆盖"，在"效果选项"中选择"从左上部"，放映方式设置为"观众自行浏览（窗口）"。

（1）单击"设计"→"主题"→"平面"按钮。

（2）选择"切换"→"切换到此幻灯片"→"覆盖"命令，在"效果选项"中选择"从左上部"，并单击"全部应用"按钮。

（3）选择"幻灯片放映"→"设置"→"设置幻灯片放映"命令，从弹出的"设置幻灯片放映"对话框中选中"观众自行浏览（窗口）"单选按钮。

模拟练习一　水晶产品策划书

打开考生文件夹下的演示文稿yswg.pptx，按照下列要求完成对此文稿的修饰并保存。

（1）在演示文稿的开始处插入一张幻灯片，版式为"标题幻灯片"，作为文稿的第一张幻灯片，在标题中输入文字"水晶产品策划书"，副标题中输入文字"晶泰来水晶吊坠"，并设置副标题的字体为：楷体、加粗、34，为副标题设置"飞入"的动画效果，效果选项为"自右侧"。

（2）为演示文稿应用设计模板"积分"；在第1张幻灯片中插入一张图片，图片为素材文件"shuijing1.jpg"，设置图片尺寸高度7厘米、选中"锁定纵横比"，图片位置设置为水平0.2厘米、垂直2厘米，均为自"左上角"，并为图片设置"淡出"的动画效果，开始条件为"上一动画之后"。

（3）将第2张幻灯片文本框中的文字，字体设置为"微软雅黑"，字体样式设置为"加粗"、字体大小设置为28磅字，文字颜色设置为深蓝色（RGB颜色模式：红色0，绿色20，蓝色60），行距设置为1.5倍，幻灯片背景设置为"羊皮纸"纹理。

（4）移动第5张幻灯片使它成为第3张幻灯片，并将该幻灯片的背景设置为"粉色面巾纸"纹理。

（5）将第4张幻灯片的版式改为"两栏内容"，在右侧栏中插入一张图片，图片为素材文件"shuijing2.jpg"，设置图片尺寸高度8厘米、"锁定纵横比"，图片位置设置为水平13厘米、垂直6厘米，均为自"左上角"；并为图片设置动画效果"浮入"，效果选项设置为"下浮"。

（6）将第5张幻灯片的文本框中的文字转换成为"垂直项目符号列表"的SmartArt图形，并设置其动画效果为"飞入"，效果选项的方向为"自左侧"，序列为"逐个"。

（7）为所有的幻灯片设置幻灯片切换效果为"揭开"，效果选项为"从右下部"。

项目二　《词曲》

● 操作要求：

1. 打开素材文件夹中的"词曲.pptx"文件，设置幻灯片的大小为"全屏显示（16∶9）"；为全文应用"切片"主题。设置全体幻灯片的切换方式为"库"，在"效果选项"中选择"自右侧"。放映方式设置为"观众自行浏览（窗口）"。

2. 将第2张幻灯片的版式设置为"两栏内容"，添加标题"水调歌头"，字体格式为"微软雅黑，加粗，大小为45磅，颜色为白色，文字1"。将素材文件夹中的"苏轼.jpg"添加到右侧的内容区，设置图片尺寸为"高度6.5厘米、宽度6.5厘米"，并为图片设置"强调"动画为"跷跷板"。

3. 插入图形：将第4张幻灯片的版式改为"仅标题"，在位置（水平：4.5厘米，从左上角，垂直：2.5厘米，从左上角）处插入"星与旗帜–竖卷形"，形状填充为黄色（标准色），高度为8厘米，宽度为4厘米，然后从左到右再插入与第一个卷形格式大小完全相同的2个卷形，分别在卷形上添加文字"苏轼""秦观""辛弃疾"，并设置字体格式为"幼圆，36磅，红色（标准色）"。3个卷形的动画都设置为"进入/翻转式由远及近"。除左边第一个卷形外，其他卷形动画的"开始"均设置为"上一动画之后"，"持续时间"均设置为"2"秒。

4. 在第1张幻灯片后面插入一张新幻灯片，版式为"标题和内容"，在标题处输入文字"目录"，在文本框中按顺序输入第3到第6张幻灯片的标题，将文字格式设置为"宋体，36磅，颜色为白色，文本1，1.5倍行距"，并且添加相应幻灯片的超链接。

5. 在最后一张幻灯片后面加入一张新幻灯片，版式为"空白"，插入艺术字，文字为"谢谢观看"，大小为80磅，文本效果为"半映像，4pt偏移量"。

- 原图：

原图如图5.46所示。

词曲	水调歌头（北宋）苏轼 丙辰中秋，欢饮达旦，大醉，作此篇，兼怀子由。 明月几时有，把酒问青天。不知天上宫阙，今夕是何年。我欲乘风归去，又恐琼楼玉宇，高处不胜寒。起舞弄清影，何似在人间。 转朱阁，低绮户，照无眠。不应有恨，何事长向别时圆。人有悲欢离合，月有阴晴圆缺，此事古难全。但愿人长久，千里共婵娟。
鹊桥仙（北宋）秦观 　　纤云弄巧，飞星传恨，银汉迢迢暗渡。金风玉露一相逢，便胜却、人间无数。 　　柔情似水，佳期如梦，忍顾鹊桥归路。两情若是长久时，又岂在朝朝暮暮。	宋词名家

摸鱼儿·观潮，上叶丞相（南宋）辛弃疾

望飞来、半空鸥鹭。须臾动地鼙鼓。截江组练驱山去，鏖战未收貔虎。朝又暮。诮惯得、吴儿不怕蛟龙怒。风波平步。看红旆惊飞，跳鱼直上，蹴踏浪花舞。

凭谁问，万里长鲸吞吐。人间儿戏千弩。滔天力倦知何事，白马素车东去。堪恨处。人道是、子胥冤愤终千古。功名自误。谩教得陶朱，五湖西子，一舸弄烟雨。

图 5.46 原图

- 效果图：

完成后的效果如图5.47所示。

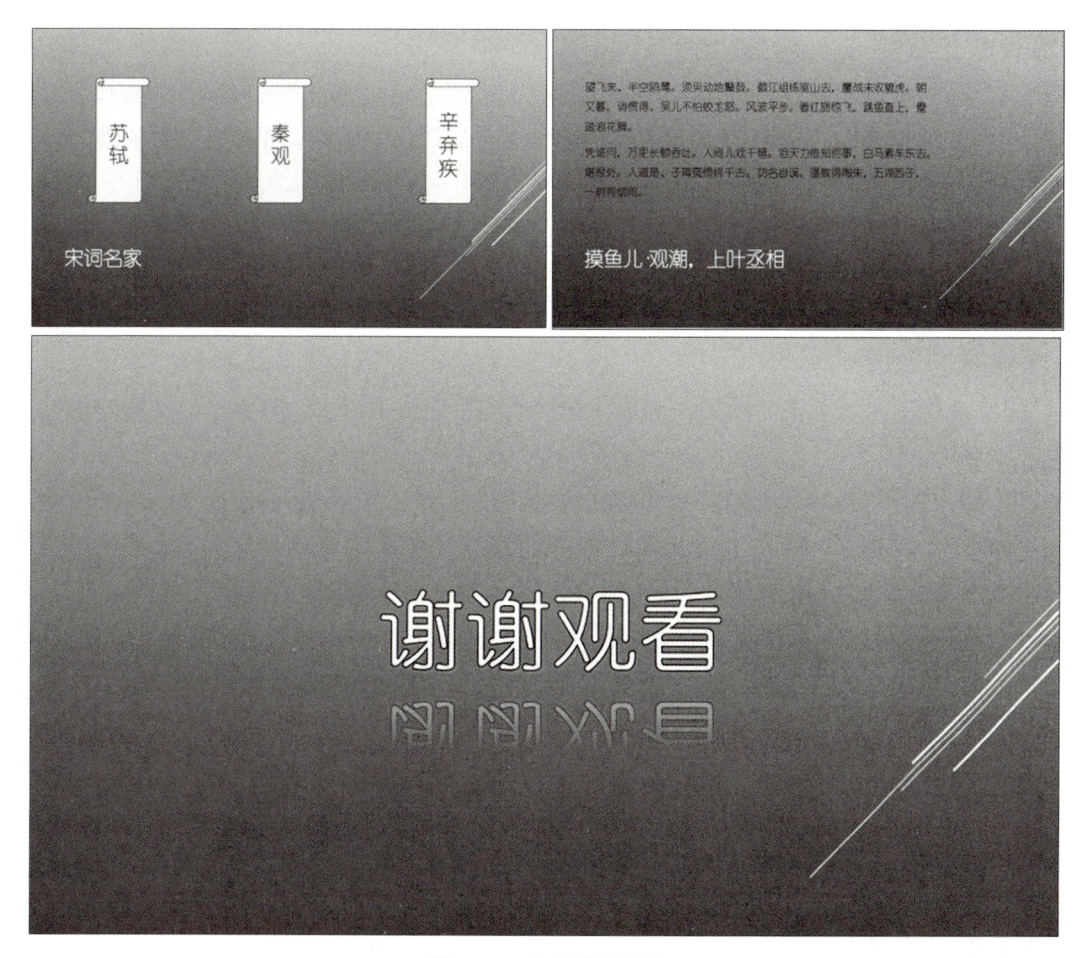

图 5.47　完成后的效果

- 操作步骤：

1. 打开素材文件夹中的"词曲.pptx"，设置幻灯片的大小为"全屏显示（16:9）"；为全文应用"切片"主题。设置全体幻灯片的切换方式为"库"，在"效果选项"中选择"自右侧"。放映方式设置为"观众自行浏览（窗口）"。

（1）双击素材文件夹中的"词曲.pptx"文件，即可打开此文件。

（2）单击"设计"菜单，在"页面设置"面板中，选择"页面设置"，在打开的对话框中设置"幻灯片大小"为"全屏显示（16:9）"。

（3）单击"设计"→"主题"→"切片"按钮。

（4）单击"切换"→"切换到此幻灯片"→"库"按钮，在"效果选项"中选择"自右侧"，单击"全部应用"按钮。

（5）单击"幻灯片放映"→"观众自行浏览（窗口）"。

2. 将第2张幻灯片的版式设置为"两栏内容"，添加标题"水调歌头（北宋）苏轼"，字体格式设置为"微软雅黑，加粗，大小为45磅，颜色为白色，文字1"。将素材文件夹中的"苏轼.jpg"文件添加到右侧内容区，设置图片高度为6.5厘米、宽度为11.5厘米，并为图片设置"强调"动画为"跷跷板"。

（1）选中第2张幻灯片，选择"开始"→"幻灯片"→"版式"→"两栏内容"。

（2）在标题处输入文字"水调歌头（北宋）苏轼"，设置字体格式为"微软雅黑，加粗，45磅，颜色为白色，文字1"。

（3）将光标放在右侧，选择"插入"→"图像"→"图片"命令，在弹出的"插入图片"对话框中选择"苏轼.jpg"即可。

（4）选中图片，单击"图片工具格式"，在"大小"面板中设置高度为6.5厘米、宽度为11.5厘米。

（5）选中图片，单击"动画"菜单，在"动画"面板中单击"强调"→"跷跷板"按钮。

3. 插入图形：将第4张幻灯片的版式改为"仅标题"，在位置（水平：4.5厘米，从左上角，垂直：2.5厘米，从左上角）插入"星与旗帜–竖卷形"，形状填充为黄色（标准色），高度为8厘米，宽度为4厘米，然后从左到右再插入与第一个卷形格式大小完全相同的2个卷形，分别在卷形上添加文字，并设置字体格式为"幼圆，36磅，红色（标准色）"。3个卷形的动画都设置为"进入/翻转式由远及近"。除左边第一个卷形外，其他卷形动画的"开始"均设置为"上一动画之后"，"持续时间"均设置为"2"秒。

（1）选中第4张幻灯片，选择"开始"→"幻灯片"→"版式"→"仅标题"。

（2）选择"插入"→"插图"→"形状"→"星与旗帜－竖卷形"，如图5.48所示，在幻灯片中画一个图形，并将其形状填充为黄色（标准色）。

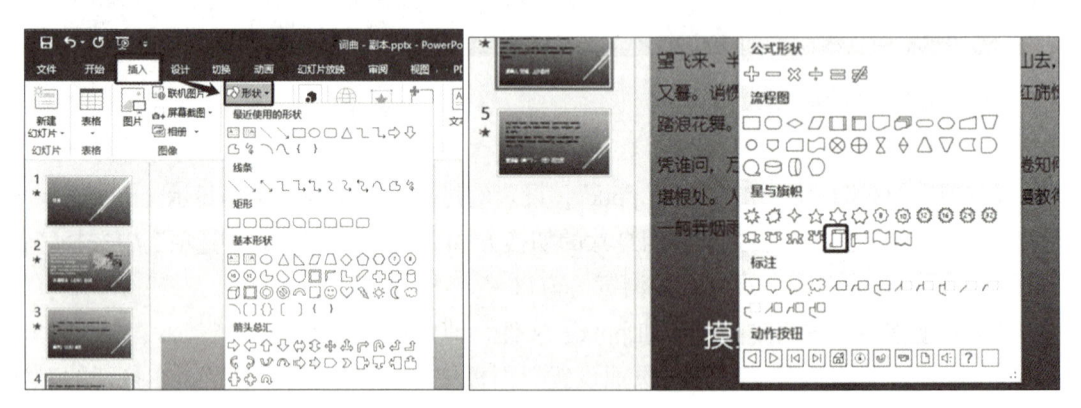

图 5.48　插入图形

（3）单击图形，单击"图形工具格式"，再单击"大小"面板右边的下三角按钮，在弹出的"设置图片格式"对话框中设置高度为8厘米，宽度为4厘米，在"位置"选项中设置水平：4.5厘米，从左上角，垂直：2.5厘米，从左上角。

（4）选中图形，右击鼠标，在弹出的快捷菜单中选择"复制"命令（或按"Ctrl+C"组合键），再在幻灯片的空白处右击鼠标，从弹出的快捷菜单中选择"粘贴"命令（或按"Ctrl+V"组合键），如图5.49所示。重复此操作步骤，再粘贴一个图形。

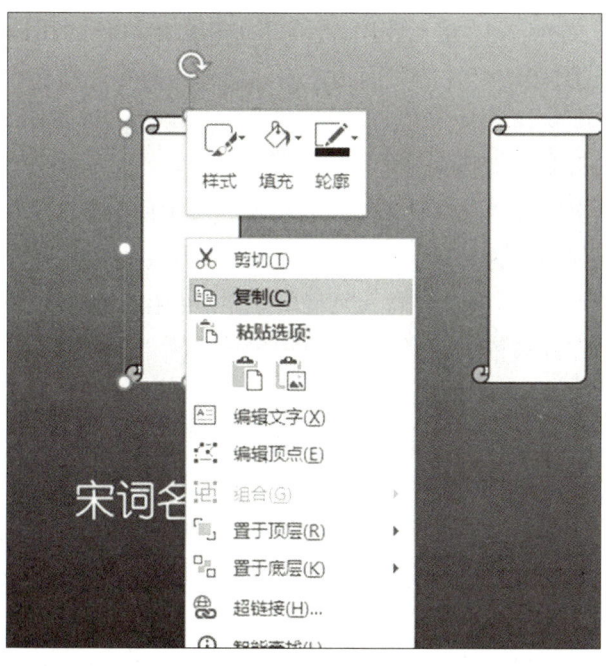

图 5.49　复制图形

（5）依次将3个图形放好，选中第一个图形，单击鼠标右键，在弹出的快捷菜单中选择"编辑文字"命令，输入文字"苏轼"。用同样的方法在其他2个图形上依次输入"秦观""辛弃疾"。

（6）按住"Shift"键，依次选中3个图形，将其文字格式设置为"幼圆，36磅，红色（标准色）"。

（7）按住"Shift"键，依次选中3个图形，单击"动画"菜单，在"动画"面板中设置"进入"→"翻转式由远及近"。

（8）按住"Shift"键，依次选中后2个图形，单击"动画"菜单，在"计时"面板中设置开始和持续时间，如图5.50所示。

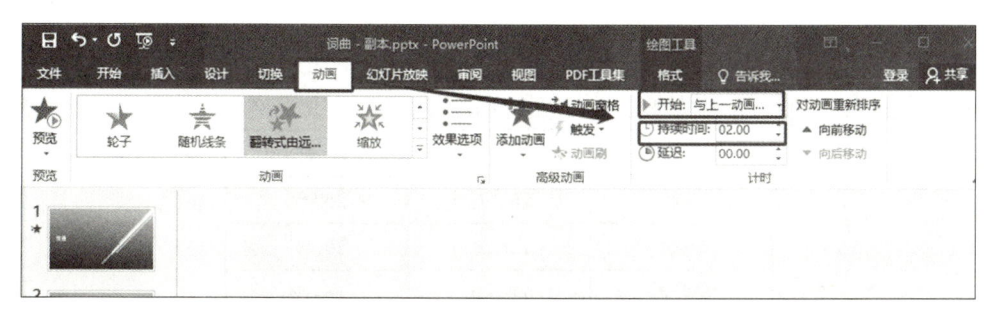

图 5.50　设置开始和持续时间

4. 在第1张幻灯片后面插入一张新幻灯片，版式为"标题和内容"，在标题处输入文字"目录"，在文本框中按顺序输入第3张到第6张幻灯片的标题，文字格式设置为"宋体，

36磅，颜色为白色，文本1，1.5倍行距"，并且添加相应幻灯片的超链接。

（1）将光标放在第1张幻灯片的后面，单击"新建幻灯片"按钮。

（2）单击"版式"按钮，从打开的对话框中单击"标题和内容"。

（3）在标题处输入文字"目录"。

（4）在内容区依次输入"水调歌头"、"鹊桥仙"、"宋词名家"、"摸鱼儿·观潮"，并选定所有文字，设置字体格式为"宋体、36磅，1.5倍行距"。

（5）选中"水调歌头"，单击"插入"菜单，在"链接"面板中单击"超链接"按钮，从弹出的对话框中从左到右依次选择"本文档中的位置""水调歌头（北宋）苏轼"，单击"确定"按钮即可。

（6）用同样的方法将其四行文字设置相应的超链接。

5. 在最后一张幻灯片后面加入一张新幻灯片，版式为"空白"，插入艺术字，文字为"谢谢观看"，大小为80磅，文本效果为"半映像，4pt偏移量"。

（1）选中最后一张幻灯片，选择"开始"→"幻灯片"→"新建幻灯片"命令。

（2）选择"版式"→"空白"命令。

（3）选择"插入"菜单，从中任意选择一种样式，输入"谢谢观看"，设置字号为80，文本效果为"半映像，4pt偏移量"。

模拟练习二　年终总结报告会

打开考生文件夹下的演示文稿yswg.pptx，按照下列要求完成对此文稿的修饰并保存。

（1）为整个演示文稿应用"丝状"主题；设置全体幻灯片切换方式为"擦除"，效果选项为"从右上部"；设置幻灯片的大小为"全屏显示（16:9）"；放映方式设置为"观众自行浏览（窗口）"。

（2）为第1张幻灯片添加副标题"觅寻国际2016年度总结报告会"，字体设置为"微软雅黑"，字体大小为32磅字；将主标题的文字大小设置为66磅，文字颜色设置成红色（RGB颜色模式：红色255，绿色0，蓝色0）。

（3）在第6张幻灯片后面加入一张新幻灯片，版式为"两栏内容"，标题是"收入组成"，在左侧栏中插入一个六行三列的表格，内容如下表所示；设置表格高度8厘米，宽度8厘米。

名称	2016	百分比
烟酒	201万	26.9%
旅游	156万	20.9%
农产品	124万	16.6%
直销	105万	14.1%
其他	160万	21.4%

（4）在第7张幻灯片中，根据左侧表格中"名称"和"百分比"两列的内容，在右侧

栏中插入一个"分离型三维饼图",图表标题为"收入组成",图表标签显示"类别名称"和"值",不显示图例,设置图表样式为"样式8",设置图表高度为10厘米,宽度为12厘米。

（5）将第2张幻灯片的文本框的文字转换成SMART图形"垂直曲形列表",并且为每个项目添加相应幻灯片的超链接。

（6）将第3张幻灯片中的"良好态势"和"不足弊端"这两项内容的列表级别降低一个等级（即增大缩进级别）；将第5张幻灯片中的所有对象（幻灯片标题除外）组合成一个图形对象,并为这个组合对象设置"强调"动画的"跷跷板"；将第6张幻灯片的表格中所有文字大小设置为32磅,表格样式为"主题样式2-强调2",所有单元格对齐方式为"垂直居中"。

（7）将最后一张幻灯片的背景设置为预设颜色的"浅色渐变,个性色2"；在幻灯片中插入样式为"填充：褐色,主题色3,锋利棱台"的艺术字,艺术字的文字为"感谢大家的支持与付出",艺术字的文本填充设置为预设颜色的"径向渐变-个性色6"；为艺术字设置"进入"动画的"形状",效果选项为"缩小"、"菱形"；为标题设置"强调"动画的"放大/缩小",效果选项为"水平"、"巨大",持续时间为3秒；动画顺序是先标题后艺术字。

第六章　Internet 及应用

第一节　获取网络信息

● 学习目标：

（1）熟练掌握使用浏览器浏览网页的操作方法。

（2）熟练掌握网页内容的存储、下载的操作方法。

（3）熟练掌握使用搜索引擎下载网络资源的操作方法。

项目一　浏览并下载网页资源

● 操作要求：

（1）用IE浏览器打开中国教育考试网，浏览"考试项目"菜单中"计算机等级考试（NCRE）"下的"考试介绍"页面，并将它的内容以文本文件的格式保存到"此电脑"中的"文档"文件夹下，命名为"kssm.txt"。

（2）用IE浏览器打开百度，从中搜索"风景"的图片，将其中一张图片保存在"此电脑"的"图片"文件夹中，文件名为view.jpg。

● 操作步骤：

1. 浏览并保存网页

（1）启动IE浏览器，双击桌面上的"IE浏览器"图标即可。

（2）在搜索框中输入"中国教育考试网"，按"Enter"键即可，如图6.1所示。

图6.1　中国教育考试网

（3）单击"考试项目"标签，如图6.2所示，进入考试项目页面。

图 6.2　单击"全国计算机等级考试（NCRE）"超链接

（4）单击"全国计算机等级考试（NCRE)"中的"考试介绍"链接，进入页面，如图 6.3所示。

图 6.3　考试介绍页面

（5）在打开的网页上右击鼠标，选择"文件"→"另存为"命令，弹出"另存为"对话框。从对话框中选择保存路径、文件名及文件类型，单击"保存"按钮，如图6.4和图 6.5 所示。

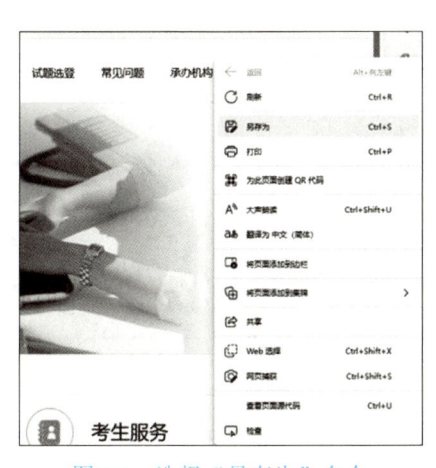

图 6.4　选择"另存为"命令

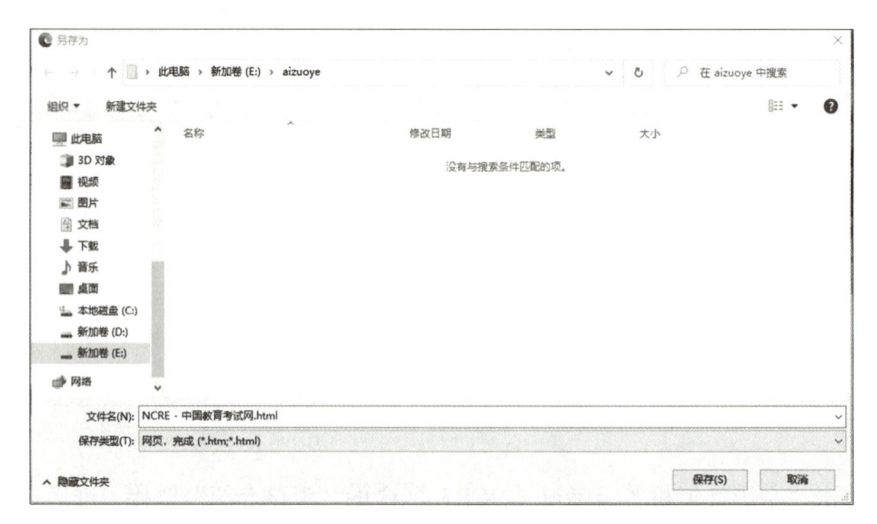

图 6.5　已保存好的文本文件

2．下载图片

（1）启动IE浏览器，打开百度，输入关键字"风景"，单击"图片"按钮，如图6.6所示。

（2）进入搜索的页面，选择其中一张图片，如图6.7所示。

图 6.6　打开百度网站

图 6.7　搜索图片

（3）选择图片后，右击鼠标，在弹出的快捷菜单中选择"图片另存为"命令，设置好路径、文件名与类型，单击"保存"按钮，如图6.8所示。

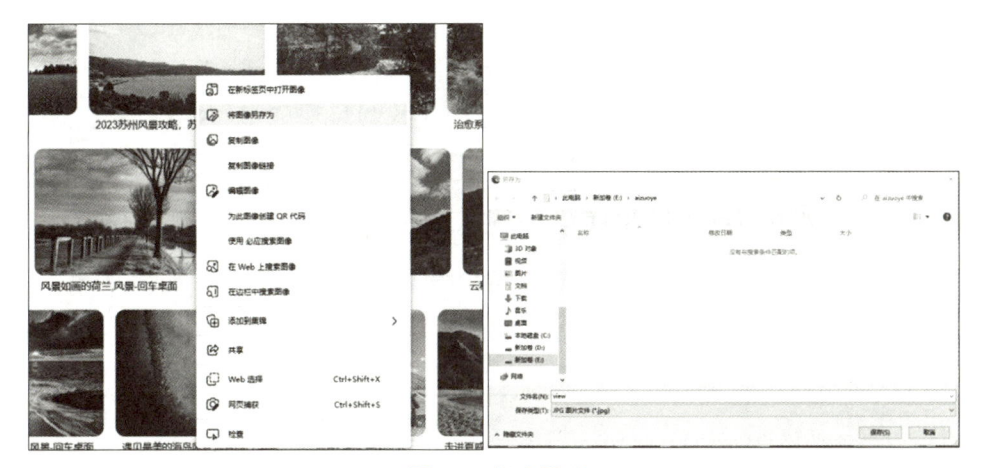

图 6.8　保存图片

小知识

随着Internet的迅猛发展，各种信息在网络中呈现爆炸式增长，用户要在信息的海洋里找信息，就像大海捞针一样。为了解决如何快速查找信息，出现了搜索引擎。

搜索引擎实际上是一个为用户提供信息"检索"服务的网站，它使用特定的程序把在Internet上搜索到的所有信息进行组织和归类，以帮助人们在"茫茫大海"中搜寻到所需要的信息，如通过它查找一幅图片、一件商品信息。搜索引擎就像电信黄页一样成为网络信息的向导，成为Internet电子商务的核心服务。

项目二　浏览并保存网页内容

● 操作要求：

（1）用IE浏览器打开中国教育考试网。

（2）在电脑的"文档"文件夹中新建一个文本文档，命名为"ksxz·txt"。进入"考试项目"菜单下的"计算机等级考试（NCRE）"页面，查找"考生须知"的页面内容并将它的正文内容复制到"ksxz.txt"中并保存。

（3）在电脑的"文档"文件夹中新建一个Word文档，命名为"评价体系.docx"。进入"中国高考评价体系正式发布"页面，将正文内容复制并保存到"评价体系.docx"中，文末的图片保存在"此电脑"中的"图片"文件夹中，文件名为tixi.png。

● 操作步骤：

1. 启动IE浏览器，进入中国教育考试网。

（1）启动IE浏览器，双击桌面上的"IE浏览器"图标。

（2）在搜索框中输入"中国教育考试网"，按"Enter"键即可，如图6.9所示。

图 6.9　打开 IE 浏览器，进入网页

2. 将网页内容复制到文本文件中并保存。

（1）双击桌面上的"此电脑"图标，打开"文档"文件夹，新建一个文本文档并重命名为"ksxz.txt"，如图6.10所示。

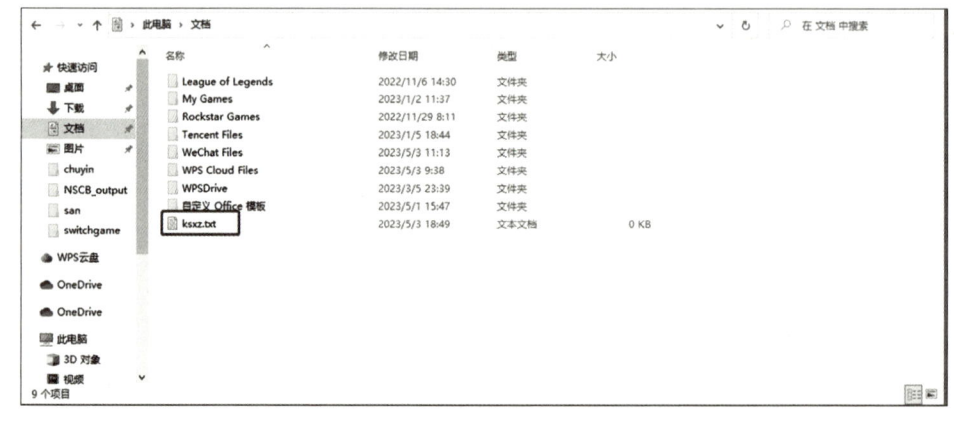

图 6.10　新建 ksxz 文本文档

（2）如图6.11所示，单击"考试项目"标签，在打开的界面中，单击"全国计算机等级考试（NCRE）"链接，再单击"考生须知"，进入考生须知页面，如图6.12和图6.13所示。

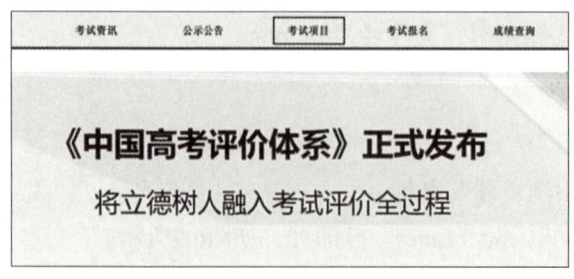

图 6.11　单击"考试项目"标签　　　　图 6.12　单击"全国计算机等级
　　　　　　　　　　　　　　　　　　　　　　　　考试（NCRE）"链接

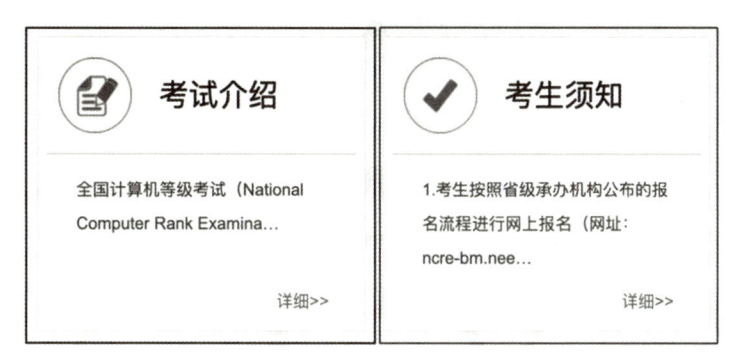

图 6.13　进入"考生须知"页面

（3）使用鼠标拖动的方式选择全文文字，右击鼠标，在弹出的快捷菜单中选择"复制"命令，如图6.14所示。

（4）如图6.15所示，打开"此电脑"的"文档"文件夹，打开"ksxz.txt"文件，右击鼠标，在弹出的快捷菜单中选择"粘贴"命令，效果如图6.16所示。

图 6.14　选择"粘贴"命令

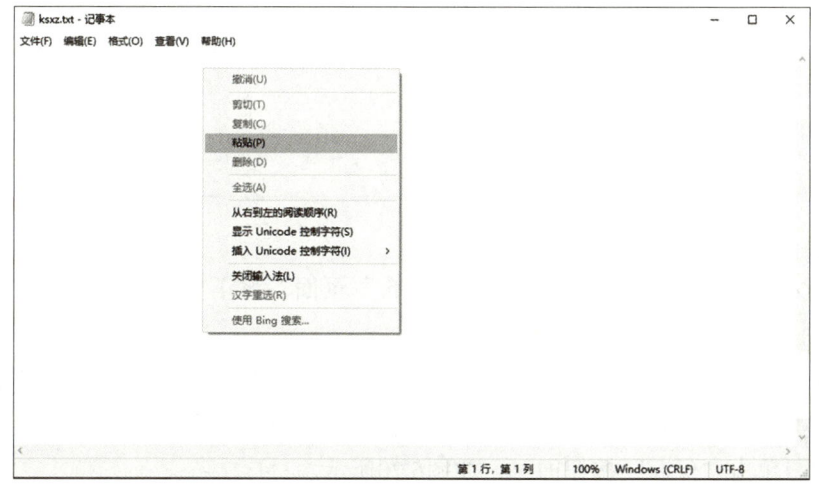

图 6.15　粘贴文字

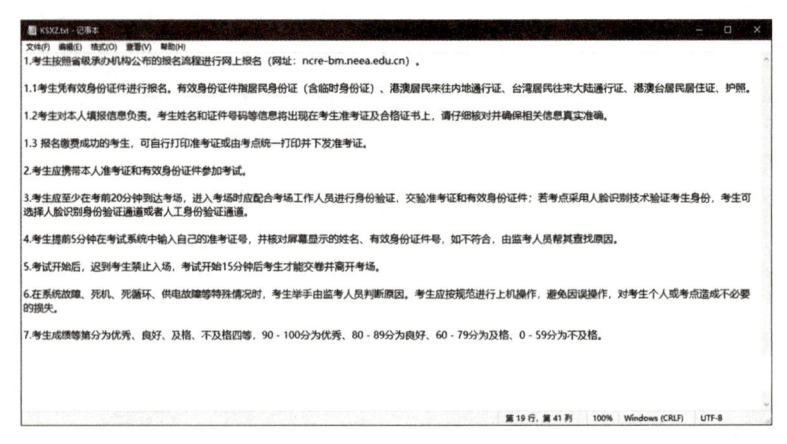

图 6.16　粘贴内容效果

（5）保存文件。

小知识

网页是网站的基本信息单位，通常一个网站由众多不同内容的网页组成。网页一般由文字、图片、声音、动画等多种媒体内容构成。

浏览网页是Internet提供的主要服务之一。目前使用最广泛的网页浏览工具是IE（Internet Explorer）浏览器。现在的主流Windows操作系统都自带了IE浏览器。

3. 下载图片到指定文件夹

（1）参考前面的操作方法，在电脑的"文档"文件夹中新建一个Word文档，命名为"评价体系.docx"，如图6.17所示。

图 6.17　新建文档

（2）进入"《中国高考评价体系》正式发布"页面，将正文内容复制并保存到"评价体系.doc"中，如图6.18所示。

（3）在"《中国高考评价体系》正式发布"页面中，在文末的图片上单击鼠标右键，选择"图片另存为"命令，如图6.19所示。在弹出的对话框中设置好保存的位置、文件名和文件类型，单击"保存"按钮即可，如图6.20所示。

— 238 —

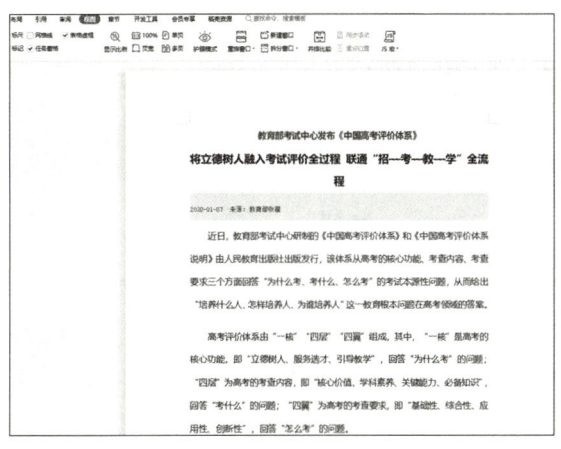

图 6.18　复制页面文字内容保存至 Word 文档　　　　图 6.19　"图片另存为"命令

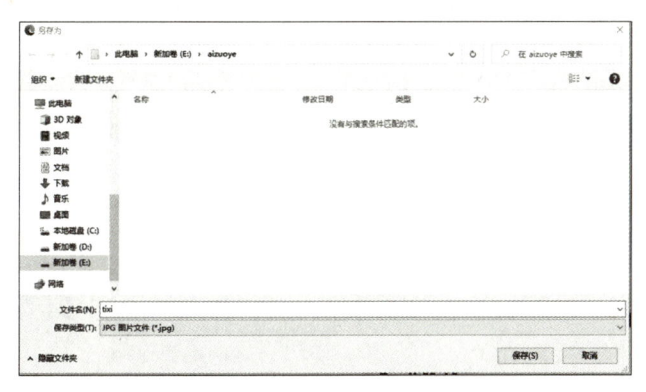

图 6.20　"另存为"对话框

第二节　收/发电子邮件

- 学习目标：

(1) 了解电子邮件的基本概念和作用。

(2) 熟练进行免费电子邮箱的申请与使用。

(3) 熟练掌握利用邮箱接收电子邮件的操作方法。

(4) 熟练掌握利用邮箱发送（转发/回复）电子邮件的操作方法。

项目一　了解电子邮箱和邮件

- 操作要求：

(1) 启动IE浏览器，输入mail.163.com，申请一个免费的电子邮箱。

(2) 登录邮箱，为自己发送一封邮件。

- 操作步骤：

— 239 —

1. 申请免费的电子邮箱

（1）启动浏览器，打开163邮箱注册界面，如图6.21所示。

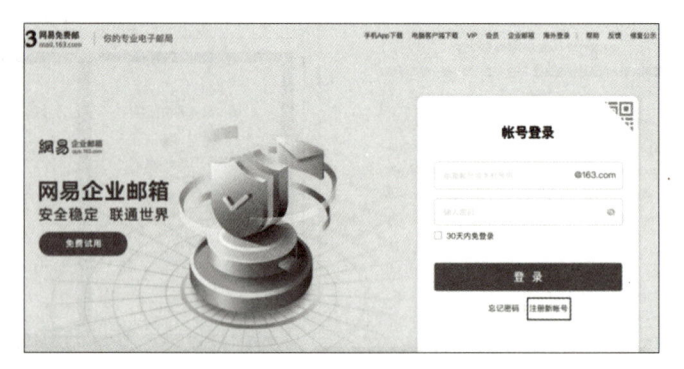

图6.21　打开163邮箱注册界面

（2）进入注册界面，选择"免费邮箱"选项卡，输入相关信息，单击"立即注册"按钮，如图6.22所示。

图6.22　填写注册信息

2. 发送邮件

（1）注册成功后，直接单击"进入邮箱"按钮，或在IE浏览器中打开163邮箱的登录页面中填写用户名和密码，单击"登录"按钮，即可进入163邮箱主页面，如图6.23所示。

图6.23　163邮箱主页面

（2）单击"写信"按钮，打开写信页面，单击"给自己写一封信"，输入主题和内容，单击"发送"按钮，如图6.24所示。

图 6.24　给自己发送邮件

（3）输入姓名，单击"保存并发送"按钮，即可发送成功，如图6.25所示。

图 6.25　发送邮件成功

项目二　使用邮箱收/发电子邮件

- 操作要求（以网易邮箱为例）：

（1）接收并回复电子邮件。接收来自网易邮件中心发的第一封电子邮件，并回复该邮件，正文为：已收到邮件，谢谢。

（2）接收并转发电子邮件。接收并阅读由网易邮件中心发来的任意一封电子邮件并立即转发给李国强，李国强的E-mail为：Ligq@mail.home.net。

（3）新建并发送电子邮件。教师节到了，给老师们发一封邮件，送上自己的祝福。并将"邮件图片"文件夹中的"教师节.jpg"图片作为附件一起发出去。

收件人为：liangjiahua@sina.com。

抄送至：zhangxiaochuan@yahoo.com和zhangde@163.com。

主题为：教师节快乐。

内容为：老师您辛苦了，教师节来临之际，祝您身体健康，工作顺利！

- 操作步骤：

1. 接收并回复电子邮件

（1）在浏览器中输入地址mail.163.com，在邮箱账号登录界面中输入自己账号的信息，即可进入自己的网易邮箱，如图6.26所示。

图 6.26　登录网易邮箱

（2）单击"收信"按钮，在邮件列表中单击来自"网易邮件中心"的邮件，如图6.27所示。

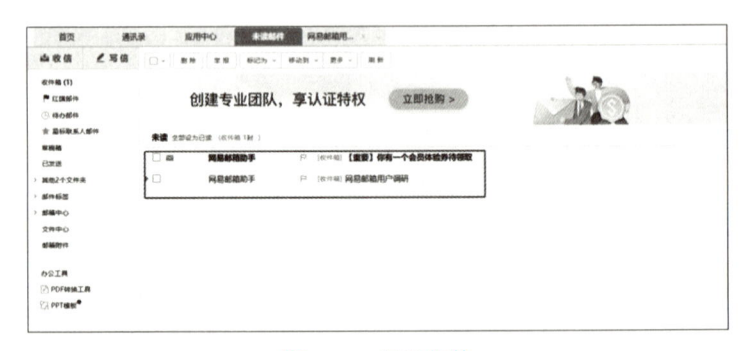

图 6.27　打开邮件

（3）单击"回复"按钮，在回复遇见的正文中输入文字，并单击"发送"按钮，如图6.28所示。

图 6.28　回复邮件内容

（4）在邮箱首页"已发送"列表可查看到此回复邮件，如图6.29所示。

图 6.29　查看已回复邮件

2. 接收并转发电子邮件

（1）登录邮箱，单击来自"网易邮件中心"的邮件，在页面中单击"转发"按钮，如图6.30所示。

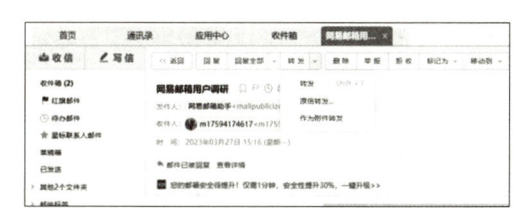

图 6.30　转发邮件

（2）单击"转发"按钮，在"收件人"一栏中输入邮箱地址，单击"发送"按钮即可，如图6.31所示。

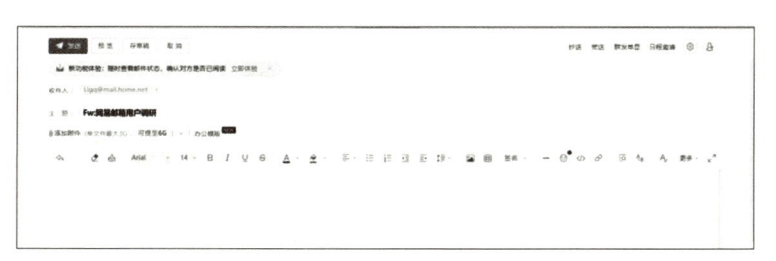

图 6.31　输入收件人地址并发送

（3）邮件发送成功，如图6.32所示。

图 6.32　转发邮件成功

3. 新建并发送电子邮件

（1）登录自己的邮箱，单击"写信"按钮，如图6.33所示。

图 6.33　单击"写信"按钮

（2）在新打开的窗口中，在"收件人"一栏中输入地址后，单击"抄送"按钮，如图6.34所示。

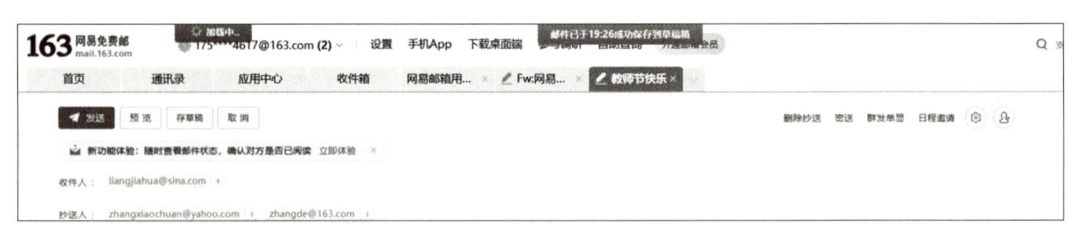

图 6.34　输入收件人地址并抄送

（3）输入两个抄送人地址，并分别输入"主题"和正文内容，如图6.35所示。

图 6.35　输入抄送人地址、主题和正文内容

参 考 文 献

[1] 教育部高等学校大学计算机课程教学指导委员会.大学计算机基础课程教学基本要求[M].北京:高等教育出版社，2016.
[2] 刘莉，马浚，石彦军等.大学计算机基础教程[M].北京:机械工业出版社，2015.
[3] 何显文，钟琦，尹华.大学信息技术基础[M].北京:电子工业出版社，2017.
[4] 司宏伟，冯立昇.世界超级计算机创新发展研究[J].情报科学，2013.
[5] 汤小丹，梁红兵，哲凤屏等.计算机操作系统[M].西安:西安电子科技大学出版社，2014.
[6] 谌卫军，王浩娟.操作系统[M].北京:清华大学出版社，2012.
[7] 刘建伟，王育民.网络安全—技术与实践(第3版)[M].北京:清华大学出版社，2017.
[8] 国家信息中心.信息化领域前沿热点技术通俗读本[M].北京:人民出版社，2020.

反侵权盗版声明

电子工业出版社依法对本作品享有专有出版权。任何未经权利人书面许可，复制、销售或通过信息网络传播本作品的行为；歪曲、篡改、剽窃本作品的行为，均违反《中华人民共和国著作权法》，其行为人应承担相应的民事责任和行政责任，构成犯罪的，将被依法追究刑事责任。

为了维护市场秩序，保护权利人的合法权益，我社将依法查处和打击侵权盗版的单位和个人。欢迎社会各界人士积极举报侵权盗版行为，本社将奖励举报有功人员，并保证举报人的信息不被泄露。

举报电话：（010）88254396；（010）88258888

传　　真：（010）88254397

E-mail：dbqq@phei.com.cn

通信地址：北京市万寿路南口金家村288号华信大厦

　　　　　电子工业出版社总编办公室

邮　　编：100036